AF380911

Sven Bodo Wirsing

Maximal nilpotente Teilstrukturen I

Nilradikale und Cartan-Teilalgebren in assoziierten Algebren

Mit 348 Übungsaufgaben

Wirsing, Sven Bodo: Maximal nilpotente Teilstrukturen I: Nilradikale und Cartan-Teilalgebren in assoziierten Algebren. Mit 348 Übungsaufgaben. Hamburg, disserta Verlag, 2015

Buch-ISBN: 978-3-95935-110-2
PDF-eBook-ISBN: 978-3-95935-111-9
Druck/Herstellung: disserta Verlag, Hamburg, 2015
Coverbild: designed by freepik.com

Bibliografische Information der Deutschen Nationalbibliothek:
Die Deutsche Nationalbibliothek verzeichnet diese Publikation in der Deutschen Nationalbibliografie; detaillierte bibliografische Daten sind im Internet über http://dnb.d-nb.de abrufbar.

Für Lena, Debbi und Marci

Zusammen leben wir nun,
Erleben vieles im gemeinsamen Tun,
Danke sagen möchte ich Euch mit
*   diesen Zeilen,*
Daß wir gemeinsam unser Leben
*   teilen.*

Inhaltsverzeichnis

Einleitung

Maximal nilpotent sind die Cartan-Teilalgebren
Ebenso wie das Nilradikal
Beide studieren wir im reichen Tal
Der assoziierten Lie-Algebren.

(Sven Wirsing, im März 2015)

In der Mathematik, speziell in der Theorie der Lie-Algebren, werden sog.
Cartan-Teilalgebren unter anderem in der Klassifikation der halbeinfachen
Lie-Algebren und in der Theorie der symmetrischen Räume verwendet.

Während meiner Promotionszeit an der Christian-Albrechts-Universität zu
Kiel hielt Salvatore Siciliano einen anregenden Vortrag im Oberseminar
zu Cartan-Teilalgebren in Lie-Algebren assoziiert zu assoziativen Algebren.
Dieser Vortrag war für mich der Anreiz, mich näher mit maximal nilpotenten Teilstrukturen der assoziierten Lie-Algebra zu assoziativen Algebren zu
beschäftigen. In dem vorliegenden Buch werden wir seine Theorie zu Cartan-
Teilalgebren aufarbeiten und auf verschiedene spezielle assoziative Algebren
ausdehnen. Zusätzlich werden wir eine zweite maximal nilpotente Teilstruktur, nämlich das Nilradikal, in der assoziierten Lie-Algebra analysieren und
beschreiben.

Das erste Kapitel hat einleitenden Charakter und stellt die in diesem Buch
verwendeten assoziativen Algebren, Monoide und Gruppen systematisch zusammen. Sie dienen im weiteren Verlauf dieses Buch zur Illustration der
erlangten Erkenntnisse allgemeinerer Natur und sollen dem Leser diese Ergebnisse an und ihre Anwendung auf konkrete Strukturen verdeutlichen.
Einige Anwendungen auf diese Strukturen werden auch in die zahlreichen
Übungsaufgaben verlagert, die am Ende jedes Kapitels bzw. Abschnittes zu
finden sind. Diese Aufgaben dienen dem Leser als weitere Vertiefung in die
geschilderten Thematiken. Zu Beginn jeder Übungsaufgaben-Serie befinden
sich zudem offene Fragestellungen, die dem Leser (aber auch dem Autor) als
Basis für weitere Forschungen in diesem Bereich dienen können. Zahlreiche
Graphiken verdeutlichen dem Leser zudem die erlangten Ergebnisse in die-

8

sem Buch.

Wir fassen in Kapitel 2 einige Resultate über die Thematik von endlichen Untergruppen von Körpern und Divisionsalgebren zusammen. Teilweise geben wir Beweise dieser grundlegenden algebraischen Resultate an, teilweise zitieren wir nur entsprechende Artikel in der Literatur. Einige dieser Aussagen werden wir in an einigen Stellen benutzen, weshalb die aufgeführten Beweise zu einem tieferen Verständnis der entsprechenden Resultate dienen. Dieses Kapitel hat der Autor aber auch aus Eigen-Interesse an den Beweisen der aufgeführten Resultate integriert. Zu nennen sind dabei die Resultate zur Zyklizität endlicher Untergruppen von Körpern, der Satz von Wedderburn über endliche Divisionsalgebren sowie Hersteins und Amitsurs Erkenntnisse zur Klassifikation endlicher Untergruppen von Schiefkörpern.

Ähnlich strukturiert ist auch das Kapitel 3. Hierbei beschäftigen wir uns mit der Normal- und Subnormalteilerstruktur von Einheitengruppen von Divisionsalgebren. Dabei geben wir einen Beweis für den Satz von Cartan-Brauer-Hua zur Normalteiler-Struktur an, stellen das Ergebnis von Scott zu auflösbaren Einheitengruppen ausführlich dar und beenden das Kapitel mit dem Satz von Stuth zur Subnormalteiler-Struktur. Letzteres Ergebnis verallgemeinert die vorherigen Ergebnisse, wird aber ohne Beweis angegeben.

Zu einer assoziativen Algebra kann man in natürlicherweise die sog. assoziierte Lie-Algebra ableiten. Wir untersuchen in Kapitel 4, wie sich das Nilradikal (das grösste nilpotente Ideal) dieser Lie-Algebra mit Hilfe der Ausgangsalgebra und deren assoziativer Struktur beschreiben lässt. Es zeigt sich, dass dabei das Zentrum und das Nilradikal der assoziativen Algebra eine Rolle spielen: in vielen Fällen ist das Nilradikal Summe dieser beiden assoziativen Teilstrukturen. Als zusätzliche Voraussetzung fordern wir lediglich die Separabilität der Radikalfaktorstruktur der assoziativen Algebra, um mit Hilfe des Satzes von Wedderburn-Malcev ein Radikalkomplement verwenden zu können.
Strategisch gehen wir so vor, dass wir zunächst die Untersuchungen für auflösbare Algebren durchführen. Dabei verwenden wir Ergebnisse zur Jordan-Zerlegung und behandeln die Gruppenalgebren, die Solomon-Algebren, die Solomon-Tits-Algebren und die Algebren der unteren und oberen Dreiecksmatrizen als Beispiele ausführlich.
Anschliessend übertragen wir Analysen von Herstein zu einfachen Ringen und ihrem assoziierten Lie-Ring auf einfache und halbeinfache Algebren: es stellt sich heraus, dass das Nilradikal mit dem grössten auflösbaren Ideal übereinstimmt und zudem genau das Zentrum der Algebra ist. Dabei beweisen wir zusätzlich, dass das Nilradikal der assoziierten Lie-Algebra von direkten Produkten sich als direktes Produkt der Nilradikale der Faktoren ergibt: es gibt diesbezüglich keine sog. 'Diagonalen'. Mit beiden Resultaten

können wir dann den allgemeinen Fall studieren und lösen.

Das Kapitel wird dadurch abgeschlossen, das bewiesene Resultat auf Algebrenkonstruktionen wie das Tensorprodukt, Adjunktion einer Eins, Matrixalgebren, Teilalgebren etc. möglichst zu übertragen. Dabei steht der Gedanke im Vordergrund, das Nilradikal (der assoziierten Lie-Algebra) dieser abgeleiteten Konstruktionen aus den vorliegenden Ingredenzien zu ermitteln (also z.B. aus den Faktoren eines Tensorproduktes oder der Ausgangsalgebra bei Teilalgebren). Inwieweit hierbei Ergebnisse zu erwarten sind, analysieren und beweisen wir in diesem Abschnitt.

Im vorherigen Kapitel haben wir uns ausführlich mit dem Nilradikal von Lie-Algebren assoziiert zu assoziativen Algebren beschäftigt und analysiert, wie man es mit Hilfe der assoziativen Struktur beschreiben kann. Das Nilradikal gehört zu den maximal nilpotenten Teilstrukturen. Zu diesen gehören auch die sog. Cartan-Teilalgebren, mit den wir uns in diesem Kapitel beschäftigen. Definiert sind die Cartan-Teilalgebren als nilpotente und selbstnormalisierende Teilalgebren in einer Lie-Algebra. Das Ziel dieses Kapitels ist die Analyse, wie die Cartan-Teilalgebren mit Hilfe der assoziativen Struktur beschrieben werden können. Einige der Ergebnisse in diesem Kapitel basieren auf dem Artikel von Salvatore Siciliano [51], andere jedoch sind Weiterentwicklungen seiner Theorie, die wir auf diverse assoziative Algebren (wie etwa Divisionsalgebren, einfache und halbeinfache Algebren, reduzierte Algebren, Algebren mit separabler Radikalfaktorstruktur, etc..) ausdehnen. Ausführlich behandeln wir dabei unsere Standard-Beispiele, insbesondere die Gruppenalgebren, die Dreiecksmatrizen und die Solomon-(Tits)-Algebren, um die entwickelte Theorie zu verdeutlichen.

Das Hauptergebnis dieses Kapitels ist die 1:1-Beziehung zwischen maximalen Tori (maximal kommutative separable Teilalgebren) und Cartan-Teilalgebren. Dabei ist die Bildung der Zentralisatoren der maximalen Tori eine Bijektion auf die Cartan-Teilalgebren. Die Umkehrabbildung ermittelt zu jeder Cartan-Teilalgebren dadurch einen maximalen Torus, indem alle sog. vollseparablen Elemente der Cartan-Teilalgebra gebildet werden.

In vielen Fällen sind beide Mengen (maximale Tori und Cartan-Teilalgebren) identisch, wie z.B. bei halbeinfachen oder separablen assoziativen Algebren. Hierzu zählen auch zentrale Divisionsalgebren, wo sich zeigt, dass maximale Tori und Cartan-Teilalgebren mit den maximal separablen Teilkörpern – welche wiederum mit den separablen maximalen Teilkörpern übereinstimmen – zusammenfallen. Dies ergibt einen neuen Beweis für ein Ergebnis von Emmy Noether. Insbesondere stellt hier die Dimension der maximalen Tori (= Cartan-Teilalgebren) eine Invariante dar.

Bei auflösbaren Algebren sind die maximalen Tori schlicht die Radikalkomplemente, falls die Radikalfaktorstruktur separabel ist. Dieses Ergebnis, welche schon von Thorsten Bauer in seiner Dissertation [4] sowie von Salvatore Siciliano in [51] bewiesen worden ist, leiten wir mit Hilfe eines anderen An-

10

satzes her. Daraus ergibt sich leicht mit Hilfe des Satzes von Wedderburn-Malcev sowie des Hauptergebnisses zu Cartan-Teilalgebren, dass alle maximalen Tori sowie alle Cartan-Teilalgebren konjugiert sind sowie die Cartan-Teilalgebren genau die Zentralisatoren der Radikalkomplemente sind.

Bei reduzierten Algebren können wir die Ermittlung der Cartan-Teilalgebren auf maximal auflösbare Teilstrukturen reduzieren. Diese lassen sich beschreiben als direkte Summe maximaler Tori mit dem Radikal. Die Zentralisatoren der maximalen Tori der Ausgangsalgebra stimmen mit denen in den maximal auflösbaren Teilalgebren überein. Zudem analysieren wir, wann die Gruppenalgebra reduziert ist. Im modularen Fall zeigt sich, dass dies genau dann der Fall ist, wenn die Gruppenalgebra auflösbar ist. Im halbeinfach Fall jedoch zeigt sich ein anderes Bild: die unterliegende Gruppe ist hamiltonsch, und die Gleichung $a^2 + b^2 + 1 = 0$ hat in gewissen Körpererweiterungen zu Einheitswurzeln keine Lösung. Für hamiltonsche Gruppen greifen wir auf Kapitel 6 vor und bestimmen die Dimension einer Cartan-Teilalgebra.

Im vorletzten Abschnitt wird verdeutlicht, wie man die Ermittlung der Cartan-Teilalgebren auf die eines Radikalkomplementes reduzieren kann. Die maximalen Tori entsprechen denen der Radikalkomplemente. Da die Radikalkomplemente separabel sind, stimmen für sie maximale Tori und Cartan-Teilalgebren überein. Die Zentralisatoren der Cartan-Teilalgebren der Radikalkomplemente sind genau die Cartan-Teilalgebren der Ausgangsalgebra. Dies führt zu einer Strategie, wie man eine Cartan-Teilalgebra ermitteln kann. Besonders leicht erhalten wir hierdurch erneut einen Beweis im auflösbaren Fall. Des Weiteren illustrieren wir die Strategie an Gruppenalgebren zu Diedergruppen.

Das Kapitel wird dadurch abgeschlossen, das bewiesene Resultat auf Algebrenkonstruktionen wie das Tensorprodukt, Adjunktion einer Eins, Matrixalgebren, Teilalgebren möglichst zu übertragen. Dabei steht derselbe Gedanke im Vordergrund wie bereits beim Nilradikal beschrieben.

Das nächste Kapitel beschäftigt sich mit den Dimensionen der maximalen Tori in Gruppenalgebren. Hierbei geben wir das Resultat von Salvatore Siciliano wieder, dass die Dimension im halbeinfachen Fall der Summe der Grade der irreduziblen komplexen Charaktere entspricht. Dieses Resultat nutzen wir aus, um einerseits diverse Abschätzungen (Involutionenzahl, Gruppenordnung, abelsche Untergruppen, maximaler Grad) für diese Dimension anzugeben und andererseits diese Dimension für diverse Gruppenklassen (wie etwa Frobenius-Gruppen, direkte Produkte, extra-spezielle p-Gruppen, diverse lineare Gruppen, ambivalente Gruppen wie etwa Diedergruppen und die symmetrische Gruppe, metazyklische Gruppen, p-Gruppen, nilpotente Gruppen, minimal nicht-abelsche p-Gruppen, etc.) genau zu berechnen. Dabei nutzen wir sowohl klassische Theoreme wie auch neuere Ergebnisse zur Charaktertheorie von endlichen Gruppen aus.

Kapitel 7 gibt einen Ausblick auf den zweiten Band zu maximal nilpotenten Teilstrukturen. Dort werden wir uns auf den auflösbaren Fall spezialisieren, dabei jedoch nun auch das Zusammenspiel aller maximal nilpotenter Lie-Teilalgebren und Untergruppen betrachten. Eine Graphik illustriert die Fragestellungen zu Band II.

Im Anhang stellen wir eine Klasse von auflösbaren Algebren vor, die wir strukurell untersuchen (insbesondere zur Lie-Nilpotenz) und anschliessend hinsichtlich Isomorphie klassifizieren.

Kapitel 1

Standard-Beispiele

Dieses Kapitel hat einleitenden Charakter und stellt die in diesem Buch verwendeten assoziativen Algebren, Monoide und Gruppen systematisch zusammen. Sie dienen im weiteren Verlauf dieses Buches zur Illustration der erlangten Erkenntnisse allgemeinerer Natur und sollen dem Leser diese Ergebnisse an und ihre Anwendung auf konkrete Strukturen verdeutlichen. Einige Anwendungen auf diese Strukturen werden auch in die zahlreichen Übungsaufgaben verlagert.

Gruppen und Monoide

Seien $n \in \mathbb{N}$, N eine Menge, M ein Monoid, G eine Gruppe, A eine assoziative unitäre Algebra und q eine Primzahlpotenz. Folgende Gruppen und Monoide verwenden wir:

- $\mathbb{N}$ - natürliche Zahlen

- $\mathbb{N}_0$ - natürliche Zahlen und Null

- $(P(N); \cap)$ - Potenzmenge von N mit Durchschnitt als Operation

- $(P(N); \cup)$ - Potenzmenge von N mit Vereinigung als Operation

- $(P(N); \delta)$ - Potenzmenge von N mit symmetrsicher Differenz als Operation

- $(P(M); \cdot)$ - Potenzmenge von M mit Komplexprodukt als Operation

- $(P(G); \cdot)$ - Potenzmenge von G mit Komplexprodukt als Operation

- D_{2n} - Diedergruppe der Ordnung $2n$

- Q_{4n} - Quaternionengruppen der Ordnung $4n$

- SD_{2^n} - Semi-Diedergruppe der Ordnung 2^n

14

- S_n - symmetrische Gruppe vom Grad n

- A_n - alternierende Gruppe vom Grad n

- $GL(n, q)$ - generelle lineare Gruppe vom Grad n über $GF(q)$

- $SL(n, q)$ - spezielle lineare Gruppe vom Grad n über $GF(q)$

- $PSL(n, q)$ - projektive spezielle lineare Gruppe vom Grad n über $GF(q)$

- $SP(2n, q)$ - symplektische Gruppe vom Grad $2n$ über $GF(q)$

- $GSP(2n, q)$ - 'general similitudes group'

- $U(n, q)$ - unitäre Gruppe vom Grad n über $GF(q)$

- C_n der auch Z_n - zyklische Gruppe der Ordnung n

- $E(A)$ - Einheitengruppe von A

- $Q(A)$ - quasireguläre Gruppe von A

- $\times$ - direktes Produkt von Gruppen

- $\wr$ - reguläres Kranzprodukt von Gruppen

- $\ltimes$ - semidirektes Produkt von Gruppen.

Allgemeine Algebren-Konstruktionen

Seien A eine Algebra, K ein Körper, G eine Gruppe, I ein Ideal, M ein Monoid, $n \in \mathbb{N}$ und $T \subseteq A$. Folgende allgemeine Algebren-Konstruktionen benutzen wir:

- $\otimes$ - Tensorprodukt von Algebren

- $\times$ - direktes Produkt von Algebren

- $\oplus$ - innere bzw. äussere direkte Summe von Algebren

- A/I - Faktoralgebra

- KG - Gruppenalgebra

- KM - Monoidalgebra

- $A^{n \times n}$ - Matrizenalgebra

- A° - assoziierte Lie-Algebra

- $\langle T \rangle_K$ - K-Raumerzeugnis

- $\langle T \rangle_{\mathcal{A}}$ - Algebrenerzeugnis

- $\langle T \rangle_{\mathcal{A}_1}$ - unitales Algebrenerzeugnis

- A^K - Adjunktion einer Eins

- A^{op} oder auch A^- - Invers-Algebra von oder auch entgegengesetzte Algebra zu A

- $(A \times A; \odot)$ - Erweiterung von A um eine Zero-Algebra

- $gl(n, K)$ - entspricht $(K^{n \times n})^{\circ}$

- eAe - entspricht $\{eae \mid a \in A\}$, wobei e ein Idempotent von A ist

- $Aug(KG)$ - Augmentationsideal von KG.

Kommutative Algebren

Folgende kommutative Algebren benutzen wir:

- $\mathbb{Z}$ - ganze Zahlen

- $K[t]$ - Polynomring über einem Körper K in der Variablen t.

Körper und Schiefkörper

Seien p eine Primzahl, $n \in \mathbb{N}$ und $(K; L)$ eine Körpererweiterung. Folgende Körper, Schiefkörper und Elemente werden in diesem Buch verwendet:

- $\mathbb{Q}$ - rationaler Zahlkörper

- $\mathbb{R}$ - reeller Zahlkörper

- $\mathbb{C}$ - komplexer Zahlkörper

- $\mathbb{H}$ - reelle Quaternionenalgebra

- $GF(p^n)$ - endlicher Körper mit p^n Elementen

- $GF(q)$ - entspricht $GF(p^n)$ mit $q = p^n$

- $A(a, b)$ - allgemeine Quaternionenalgebra

- $K(a)$ - kleinster a-enthaltene Teilkörper von L oberhalb von K

- ω_d - primitive d-te Einheitswurzel.

16

(Zentral) - einfache assoziative Algebren

Seien K ein Körper, D eine Divisionsalgebra und $n \in \mathbb{N}$. Folgende Algebren benutzen wir:

- $K^{n \times n}$ - $n \times n$-Matrizen über K

- $D^{n \times n}$ - $n \times n$-Matrizen über D

- $A(a, b)$ - allgemeine Quaternionenalgebra.

Halbeinfache assoziative Algebren

Folgende Algebren benutzen wir:

- $\times$ - direkte Produkte einfacher Algebren.

Nilpotente assoziative Algebren

Seien A eine assoziative Algebra, K ein Körper, p eine Primzahl, $n \in \mathbb{N}$ und G eine p-Gruppe. Folgende nilpotente Algebren benutzen wir:

- $rad(A)$ - nilpotentes Radikal von A

- $J(A)$ - Jacobson-Radikal von A

- $s\delta_{u,n}$ - Algebra der strikt unteren Dreiecksmatrizen von $K^{n \times n}$

- $s\delta_{o,n}$ - Algebra der strikt oberen Dreiecksmatrizen von $K^{n \times n}$

- $Aug(KG)$ - Augmentationsideal einer p-Gruppe G über K mit $char(K) = p$.

Auflösbare assoziative Algebren

Seien $n \in \mathbb{N}$ und K ein Körper. Folgende auflösbare Algebren benutzen wir:

- $K\Pi_n$ - Solomon-Tits-Algebra (siehe z.B. [67])

- D_n - Solomon-Algebra im Falle $char(K) = 0$ (siehe z.B. [4])

- $\delta_{u,n}$ - Algebra der unteren Dreiecksmatrizen von $K^{n \times n}$

- $\delta_{o,n}$ - Algebra der oberen Dreiecksmatrizen von $K^{n \times n}$

- KG - Gruppenalgebra im Falles eines Körpers der Charakteristik p und einer Gruppe mit normaler p-Sylow-Untergruppe und abelschem hallschem Komplement.

Kapitel 2

Endliche Untergruppen der Einheitengruppe von Körpern und Divisionsalgebren

Wir fassen in diesem Kapitel einige Resultate über die Thematik von endlichen Untergruppen von Körpern und Divisionsalgebren zusammen. Teilweise geben wir Beweise dieser grundlegenden algebraischen Resultate an, teilweise zitieren wir nur entsprechende Artikel in der Literatur. Einige dieser Aussagen werden wir in an einigen Stellen benutzen, weshalb die aufgeführten Beweise zu einem tieferen Verständnis der entsprechenden Resultate dienen. Dieses Kapitel hat der Autor aber auch aus Interesse an den Beweisen der aufgeführten Resultate integriert.

2.1 Zyklizität im Falle eines Körpers

Mit $E(A)$ bzw. $K[t]$ bezeichnen wir die Einheitengruppe einer assoziativen unitären Algebra bzw. den Polynomring über einem Körper K in der Variablen t. Für eine Gruppe G und einem Element g von G sei $o(g)$ (genauer $o_G(g)$) die Ordnung von g in G.

Für den folgenden Satz gibt es in der Literatur viele Beweise. Auf wen dieses Resultat ursprünglich zurückgeht, ist in der Literatur nicht eindeutig geklärt. Wir geben eine Variante unter Zuhilfename des Hauptsatzes über die Struktur endlicher abelscher Gruppen an. Dieser besagt, dass man jede endliche abelsche Gruppe als Produkt von zyklischen Gruppen von Primzahlpotenzordnung darstellen kann.

Satz 1 *Jede endliche Untergruppe der Einheitengruppe eines Körpers ist zyklisch. Insbesondere ist die Einheitengruppe eines endlichen Körpers zyklisch.*

Beweis. Seien K ein Körper und U eine endliche Untergruppe von $E(K)$. Wir zerlegen zunächst die endliche abelsche Gruppe U nach dem Hauptsatz über die Zerlegung endlicher abelscher Gruppen in Produkt von zyklischen Gruppen von Primzahlpotenzordnung, etwa

$$U = (G_{1,1} \times \cdots \times G_{1,s_1}) \times \cdots \times (G_{r,1} \times \cdots \times G_{r,s_r}),$$

wobei alle Gruppen $G_{i,j}$ von Primzahlpotenzordnung zur Primzahl p_i sind. Dabei seien die Faktoren so angeordnet, dass stets $G_{i,1}$ die bzgl. der Anzahl der Elemente maximale Faktor von $G_{i,1} \times \cdots \times G_{i,r_i}$ ist. Sei zu jedem i nun g_i ein Erzeuger von $G_{i,1}$. Wir betrachten das Element $g := g_1 \cdots g_r$. Dann hat g die Ordnung $o(g) = o(g_1) \cdots o(g_r)$, denn die Primzahlen sind verschieden. Auf Grund der Konstruktion gilt für alle $u \in U$ nun $u^{o(g)} = 1$.

Alle Elemente von U sind deshalb Nullstellen des Polynoms $t^{o(g)} - 1$, davon gibt es aber höchstens $o(g)$ verschiedene, es gilt demnach $\mid U \mid \leq o(g)$. Da die $o(g)$-Potenzen von g aber alle verschieden sind, besteht demnach U aus den Potenzen von g und ist damit zyklisch.$\diamond$

2.2 Resultate von Wedderburn, Amitsur und Herstein zu Divisionsalgebren

Eine unitäre Algebra ist eine Algebra mit Einselement. Eine unitale Teilalgebra einer unitären Algebra enthält das Einselement der Ausgangsalgebra und ist damit unitär. Eine unitäre Teilalgebra ist schlicht eine Teilalgebra, die als eigenständige Algebra unitär ist. Sie muss nicht unital sein, da ihr Einselement von dem der Ausgangsalgebra verschieden sein kann.
Das Zentrum einer Algebra A bezeichnen wir mit $Z(A)$.
Sind G eine Gruppe, T eine Teilmenge von G und $g \in G$, so seien ^{g} das Konjugieren mit g und $C_G(T)$ bzw. $N_G(T)$ der Zentralisator bzw. der Normalisator von T in G.

Wir steuern zunächst den Satz von Wedderburn über endliche Divisionsalgebren an.

Proposition 1 *Seien D eine K-Divisionsalgebra und T eine unitale endlich-dimensionale Teilalgebra von D. Dann ist T eine Divisionsalgebra.*

Beweis. Sei $t \in T$ mit $t \neq 0$. Wir betrachten die Abbildungen der Rechts- und Links-Multiplikation mit t auf T. Da D eine Divisionsalgebra ist, sind diese Abbildungen injektiv. Da T endlich-dimensional ist, sind sie sogar

surjektiv. Insbesondere hat 1 ein Urbild unter beiden Abbildungen. Diese
Urbilder sind das Inverse von t, welches also in T liegt. $\diamond$

Proposition 2 *Seien G eine endliche Gruppe und U eine Untergruppe von
G. Genau dann ist $U = G$, wenn G Vereinigung aller konjugierten Untergruppen von U ist.*

Beweis. Ist U ein Normalteiler, so ist die Behauptung offenbar wahr. Sei U
eine echte nicht-normale Untergruppe von G. Insbesondere gilt $G > N_G(U)$.
Die Anzahl der Konjugierten von U ist genau der Index des Normalisators
von U in G also $\frac{|G|}{|N_G(U)|}$. Alle Konjugierten haben mindestens das Einsele-
ment gemeinsam. Daher folgt:

$$\left| \bigcup_{g \in G} U^g \right| \le 1 + \frac{|G|}{|N_G(U)|} \cdot (|U| - 1).$$

Die rechte Seite ist wegen $U \le N_G(U)$ kleiner oder gleich

$$1 + |G| - \frac{|G|}{|N_G(U)|}.$$

Wegen $G > N_G(U)$ ist dieser Wert echt kleiner als $|G|$. $\diamond$

Wir beweisen den folgenden Satz mit Methoden aus der Theorie der zentral-
einfachen assoziativen Divisionsalgebren. Dabei sei $ind(D)$ (genauer $ind_K(D)$)
der Index einer zentral-einfachen endlich-dimensionalen assoziativen unitären
K-Divisionsalgebra, also die eindeutig bestimmte Dimension der maximalen
Teilkörper von D. Für eine Einführung in diese Theorie verweisen wir den
Leser auf [43] und [37].

Satz 2 *(Wedderburn) Jede endliche Divisionsalgebra ist ein Körper. Inbe-
sondere ist ihre Einheitengruppe zyklisch.*

Beweis. Sei D eine endliche Divisionsalgebra, $K := Z(D)$. Dann ist K ein
Körper, D eine zentral-einfache endlich-dimensionale assoziative K-Algebra.
Da alle maximalen Teilkörper die gleiche Dimension $ind_K(D)$ besitzen, sind
sie wegen der Endlichkeit von D von der gleichen Mächtigkeit. Aus der
endlichen Körpertheorie ist bekannt, dass gleichmächtige endliche Körper
sogar isomorph sind. Nach einem Satz von Skolem-Noether[1] sind sie damit

---

[1] Albert Thoralf Skolem (geboren 23. Mai 1887 in Sandsvaer; gestorben 23. März 1963
in Oslo) war ein norwegischer Mathematiker, Logiker und Philosoph. Seine Arbeiten lie-
ferten grundlegende Resultate zur mathematischen Logik, insbesondere zu den Bereichen
Modelltheorie und Berechenbarkeit. Aber auch zur mathematischen Grundlagenforschung
wie Prädikatenlogik, Klassenlogik, Rekursionstheorie, Mengenlehre und Grundlagen der
Arithmetik leistete er wesentliche Beiträge, wie auch in der Algebra und Zahlentheorie.
Skolem war ein Lehrersohn und studierte ab 1905 in Kristiania (ab 1925 Oslo genannt). Ab
1909 arbeitete er für den Physiker Kristian Birkeland (bekannt für seine Untersuchungen
des Nordlichts), mit dem er auch 1913 eine Expedition in den Sudan unternahm. Skolems

20

sogar in D konjugiert. Jedes Element d von D liegt in einem maximalen Teilkörper, da die von $\{d, 1\}$ erzeugte Teilalgebra von D ein Teilkörper ist (siehe Proposition 1). Somit ist D Vereinigung aller maximalen Teilkörper von D. Daraus folgern wir, dass die Einheitengruppe von D Vereinigung der konjugierten Einheitengruppen eines maximalen Teilkörpers von D ist.

Dissertation Undersokelser innenfor logikkens algebra (Untersuchungen über die Algebra der Logik) fand viel Beachtung und wurde sogar dem norwegischen König berichtet. 1915 reiste er nach Göttingen, wo er während des Wintersemesters studierte. 1916 kehrte er nach Kristiania zurück und trat unter Axel Thue eine Forschungsstelle an der Universität an, wo er sich zunächst mit dem dort ebenfalls wirkenden Viggo Brun darauf einigte, nicht auf den Doktorgrad hin zu arbeiten. 1918 wurde Skolem Dozent für Mathematik in Kristiania und wurde im selben Jahr Mitglied der Norwegischen Akademie der Wissenschaften. 1926 reichte Skolem eine Dissertation (Einige Sätze über ganzzahlige Lösungen gewisser Gleichungen und Ungleichungen) über Zahlentheorie ein (eigentlich hatten er und sein Freund Viggo Brun beschlossen darauf zu verzichten, da sie das in Norwegen nicht für nötig hielten). Sein eigentlicher Doktorvater, der bekannte Zahlentheoretiker Axel Thue, war damals allerdings schon seit vier Jahren verstorben. 1927 heiratete Skolem Edith Wilhelmine Hasvold und arbeitete weiter an der Universität Oslo, bis er 1930 mit seiner Frau nach Bergen ging, um als Forscher am Christian Michelsen Institut zu arbeiten. Dort arbeitete er bis 1938, als er einem Ruf nach Oslo folgte und dort einen Lehrstuhl für Mathematik übernahm, den er bis zu seiner Emeritierung 1957 behielt. Er hielt nur gelegentlich Vorlesungen über sein eigentliches Gebiet der mathematischen Logik und begründete in Norwegen auch keine Schule. Da er meist in norwegischen Zeitschriften veröffentlichte, blieben einige seiner Ergebnisse unbeachtet, bis andere sie wiederentdeckten. Beispielsweise schrieb er schon 1912 einen Aufsatz über die Theorie der Verbände und charakterisierte 1927 die Automorphismen einfacher Algebren, was später von Emmy Noether wiederentdeckt wurde (Skolem-Noether Theorem). Skolem blieb bis zu seinem Tod wissenschaftlich aktiv. 1954 wurde Skolem vom norwegischen König zum Ritter geschlagen. 1962 erhielt er die Gunnerus-Medaille der Königlichen Norwegischen Gesellschaft der Wissenschaften. Er war Präsident der norwegischen mathematischen Gesellschaft und langjähriger Herausgeber der Norsk Matematisk Tidsskrift und Mathematica Scandinavica. 1962 war er Invited Speaker auf dem Internationalen Mathematikerkongress in Stockholm (A theorem on recursively enumerable sets) und 1950 in Cambridge (Massachusetts) (Remarks on the foundation of set theory). Mittels der nach ihm benannten prädikatenlogischen Normalform (Skolemform) hat er für den Satz von Löwenheim (1915), dass jeder erfüllbare Ausdruck des Prädikatenkalküls schon in einem höchstens abzählbaren Bereich erfüllbar ist, 1920 einen überschaubaren Beweis gegeben, so dass dieser Satz heute Satz von Löwenheim und Skolem genannt wird. Skolem wies auch 1922 auf die scheinbar paradoxen Konsequenzen dieses Satzes in der axiomatischen Mengenlehre hin ('Skolem-Paradox'). 1929 gab er die erste präzise prädikatenlogische Formalisierung der Zermelo-Fraenkel-Mengenlehre an. Durch Skolem wurde in der Axiomatisierung der Mengenlehre der Schlusspunkt gesetzt, indem er mit den Mitteln der Formalisierung dem Komprehensionsaxiom seine heute übliche Fassung gab. Auf Skolem geht der heute übliche Begriff der primitiv-rekursiven Funktion zurück (1923). Er zeigte, dass die Peano-Arithmetik nicht endlich axiomatisierbar ist. Skolem leistete ferner eine Reihe von Beiträgen zum Entscheidungsproblem. Von ihm stammte der erste Versuch, eine axiomatische Mengenlehre mit uneingeschränktem Komprehensionsaxiom auf der Grundlage einer mehrwertigen Logik aufzubauen. 1933 konstruierte er ein Nichtstandard-Modell der Arithmetik. Im Bereich der Algebra veröffentlichte er 1927 ein heute als Satz von Skolem-Noether bezeichnetes Theorem, wonach je zwei Einbettungen einer einfachen Algebra in eine zentral-einfache Algebra sich nur um die Konjugation mit einem invertierbaren Element unterscheiden. Dieses Resultat wurde unabhängig hiervon auch von Emmy Noether bewiesen.

Mit der vorherigen Proposition 2 folgt nun, dass D mit diesem maximalen Teilkörper übereinstimmt. Der Zusatz folgt aus Satz 1.$\diamond$

Ist V ein K-Vektorraum und T eine Teilmenge von V, so sei $\langle T\rangle_V$ das K-Raumerzeugnis von T in V. Mit $GF(p^n)$ bzw. $GF(q)$ bezeichnen wir einen endlichen Körper der Ordnung p^n bzw. q (Galois-Feld).

Aus den bisherigen Ergebnissen erhalten wir zwei Sätze von Herstein:

Satz 3 *(Herstein) Jede endliche abelsche Untergruppe der Einheitengruppe einer Divisionsalgebra ist zyklisch.*

Beweis. Sei G eine endliche abelsche Untergruppe einer Divisionsalgebra D. Sie ist zugleich eine $Z(D)$-Algebra. Wir betrachten das $Z(D)$-Erzeugnis von G in D. Dieses ist nach obiger Proposition 1 wegen der Endlichkeit von G eine endlich-dimensionale unitale $Z(D)$-Divisionsalgebra. Da G kommutativ ist, liegt sogar ein Körper vor, und G ist eine endliche Untergruppe der Einheitengruppe dieses Körpers. Nach dem vorherigen Satz 1 ist G zyklisch.$\diamond$

Satz 4 *(Herstein) Jede endliche Untergruppe der Einheitengruppe einer Divisionsalgebra in positiver Charakteristik ist zyklisch.*

Beweis. Seien D eine Divisionsalgebra, P der zu $GF(p)$ isomorphe (und zentrale) Primkörper und G eine endliche Untergruppe von $E(D)$. Wir betrachten die unitale P-Teilalgebra $\langle G\rangle_P$ der P-Divisionsalgebra D. Diese ist wegen der Endlichkeit von G nun endlich-dimensional und damit nach Proposition 1 eine Divisionsalgebra über P. Da auch P endlich ist, ist diese Divisionsalgebra endlich, und daher nach dem Satz 2 von Wedderburn ein Körper. Nach dem Satz über Körper 1 ist G als endliche Untergruppe daher zyklisch.$\diamond$

Bemerkung 1 Der vorherige Satz 4 ist in Charakteristik Null falsch. In der reellen Quaternionenalgebra ist die Quaternionengruppe eine endliche, nicht-zyklische Untergruppe.$\diamond$

Herstein und Amitsur[2] haben die endlichen Untergruppen von Divisionsalgebren klassifiziert. Ein erstes rundes Ergebnis hierzu ist das folgende Resultat. Dabei nennen wir eine Gruppe metazyklisch, wenn sie einen zyklischen

---

[2]Shimshon Avraham Amitsur, geboren als Shimshon Kaplan am 26. August 1921 in Jerusalem, gestorben am 5. September 1994 in Jerusalem) war ein israelischer Mathematiker, der sich mit Algebra befasste. Amitsur wuchs in Tel Aviv auf und begann noch vor dem Zweiten Weltkrieg an der Hebrew University bei Jakob Levitzki zu studieren. Während des Zweiten Weltkriegs diente er als Freiwilliger bei den Jüdischen Brigaden in der Britischen Armee und kämpfte kurz darauf für die Unabhängigkeit des Staates Israel, während er gleichzeitig 1945 sein Diplom machte und 1948 promovierte. Um 1948 änderte er seinen Namen von Kaplan in Amitsur. Er wurde Professor an der Hebrew University und war nach dem Tod seines Lehrers Levitzki der führende Algebraiker in Israel. 1989 wurde er emeritiert. Er engagierte sich auch in der Reform des Mathematikunterrichts an

Normalteiler mit zyklischer Faktorgruppe besitzt. Eine Gruppe mit lauter zyklischen Sylow-Untergruppen nennt man eine Z-Gruppe. Bekanntlich sind Z-Gruppen metazyklisch.

Satz 5 *(Herstein) Jede p-Untergruppe zu einer Primzahl $p \neq 2$ einer Einheitengruppe einer Divisionsalgebra ist zyklisch. Insbesondere ist jede endliche Untergruppe ungerader Ordnung der Einheitengruppe einer Divisionsalgebra eine Z-Gruppe.*

<u>Beweis</u>. Nach Satz 5.3.7 in [55] ist eine p-Gruppe ungerader Ordnung zyklisch, wenn sie genau eine Untergruppe der Ordnung p besitzt. Diese Voraussetzung ist nach Satz 5.3.8 in [55] bereits erfüllt, wenn jede abelsche Untergruppe schon zyklisch ist. Dies haben wir bereits in Satz 3 gezeigt. Damit gilt der erste Teil der Behauptung. Der zweite Teil folgt direkt aus dem ersten Teil, da danach alle Sylow-Untergruppen zyklisch sind. $\diamond$

Bemerkung 2 Der vorherige Satz 5 ist im Falle $p = 2$ falsch. In der reellen Quaternionenalgebra ist die Quaternionengruppe eine endliche, nicht-zyklische Untergruppe, deren sämtliche Untergruppen zyklisch sind.$\diamond$

Mit C_n (oder auch Z_n) bezeichnen wir eine zyklische Gruppe der Ordnung $n \in \mathbb{N}$. Sind n, m ganze Zahlen, so sei $o_n(m) := o_{Z/nZ}(mZ)$. Die vollständige Klassifikation der endlichen Untergruppen von Divisionsalgebren geben wir nun ohne Beweis an:

Satz 6 *(Amitsur, Herstein) Jede endliche Untergruppe der Einheitengruppe einer Divisionsalgebra in Charakteristik Null ist von folgender Form:*

(i) C_n

(ii) Eine Z-Gruppe der Form: $C_m \ltimes C_4$, wobei C_4 per Inversion auf C_m agiert und m ungerade ist.

(iii) Eine Z-Gruppe der Form: $T_0 \times \cdots \times T_s$, wobei die Ordnungen dieser Faktoren paarweise teilerfremd sind, T_0 zyklisch ist, jedes T_i mit $i \in \underline{s}$ nicht-zyklisch von der Form $C_{p^a} \ltimes (C_{q_1^{b_1}} \times \cdots \times C_{q_r^{b_r}})$ ist, dabei alle

<hr>

Schulen in Israel. Er beschäftigte sich mit Ringtheorie und Theorie der Divisionsalgebren. Mit seinem Lehrer Levitzki bewies er 1950 einen Satz über Matrizenringe mit Polynomidentität (PI-Ringe). In der Theorie der Divisionsalgebren beantwortete er 1972 eine Frage von Abraham Adrian Albert, ob jede zentrale endlichdimensionale Divisionsalgebra ein Kreuzprodukt ist, negativ, indem er ein Gegenbeispiel aus der Theorie der PI-Algebren konstruierte. Amitsur war Mitgründer und Herausgeber des Israel Journal of Mathematics. 1953 erhielt er den Israel-Preis für Exakte Wissenschaften. 1990 wurde er Ehrendoktor der Ben-Gurion-Universität. Er war Mitglied der Israelischen Akademie der Wissenschaften. 1970 war er Invited Speaker auf dem Internationalen Mathematikerkongress in Nizza und 1962 in Stockholm. Zu seinen Doktoranden zählen Avinoam Mann, Amitai Regev, Eliyahu Rips und Aner Shalev.

Primzahlen p, q_i mit $i \in \underline{r}$ verschieden sind, für jedes $i \in \underline{r}$ das semi-direkte Produkt $C_{p^a} \ltimes C_{q_i^{b_i}}$ nicht-zyklisch ist und folgende Bedingungen erfüllt: ist C_{p^c} der Kern der Aktion von $C_{q_i^{b_i}}$ auf C_{p^a}, so gilt einer der folgenden vier Fälle:

($q_i = 2$, $p \equiv -1 \bmod 4$, $c = 1$) oder

($q_i = 2$, $p \equiv -1 \bmod 4$, 2^{c+1} teilt nicht $p^2 - 1$) oder

($q_i = 2$, $p \equiv 1 \bmod 4$, 2^{c+1} teilt nicht $p - 1$) oder

($q_i > 2$, q_i^{c+1} teilt nicht $p - 1$.)

Zudem gilt für jeden nicht-zyklischen Faktor $C_{p^a} \ltimes C_{q_i^{b_i}}$ bei jedem der Faktoren T_j, dass $q_i \cdot o_{p^c}(p)$ nicht $o_{|T/T_i|}(p)$ teilt.

(iv) *$C_m \ltimes Q_{2^t}$, wobei m ungerade ist, ein Element von Q_{2^t} der Ordnung 2^{t-1} die Gruppe C_m zentralisiert und ein Element der Ordnung 4 von Q_{2^t} die Gruppe C_m invertiert.*

(v) *$Q_8 \times Z$, wobei Z eine der obigen Z-Gruppen der Ordnung m ist und die Ordnung von 2 in $\mathbb{Z}/\mathbb{Z}m$ ungerade ist.*

(vi) *$SL(2,3) \times Z$, wobei Z eine der obigen Z-Gruppen der Ordnung m ist und die Ordnung von 2 in $\mathbb{Z}/\mathbb{Z}m$ ungerade ist.*

(vii) *Die binäre oktaedrische Gruppe der Ordnung 48.*

(viii) *Die binäre ikosaedrische Gruppe der Ordnung 120.*

Beweis. siehe die Orginalarbeit von Amitsur [1], aber auch die Arbeiten von Herstein [19] und Lam [36] $\diamond$

2.3 Übungsaufgaben

Übungsaufgabe 1 *Man schlage die Originalarbeit von Amitsur [1] nach und ermittle für die aufgeführten Gruppen geeignete Divisionsalgebren, wo sie als Untergruppe auftauchen!*

Übungsaufgabe 2 *Man schlage die Begriffe überauflösbare und metabelsche Gruppe nach und gebe eine Definition an!*

Übungsaufgabe 3 *Man beweise oder widerlege:*

(i) *Jede zyklische Gruppe ist metazyklisch.*

(ii) *Die Umkehrung von (i).*

(iii) *Jede abelsche Gruppe ist metazyklisch.*

(iv) *Die Umkehrung von (iii).*

(v) Direkte Produkte metazyklischer Gruppen sind metazyklisch.

(vi) Semidirekte Produkte metazyklischer Gruppen sind metazyklisch.

(vii) Jede metazyklische Gruppe ist überauflösbar.

(viii) Jede metazyklische Gruppe ist metabelsch.

(ix) Eine Gruppe mit lauter zyklischen Sylow-Untergruppen ist metazyklisch.

(x) Eine Gruppe quadratfreier Ordnung ist metazyklisch.

(xi) Diedergruppen sind metazyklisch.

(xii) Quaternionengruppen sind metazyklisch.

(xiii) Semi-Diedergruppen sind metazyklisch.

Übungsaufgabe 4 *Man beweise folgende Aussage: Eine unitäre Algebra ist eine Algebra mit Einselement. Eine unitale Teilalgebra einer unitären Algebra enthält das Einselement der Ausgangsalgebra und ist damit unitär. Eine unitäre Teilalgebra ist schlicht eine Teilalgebra, die als eigenständige Algebra unitär ist. Sie muss nicht unital sein, da ihr Einselement von dem der Ausgangsalgebra verschieden sein kann. (Tip: Idempotente!)*

Übungsaufgabe 5 *Durch Lektüre des Artikels von Herstein [19] beweise man folgende Aussagen für eine Primzahl p, einen Schiefkörper D und eine Untergruppe U von $E(D)$:*

(i) Besitzt U genau p oder p^2 Elemente, so ist U zyklisch. (Tip: Man beweise zunächst, dass U abelsch ist und wende dann einen hier bewiesenen Satz an!)

(ii) Ist $p \neq 2$ und U eine p-Gruppe, so ist U zyklisch (Tip: Induktion nach Gruppenordnung!).

(iii) Gilt die vorherige Aussage auch für $p = 2$? (Tip: Quaternionen!)

(iv) Ist U von ungerader Mächtigkeit, so ist U metazyklisch. (Tip: Was ist nach (ii) über die Sylow-Untergruppen zu folgern?)

Übungsaufgabe 6 *Kann die Einheitengruppe eines unendlichen Körpers zyklisch sein? Welche Charakterisierung ergibt sich hieraus für endliche Körper mittels ihrer Einheitengruppe?*

Übungsaufgabe 7 *Was sind die endlichen Untergruppen der Einheitengruppe des komplexen Zahlkörpers? Wieviele solche Untergruppen gibt es bis auf Isomorphie der Ordnung n? Man veranschauliche diese Untergruppen für $n \in \underline{8}$ auf der komplexen Ebene!*

Übungsaufgabe 8 *Gibt es endliche Untergruppen der additiven Gruppe des komplexen Zahlkörpers? Wann besitzt die additive Gruppe eines Körpers endliche Untergruppen, welche von der trivialen Untergruppe verschieden sind?*

Übungsaufgabe 9 *Die additive Gruppe eines Körpers kann nie isomorph zur multiplikativen Gruppe des Körpers sein!*

Übungsaufgabe 10 *Man betrachte die Exponentialabbildung von $\mathbb{R}$ nach $\mathbb{R}_{>0}$. Welche Eigenschaften hat diese Abbildung bzgl. der additiven und multiplikativen Gruppe der reellen Zahlen?*

Übungsaufgabe 11 *Welche Eigenschaften hat die Exponentialabbildung bzgl. der additiven und multiplikativen Gruppe des komplexen Zahlkörpers?*

Übungsaufgabe 12 *Jede endlich erzeugte Untergruppe der additiven Gruppe der rationalen Zahlen ist zyklisch.*

Übungsaufgabe 13 *Was sind die endlichen Untergruppen der Einheitengruppe der reellen Zahlen?*

Übungsaufgabe 14 *Was sind die endlichen Untergruppen der additiven Gruppe der reellen Zahlen?*

Übungsaufgabe 15 *Gibt es unendliche Untergruppen in der additiven Gruppe der komplexen, reellen, rationalen und ganzen Zahlen?*

Übungsaufgabe 16 *Man untersuche die Literatur, um sämtliche Untergruppen (additiv und multiplikativ) der ganzen Zahlen, rationalen Zahlen, reellen Zahlen und komplexen Zahlen zu ermitteln!*

Übungsaufgabe 17 *Gibt es endliche, nicht-zyklische Untergruppen in der Einheitengruppe einer Divisionsalgebra? Gilt dies auch für die additive Gruppe?*

Übungsaufgabe 18 *Durch Literaturrecherche bestimme man alle endlichen Untergruppen der reellen Quaternionenalgebra!*

Übungsaufgabe 19 *Die additive Faktorgruppe $\mathbb{Q}/\mathbb{Z}$ ist isomorph zur Gruppe aller komplexen Einheitswurzeln.*

Übungsaufgabe 20 *Die additive Faktorgruppe $\mathbb{R}/\mathbb{Z}$ ist isomorph zur Gruppe aller komplexen Zahlen vom Betrag Eins.*

Übungsaufgabe 21 *Was sind die endlichen Untergruppen der Quaternionenalgebra in Charakteristik 2?*

Übungsaufgabe 22 *Was sind die endlichen Untergruppen der Quaternionenalgebra in Charakteristik $p \geq 3$?*

Übungsaufgabe 23 *Was sind die endlichen abelschen Untergruppen der
Quaternionenalgebra in beliebiger Charakteristik?*

Übungsaufgabe 24 *Sind alle Untergruppen der Quaternionenalgebra in
beliebiger Charakteristik zyklisch oder abelsch?*

Kapitel 3

Normal- und Subnormalteiler in Einheitengruppen von Divisionsalgebren

Wir fassen in diesem Kapitel einige Resultate über die Thematik von Normalteiler und Subnormalteilern von Divisionsalgebren zusammen. Teilweise geben wir Beweise dieser grundlegenden algebraischen Resultate an, teilweise zitieren wir nur entsprechende Artikel in der Literatur. Einige dieser Aussagen werden wir in an einigen Stellen benutzen, weshalb die aufgeführten Beweise zu einem tieferen Verständnis der entsprechenden Resultate dienen. Dieses Kapitel hat der Autor aber auch aus Interesse an den Beweisen der aufgeführten Resultate integriert.

3.1 Das Theorem von Cartan-Brauer-Hua

In einer Gruppe schreiben wir $[a, b]$ für den Kommutator von den Elementen a und b. Der Satz von Cartan-Brauer-Hua behandelt die Normalteiler-Struktur der Einheitengruppe einer Divisionsalgebra. Der Beweis basiert auf der sog. Hua-Identität:

28

Proposition 3 *(Hua-Identität[1]) Seien D eine Divisionsalgebra, $a, b \in E(D)$ mit $a \neq 1$. Dann gelten folgende Aussagen:*

(i) $b^{-1}(a - 1)b = b^{-1}ab - 1$

(ii) $b^{-1}ab = a[a, b]$

(iii) $(a - 1)[a - 1, b] = a[a, b] - 1$

---

[1]Hua Luogeng, auch Loo-Keng Hua, (geboren 12. November 1010 in Jintang, Provinz Jiangsu, Kaiserreich China; gestorben 12. Juni 1985 in Tokio) war ein chinesischer Mathematiker, der sich mit Zahlentheorie, Algebra, Analysis und Numerischer Mathematik beschäftigte und im 20. Jahrhundert der führende Mathematiker in China war.

Hua wuchs in einfachen Verhältnissen auf. Aufgrund einer Typhus-Erkrankung war er später gehbehindert. Er besuchte Schulen in Jintan und Shanghai, wo er einen nationalen Abakus-Wettbewerb gewann. Aus finanziellen Gründen konnte er die Ausbildung nicht vollenden und zog wieder zu seiner Familie, wo er seinem Vater in dessen Laden half. 1929 erschien seine erste Veröffentlichung, was die Aufmerksamkeit des Mathematikprofessors Xiong Qinglai (Hiong King-Lai) in Peking auf sich zog, der ihn in der mathematischen Fakultät der Tsinghua-Universität anstellte. Er stieg schnell auf (trotz fehlender formaler Qualifikationen) und wurde Dozent. Hua machte solchen Eindruck auf den durchreisenden Norbert Wiener, dass er ihn Godfrey Harold Hardy empfahl, der ihn 1936 nach Cambridge einlud.

Hua forschte zu der Zeit bereits in additiver Zahlentheorie (Waring-Problem über die Darstellbarkeit von ganzen Zahlen durch Summen k-ter Potenzen) und machte an der Cambridge University die Bekanntschaft der Zahlentheoretiker Harold Davenport und Hans Heilbronn. Während dieser Zeit wurde er durch seine Publikationen bekannt. 1938 kehrte er nach China zurück, wo er Professor an der nun nach Kunming verlagerten Quing Hua Universität wurde. Trotz widriger Umstände gelang es ihm während dieser Zeit, Winogradows Abschätzung trigonometrischer Summen in der Zahlentheorie zu verbessern. Seine Ergebnisse erschienen als Buch in Russland 1947, wo er 1946 auf Einladung von Winogradow war. 1959 folgte seine Behandlung trigonometrischer Summen in der neu begonnenen Enzyklopädie der Mathematischen Wissenschaften. Ende der 1940er Jahre war er auch an US-amerikanischen Universitäten wie dem Institute for Advanced Study. Hua beschäftigte sich inzwischen mit Algebra (Theorie der Matrizen und klassischer Gruppen, Schiefkörper, endliche Körper). 1963 erschien sein Buch mit Xian Classical Groups.

1948 war er Professor an der University of Illinois, wo Raymond Ayoub bei ihm promoviert wurde. Mit Irving Reiner arbeitete er über die Automorphismen klassischer Gruppen. 1950 war er wieder Professor in Peking und ab 1952 Direktor des neu gegründeten Mathematikinstituts der chinesischen Akademie der Wissenschaften. Ende der 1950er Jahre begann er, sich auch für numerische Analysis zu interessieren. Er schrieb auch ein Buch darüber, das aber erst 1978 veröffentlicht wurde. In den 1960er Jahren zog er im Rahmen einer Kampagne der kommunistischen Partei durch Fabriken und Dörfer, um die Verwendung mathematischer Methoden zu lehren, was ihn in ganz China sehr bekannt machte. Während der Kulturrevolution ab Mitte der 1960er Jahre war er unter Hausarrest gestellt, und einige seiner Manuskripte wurden beschlagnahmt und gingen verloren. 1976 wurde er wieder rehabilitiert und Vizepräsident der chinesischen Akademie der Wissenschaften. Im Auftrag der chinesischen Führung reiste er viel ins Ausland, um internationale Kontakte wiederherzustellen. 1983/84 war er am Caltech. Er starb bei einem Vortrag in Tokio an einem Herzanfall. Er war seit 1927 verheiratet und hatte sechs Kinder.

Hua war mehrfacher Ehrendoktor (Nancy, University of Illinois, Hong Kong). Er war Mitglied der National Academy of Sciences der USA (1982), der Deutschen Akademie der Naturforscher Leopoldina und der Bayerischen Akademie der Wissenschaften.

(iv) $a([a,b] - [a-1,b]) = 1 - [a-1,b]$, *und* $[a,b] - [a-1,b]$ *ist im Falle* $[a,b] \neq 1$ *ungleich Null.*

Aus der letzten Identität folgt, dass jedes nicht-zentrale Element in der Teil-Divisionsalgebra von D liegt, die von allen Kommutatoren aus $E(D)$ erzeugt wird:

$$a = (1 - [a-1,b])(a([a,b] - [a-1,b]))^{-1}.$$

Beweis. Der Beweis verbleibt für den Leser als Übungsaufgabe.◊

Satz 7 *(Cartan-Brauer-Hua) Seien D eine Divisionsalgebra und T eine unitale Divisions-Teilalgebra von D. Ist $E(T)$ ein Normalteiler von $E(D)$, so ist T zentral oder stimmt mit D überein.*

Zusatz: Ist N ein Normalteiler von $E(D)$, so ist N zentral, oder die von ihm erzeugte Teil-Divisionsalgebra stimmt mit D überein.

Beweis. (Sysak [59]) Wir nehmen an, dass T nicht zentral ist. Sei also b ein Element aus $T \setminus Z(D)$. Wir nehmen ein Element $a \in D$, für das $ab \neq ba$ gilt. Da $E(T)$ normal in $E(D)$ ist, erhalten wir

$$1 \neq [a,b] = (a^{-1}b^{-1}a)b \in T$$

und analog

$$1 \neq [a-1,b] \in T.$$

Mit Hilfe von Proposition 3 erhalten wir

$$a = (1 - [a-1,b])(a([a,b] - [a-1,b]))^{-1} \in T.$$

Also liegt jedes Element von D, was nicht mit b vertauschbar ist, schon in T. Sei nun c ein Element, was mit b vertauscht. Dann darf auch $a+c$ nicht mit b vertauschen (da sonst auch a mit b vertauscht). Somit liegen $a+c$ und a schon in T, also auch ihre Differenz c. Folglich haben wir $T = D$ gezeigt. Der Zusatz folgt direkt aus dem Bewiesenden.◊

3.2 Das Theorem von Scott

Der Satz von Scott klärt, wann die Einheitengruppe einer Divisionsalgebra auflösbar ist.

Satz 8 *(Scott) Sei D eine Divisionsalgebra. Die Faktorgruppe $E(D)/E(Z(D))$ besitzt keinen nicht-trivialen abelschen Normalteiler. Insbesondere ist D genau dann ein Körper, wenn $E(D)$ auflösbar ist.*

<u>Beweis</u>. (Sysak [59]) Wir nehmen an, es gäbe eine nicht-zentrale normale Untergruppe A von $E(D)$, so dass $A/Z(D)$ abelsch ist. Die von A erzeugte Teil-Divisionsalgebra erfüllt die Voraussetzungen des Theorems von Cartan-Brauer-Hua 7, woraus wir schliessen, dass sie mit D identisch ist. Also ist A nicht-abelsch und es existieren $a, b \in A$ mit $1 \neq [a, b] =: c \in Z(E(D))$. Wir zeigen, dass $Z(E(D))$ eine Untergruppe der Ordnung 2 von $E(D)$ ist und $a^2, b^2 \in Z(E(D))$ liegen. Wir haben

$$
\begin{aligned}
&[1 + a, b] \\
= \ &[1 + a]^{-1} b^{-1} (1 + a) b \\
= \ &(1 + a)^{-1} (1 + ac)
\end{aligned}
$$

, also

$$
\begin{aligned}
&[[1 + a, b]b] \\
= \ &[(1 + a)^{-1}(1 + ac), b] \\
= \ &(1 + ac)^{-1}(1 + a)(1 + ac)^{-1}(1 + ac^2) \\
= \ &(1 + a)(1 + ac)^{-2}(1 + ac^2).
\end{aligned}
$$

Ähnlich folgt:

$$
\begin{aligned}
&[[[1 + a, b], b], b] \\
= \ &(1 + a)^{-1}(1 + ac)^3(1 + ac^2)^{-3}(1 + ac^3).
\end{aligned}
$$

Andererseits gilt $[1 + a, b] \in A$ und damit $[[[1 + a, b], b], b] = 1$. Somit gilt

$$
\begin{aligned}
&(1 + ac)^3(1 + ac^3) \\
= \ &(1 + a)(1 + ac^2)^3 \\
= \ &0.
\end{aligned}
$$

Daraus erhalten wir nach Wegnahme gleicher Terme in dieser Gleichung

$$
\begin{aligned}
&a(3c + c^3) + a^3(c^3 + 3c^5) \\
= \ &a(1 + 3c^2) + a^3(3c^4 + c^6)
\end{aligned}
$$

oder äquivalent dazu

$$
(1 - c)^3 + a^2 c^3 (-1 + c)^3 = 0.
$$

Wegen $1 - c \neq 0$ folgt daraus

$$
a^2 = c^{-3} \in Z(E(D))
$$

. Mit einem symmetrischen Argument erhalten wir analog $b^2 \in Z(E(D))$. Zusätzlich gilt für $z \in Z(E(D))$ die Beziehung $(az)^2 = c^{-3}$, denn es gelten $az \in A$ und $[az, b] = c$. Somit gilt $z^2 = 1$, und damit hat $Z(E(D))$ den Exponenten und die Ordnung 2. Also ist $Z(D)$ der Primkörper der Ordnung 3 in D und a, b Elemente endlicher Ordnung in D. Da die von $\{a, b\}$ erzeugte Untergruppe nilpotent ist, ist sie sogar endlich (Jede endlich erzeugte nilpotente Torsionsgruppe ist endlich.). Nach dem Satz 4 muss sie somit sogar zyklisch sein. Das widerspricht der Wahl von a, b. $\diamond$

3.3 Das Theorem von Stuth

Eine Erweiterung der bisherigen Ergebnisse von Cartan-Brauer[2]-Hua und
Scott auf die Subnormalteiler-Struktur wurde von Stuth in [58] bewiesen.

[2]Richard Dagobert Brauer (geboren 10. Februar 1901 in Charlottenburg; gestorben
17. April 1977 in Belmont, Massachusetts) war ein deutsch-amerikanischer Mathematiker.
Brauer war Sohn des Lederwarenhändlers Max Brauer und dessen Ehefrau Lilly Caroli-
ne. Er war das jüngste von drei Kindern, sein sieben Jahre älterer Bruder Alfred wurde
ebenfalls Mathematiker. Richard Brauer besuchte von 1907 bis 1918 die Kaiser-Friedrich-
Schule in Charlottenburg, damals eine eigenständige Gemeinde vor den Toren Berlins, und
entwickelte während dieser Zeit eine Leidenschaft für mathematische Probleme, wobei jedoch mehr der Einfluss seines Bruders als die Güte der Pädagogen entscheidend war. Nur
einer der Lehrer, der bei Frobenius promoviert hatte, konnte ihn überzeugen. Die letzten
vier Jahre seines Schulbesuchs fanden während des Ersten Weltkrieges statt, doch war
Brauer zu jung, um noch eingezogen zu werden. Nach seinem Abschluss im September
1918 wurde er lediglich zum Zivildienst in Berlin herangezogen und im November, nach
Ende des Krieges, konnte er seine Ausbildung fortsetzen. Sein Kindheitstraum war es,
Erfinder zu werden, und so begann er im Februar 1919, trotz seiner Hingabe zur Mathematik, zunächst ein Studium an der Technischen Hochschule Charlottenburg, der späteren
Technischen Universität Berlin. Doch bemerkte er bereits nach einem Semester, dass ihm
die theoretische Richtung mehr zusagte als die praktische. Er ging deshalb an die Berliner Kaiser-Wilhelm-Universität. An der Berliner Universität lehrten seinerzeit einige der
bedeutendsten Mathematiker und Naturwissenschaftler: Ludwig Bieberbach, Constantin
Caratheodory, Albert Einstein, Konrad Knopp, Richard von Mises, Max Planck, Erhard
Schmidt, Issai Schur und Gabor Szego. Brauer beschreibt die Vorlesungen bei Schmidt
folgendermaßen: 'Es ist nicht einfach, ihre Faszination zu beschreiben. Wenn Schmidt
vor der Tafel stand, benutzte er nie Aufzeichnungen und war selten gut vorbereitet. Er
gab einem den Eindruck, als ob er die Theorie hier und jetzt gerade entwickelte.' Gemäß
der Tradition deutscher Studenten, den Studienplatz zu wechseln, ging auch Brauer von
Berlin weg. Er studierte an der Universität Freiburg, doch kehrte er bereits nach einem
Semester wieder nach Berlin zurück. Hier besuchte er Seminare von Bieberbach, Schmidt
und Schur. Es zog ihn nun mehr und mehr zur Algebra, wie sie Schur in seinen Semi-
naren vorstellte: 'Schur war in seiner Lehrtätigkeit stets gut vorbereitet und trug sehr
schnell vor. Wenn man nicht ständig aufpaßte, verlor man schnell den Zusammenhang. Es
war kaum Zeit genug, Notizen anzufertigen, dies musste zu Hause geschehen. Er führte
wöchentliche Übungsstunden durch und fast jedesmal handelte es sich um ein schwieriges
Problem. Einige dieser Aufgaben waren schon von seinem Lehrer Frobenius benutzt worden. Manchmal erwähnte er Probleme, die er selbst nicht zu lösen vermochte.' Tatsächlich
war es eines dieser offenen Probleme, die Richard gemeinsam mit seinem Bruder 1921 lösen
konnte und zu einer ersten Veröffentlichung führten. Schur war es auch, der das Thema
für Brauers Dissertation vorschlug. Richard Brauer promovierte mit dieser Arbeit 1926.
Sie beschäftigte sich mit einem algebraischen Ansatz zur Charakterisierung irreduzibler
Darstellungen der reellen orthogonalen Gruppe. Vor seiner Promotion hatte Brauer eine
Stelle als Assistent von Konrad Knopp in Königsberg erhalten und seine Kommilitonin
Ilse Karger geheiratet. Im Herbst 1925 trat er seine Stelle in Ostpreußen an. Kurz nach
seiner Ankunft ging Knopp jedoch an die Universität Tübingen und da die Fakultät für
Mathematik in Königsberg nicht sehr groß war, hatte Brauer eine Menge Aufgaben und
Freiheiten. Es gab zwei Professoren, Gabor Szego und Kurt Reidemeister, sowie neben
Brauer noch zwei Assistenten. Brauer lehrte in Königsberg bis zum Frühjahr 1933, als er
nach der Machtübergabe an die Nationalsozialisten seine Stellung verlor und sich ins Ausland begeben musste, wo man ihn dankbar aufnahm. Brauer ging zunächst für ein Jahr
nach Lexington (Kentucky). Nach diesem Engagement wurde er Assistent von Hermann
Weyl, was einem lange gehegten Wunsch Brauers entsprach. 1935 veröffentlichten beide eine gemeinsame Arbeit über Spinore im American Journal of Mathematics. Dieser Aufsatz

32

Wir geben dieses Resultat nur an und verweisen für den Beweis auf Originalarbeit von Stuth.

Satz 9 *(Stuth) Sei D eine Divisionsalgebra. Dann gelten folgende Aussagen:*

(i) *Die zentralen Untergruppen von $E(D)$ sind genau die auflösbaren Subnormalteiler von $E(D)$.*

(ii) *Für jeden nicht-zentralen Subnormalteiler S von $E(D)$ gilt $C_{E(D)}(S) = Z(E(D))$.*

(iii) *Der Schnitt zweier nicht-zentraler Subnormalteiler von $E(D)$ ist wieder ein nicht-zentraler Subnormalteiler von $E(D)$. Insbesondere gibt es also genau einen kleinsten nicht-zentralen Subnormalteiler von $E(D)$. Dieser ist nicht auflösbar.*◊

---

bildete die Basis für Diracs Konzept des Elektronenspin innerhalb der Quantenmechanik. Im Herbst 1935 wurde Brauer auf eine feste Stelle als Assistenzprofessor an die Universität Toronto berufen, dies erfolgte auf Empfehlung von Emmy Noether. Hier entwickelte Brauer einige seiner beeindruckendsten Theorien, indem er das Werk von Frobenius in eine neue Richtung brachte. Zusammen mit C. Nesbitt entwickelte er die Theorie der Blöcke, mit deren Hilfe er Ergebnisse für endliche Gruppen, insbesondere die endlichen einfachen Gruppen, erhielt. Nach einem Jahr an der Universität von Wisconsin (1941) ging er 1948 endgültig in die USA zurück, an die University of Michigan in Ann Arbor. 1949 erhielt er den begehrten Colepreis der American Mathematical Society für seine Arbeit 'On Artins L-series with general group characters', die er 1947 im American Journal of Mathematics veröffentlicht hatte. 1954 hielt er einen Plenarvortrag auf dem Internationalen Mathematikerkongress in Amsterdam (On the structure of groups of finite order). 1951 erhielt er einen Ruf an die Harvard-Universität, den er 1952 annahm. Hier blieb er bis zu seiner Emeritierung 1971. In Harvard begann er mit der Klassifizierung sämtlicher endlicher einfacher Gruppen. Der erste Schritt dazu war eine gruppentheoretische Charakterisierung der $PSL(2,q)$. Den Rest seiner Schaffenszeit widmete Brauer nun der Klassifizierungsarbeit. Er starb jedoch wenige Jahre bevor dieses Projekt einen vorläufigen Abschluss gefunden hatte. 1970 war er Invited Speaker auf dem Internationalen Mathematikerkongress in Nizza (Blocks of characters) und 1962 in Stockholm (On finite groups of even order).

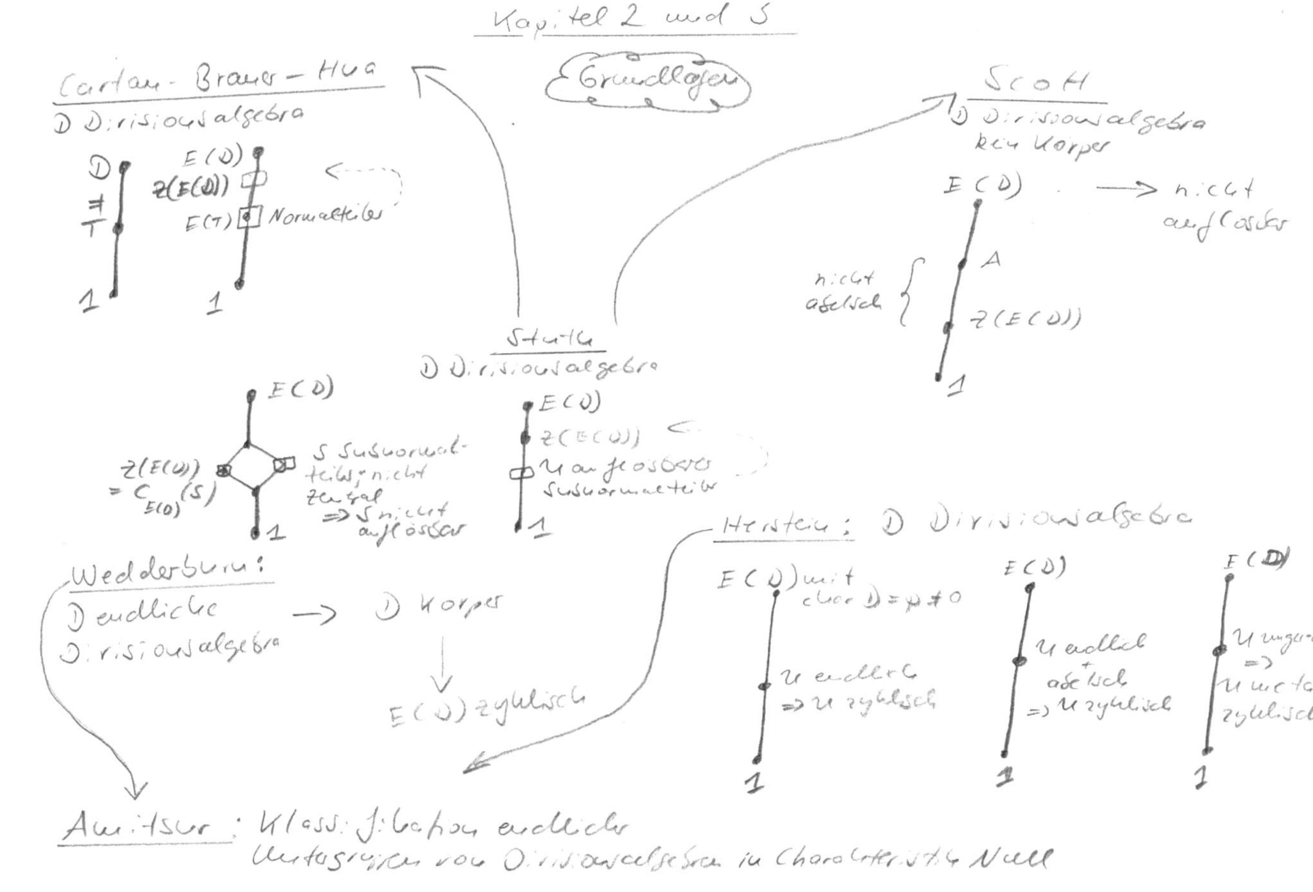

Kapitel 2 und 3
Grundlagen

Cartan-Brauer-Hua
D Divisionsalgebra
D
≠
T
E(D)
Z(E(D))
E(T) Normalteiler
1
1

Scott
D Divisionsalgebra
der Körper
E(D) ⟶ nicht auflösbar
nicht abelsch
A
Z(E(D))
1

Stuth
D Divisionsalgebra
E(D)
Z(E(D))
U auflösbarer Subnormalteiler
1

Z(E(D))
= C_{E(D)}(S)
E(D)
S Subnormalteiler; nicht zentral
⟹ S nicht auflösbar
1

Wedderburn:
D endliche Divisionsalgebra ⟶ D Körper
E(D) zyklisch

Herstein: D Divisionsalgebra
E(D) mit char D = p ≠ 0
U endlich ⟹ U zyklisch
1
E(D)
U endlich + abelsch ⟹ U zyklisch
1
E(D)
U ungerade ⟹ U meta-zyklisch
1

Amitsur: Klassifikation endlicher Untergruppen von Divisionsalgebren in Charakteristik Null

34

3.4 Übungsaufgaben

Übungsaufgabe 25 *Inwieweit erweitert der Satz von Stuth 9 die Ergebnisse von Cartan-Brauer-Hua und Scott?*

Übungsaufgabe 26 *Man beweise die Identitäten und Aussagen aus Proposition 3!*

Übungsaufgabe 27 *Man studiere den Artikel [59] unter folgenden Gesichtspunkten: Definition periodische Gruppe, Periodizität der additiven Gruppe und multiplikativen Gruppe von $\mathbb{Q}$, $\mathbb{R}$ und $\mathbb{C}$, Beweis des Lemmas von Herstein sowie der Beweis von Jacobson, dass Divisionsalgebren mit periodischer Einheitengruppe Körper sind. Inwieweit erweitert dieses Ergebnis das entsprechende Ergebnis über endliche Divisionsalgebren?*

Übungsaufgabe 28 *Wann ist die Einheitengruppe einer Divisionsalgebra abelsch?*

Übungsaufgabe 29 *Wann ist die Einheitengruppe einer Divisionsalgebra nilpotent? (Tip: Scott'scher Satz)*

Übungsaufgabe 30 *Wann ist die Einheitengruppe einer Divisionsalgebra auflösbar? (Tip: Scott'scher Satz)*

Übungsaufgabe 31 *Wann ist die Einheitengruppe einer Divisionsalgebra einfach? (Tip: Zentrum und Satz von Wedderburn)*

Übungsaufgabe 32 *Wann ist die Einheitengruppe einer Divisionsalgebra zyklisch? (Tip: Übung 6)*

Übungsaufgabe 33 *Sei D eine Divisionsalgebra. Was läßt sich über endliche Normalteiler aussagen?*

Übungsaufgabe 34 *Sei D eine Divisionsalgebra. Was läßt sich über endliche Subnormalteiler aussagen?*

Übungsaufgabe 35 *Man schlage in der Literatur den Beweis nach, dass eine nilpotente endlich-erzeugte Torsionsgruppe endlich ist. Wo wurde dieses Resultat in diesem Kapitel benutzt?*

Kapitel 4

Nilradikale von Lie-Algebren assoziiert zu assoziativen Algebren

Zu einer assoziativen Algebra kann man in natürlicherweise die sog. assoziierte Lie-Algebra ableiten. Wir untersuchen in diesem Kapitel, wie sich das Nilradikal – das grösste nilpotente Ideal – dieser Lie-Algebra mit Hilfe der Ausgangsalgebra beschreiben lässt. Es zeigt sich, dass dabei das Zentrum und das Nilradikal der assoziativen Algebra eine Rolle spielen: das Nilradikal läßt sich als Summe dieser beiden Teilstrukturen beschreiben. Insbesondere ist das Nilradikal wieder eine unitale assoziative Teilalgebra. Als zusätzliche Voraussetzung fordern wir – neben der der ungeraden Charakteristik – nur die Separabilität der Radikalfaktorstruktur der assoziativen Algebra, um mit Hilfe des Satzes von Wedderburn-Malcev die Existenz eines Radikalkomplementes nutzen zu können.

Strategisch gehen wir so vor, dass wir zunächst die Untersuchungen für auflösbare Algebren durchführen. Dabei verwenden wir Ergebnisse zur Jordan-Zerlegung und behandeln unsere Standard-Beispiele ausführlich. Anschliessend übertragen wir die Analysen von Herstein[1] zu einfachen Ringen und ihrem assoziierten Lie-Ring auf einfache und halbeinfache Algebren. Mit beiden Resultaten können wir dann den allgemeinen Fall studieren und lösen.

---

[1]Israel Yitzchak Nathan Herstein (geboren am 28. März 1923 in Lublin; gestorben am 9. Februar 1988 in Chicago) war ein US-amerikanischer Mathematiker, der sich vor allem mit Algebra beschäftigte. Hersteins Familie zog 1928 nach Kanada, und dort studierte er an der University of Manitoba und der University of Toronto (Master 1946). 1948 wurde er an der Indiana University bei Max Zorn promoviert (Divisor Algebras). Danach war er an der University of Kansas, der Ohio State University, der University of Chicago (1950, bei Abraham Adrian Albert) der University of Pennsylvania und der Cornell University, bevor er 1962 Professor in Chicago wurde. Er ist vor allem für seine Arbeiten in der Theorie nichtkommutativer Ringe bekannt. Herstein ist auch für seine Algebra-Lehrbücher bekannt.

Das Kapitel wird dadurch abgeschlossen, das bewiesene Resultat auf Algebrenkonstruktionen wie das Tensorprodukt, Adjunktion einer Eins, Matrixalgebren, Teilalgebren etc. möglichst zu übertragen. Dabei steht der Gedanke im Vordergrund, das Nilradikal der assoziierten Lie-Algebra dieser abgeleiteten Konstruktionen aus den vorliegenden Ingredenzien abzuleiten: also z.B. aus den Faktoren eines Tensorproduktes oder der Ausgangsalgebra bei Teilalgebren. Inwieweit hierbei Ergebnisse zu erwarten sind bzw. vorliegen, analysieren und beweisen wir in diesem Abschnitt.

4.1 Auflösbare Algebren

Wir betrachten nun den Fall einer auflösbaren Algebra und führen zunächst das entscheidene Hilfsmittel zur Untersuchung unserer Fragestellung ein: die Jordan-Zerlegung.

4.1.1 Jordan-Zerlegungen

Definitionen und Bemerkungen 1 Ist L eine K-Lie-Algebra und $l \in L$, so definieren wir die Multiplikation – auch adjungierte Darstellung genannt – mit l durch $ad(l) : L \longrightarrow L, x \mapsto xl$. Das Nilradikal von L ist das grösste nilpotente Ideal von L (falls es existiert). Die zu einer assoziativen Algebra A assoziierte Lie-Algebra bezgl. der Multiplikation $a \circ b := ab - ba$ für alle $a, b \in A$ sei mit A° bezeichnet. Sind S, T Teilalgebren von A°, so seit $S \circ T$ das K-Erzeugnis der Menge $\{s \circ t \mid s \in S, t \in T\}$. Die Begriffen Nilpotenz und Auflösbarkeit benutzen wir im gewohnten Sinne bei Lie-Algebren wie auch bei Gruppen.

Mit λ bzw. ρ bezeichnen wir die links- bzw. rechtsreguläre Darstellung einer assoziativen Algebra A. Analog wie in Definition 5.2.1 in [65] nennen wir ein Polynom vollseparabel, wenn es quadratfrei und separabel ist. Ist A eine assoziative unitäre K-Algebra, so heisst ein Element $a \in A$ vollseparabel, wenn sein Minimalpolynom $min_{a,K}$ vollseparabel ist. Das ist dazu äquivalent, daß das Minimalpolynom $min_{a,K}$ in $K[t]$ keine mehrfachen Nullstellen in jedem Erweiterungskörper F von K besitzt. Eine weitere Kennzeichnung ist dadurch gegeben, daß $min_{a,K}$ und seine formale Ableitung $min'_{a,K}$ keinen nicht-trivialen grössten gemeinsamen Teiler besitzen: $ggT(min_{a,K}, min'_{a,K}) = 1$. Man kann leicht einsehen, daß a, $a\rho$ und $a\lambda$ dasselbe Minimalpolynom besitzen, so daß a genau dann vollseparabel ist, wenn $a\rho$ oder $a\lambda$ diese Eigenschaft besitzt. Definition 5.1.4.1 in [65] folgend heisst ein Paar $(r; s) \in A \times A$ eine allgemeine Jordan-Zerlegung von $a \in A$, falls $a = r + s$ gilt, r und s kommutieren sowie r nilpotent und s vollseparabel ist. Das Nilradikal von A bezeichnen wir mit $rad(A)$. A heisst auflösbar, falls $A/rad(A)$ – die Radikalfaktorstruktur – kommutativ ist. Besitzt $rad(A)$

ein Algebrenkomplement T, so nennen wir T auch Radikalkomplement, in Zeichen $A = rad(A) \oplus T$. ◇

Lemma 1 *Seien K ein Körper, A eine assoziative unitäre endlich-dimensionale K-Algebra und $a, r, s \in A$. Ist $(r; s)$ eine allgemeine Jordan-Zerlegung von a, so ist $(ad(r); ad(s))$ eine allgemeine Jordan-Zerlegung von $ad(a)$.*

Beweis. *Schritt 1*: Wir bemerken zunächst an, daß a, $\lambda(a)$ und $\rho(a)$ dasselbe Minimalpolynom besitzen und offenbar $ad(a) = ad(r+s) = ad(r)+ad(s)$ gilt.

Schritt 2: Wir zeigen, daß $ad(r)$ und $ad(s)$ miteinander vertauschbar sind: Da A assoziativ ist, sind für alle $x, y \in A$ die Abbildungen $\lambda(x)$ und $\rho(y)$ vertauschbar. Mit r und s kommutieren auch die Abbildungen $\lambda(r)$ und $\lambda(s)$ sowie $\rho(r)$ und $\rho(s)$. Es folgt nun

$$
\begin{aligned}
&ad(r)ad(s) \\
=\ &(\rho(r) - \lambda(r))(\rho(s) - \lambda(s)) \\
=\ &\rho(r)\rho(s) - \rho(r)\lambda(s) - \lambda(r)\rho(s) + \lambda(r)\lambda(s) \\
=\ &\rho(s)\rho(r) - \rho(s)\lambda(r) - \lambda(s)\rho(r) + \lambda(s)\lambda(r) \\
=\ &(\rho(s) - \lambda(s))(\rho(r) - \lambda(r)) \\
=\ &ad(s)ad(r).
\end{aligned}
$$

Schritt 3: Nach *Schritt 1* sind mit r auch $\rho(r)$ und $\lambda(r)$ nilpotent. Da A assoziativ ist, vertauschen die nilpotenten Endomorphismen $\lambda(r)$ und $\rho(r)$. Folglich ist ihr Algebren-Erzeugnis kommutativ, und somit sogar nilpotent nach Proposition 5 in [65]. Daher ist auch $ad(r)$ als Differenz von $\rho(r)$ und $\lambda(r)$ nilpotent.

Schritt 4: Nach *Schritt 1* sind mit s auch $\rho(s)$ und $\lambda(s)$ vollseparabel. Da A assoziativ ist, vertauschen die vollseparablen Endomorphismen $\lambda(s)$ und $\rho(s)$. Folglich ist ihr Algebren-Erzeugnis kommutativ, und daher sogar vollseparabel nach Satz 5.2.6 in [65]. Daher ist auch $ad(s)$ als Differenz von $\rho(s)$ und $\lambda(s)$ vollseparabel. ◇

4.1.2 Das Nilradikal

Mit Hilfe der Ergebnisse zur Jordan-Zerlegung bestimmen wir nun das Nilradikal der assoziierten Lie-Algebra einer auflösbaren assoziativen Algebra.

Definitionen und Bemerkungen 2 Eine assoziative endlich-dimensionale unitäre kommutative Algebra mit separabler Radikalfaktorstruktur hat genau ein Radikalkomplememt, nämlich die Menge der vollseparablen Elemente. Ist die Algebra nur noch auflösbar und T ein Radikalkomplement, so ist

38

$T \cap Z(A)$ das Radikalkomplement des Zentrums von A. Dieses ist auch der Schnitt aller Radikalkomplemente von $rad(A)$ in A (siehe z.B. [65], Kapitel 5).

Sei L eine Lie-Algebra. Eine Teilalgebra M von L nennen wir maximal nilpotent, falls M in keiner nilpotenten Teilalgebra von L echt enthalten ist.$\diamond$

Satz 10 *Seien K ein Körper, A eine assoziative unitäre endlich-dimensionale auflösbare K-Algebra mit separabler Radikalfaktorstruktur und Z das Radikalkomplement des Zentrums von A. Dann ist $rad(A) \oplus Z = rad(A) + Z(A)$ das Nilradikal von A°. Insbesondere ist das Nilradikal eine unitale assoziative Teilalgebra von A und die einzige maximal nilpotente Teilalgebra von A° oberhalb von $rad(A)$.*

<u>Beweis</u>. Beide Ideale $rad(A)$ und Z von A° sind nilpotent, und daher auch nach einem Satz von Fitting ihre Summe. Somit liegt das nilpotente Ideal $rad(A) \oplus Z$ im Nilradikal von A°. Sei N das Nilradikal von A° und $n \in N$. Nach dem Satz von Wedderburn-Malcev gibt es ein Radikalkomplement T. Also existieren $r \in rad(A)$ und $t \in T$ mit $n = r + t$. Da $rad(A)$ in N enthalten ist, gilt $t \in N$. Da N als Lie-Algebra nilpotent ist, ist $ad(t)$ ein nilpotenter Endomorphismus von N. Insbesondere ist $ad(t)_{|rad(A)}$ ein nilpotenter Endomorphismus von $rad(A)$. Andererseits ist $A/rad(A)$ separabel und kommutativ, woraus mit Satz 5.3.1 in [65] folgt, daß jedes Element von T vollseparabel ist. Mit Lemma 1 erhalten wir, daß $ad(t)$ vollseparabel ist. Insbesondere ist $ad(t)_{|rad(A)}$ vollseparabel. Also ist $ad(t)_{|rad(A)}$ zugleich nilpotent und vollseparabel. Mit Lemma 1 erhalten wir $ad(t)_{|rad(A)} = 0$.[2] Also zentralisiert t ganz $rad(A)$. Da T kommutativ ist, gilt sogar $t \in T \cap Z(A)$. Diese Teilalgebra stimmt nach Satz 5.1.4 in [65] mit Z überein.

Es gilt $Z(A) = rad(Z(A)) + Z$. In einer auflösbaren Algebra stimmt das Nilradikal mit der Menge der nilpotenten Elemente überein (siehe z.B. [4] oder der Abschnitt über reduzierte Algebren in diesem Buch). Somit gilt $rad(A) + Z = rad(A) + rad(Z(A)) + Z = rad(A) + Z(A)$.

Der Zusatz folgt aus der Tatsache, daß jede Teilalgebra oberhalb von $rad(A)$ wegen $A \circ A \subseteq rad(A)$ schon ein Ideal von A° ist sowie das Nilradikal die Summe eines Ideals und einer Teilalgebra von A ist. $\diamond$

4.2   Standard-Beispiele auflösbarer Algebren

4.2.1   Auflösbare Gruppenalgebren

Als erste Anwendung bestimmen wir das Nilradikal für die assoziierte Lie-Algebra $(KG)^\circ$ für modulare auflösbare Gruppenalgebren KG über Gruppen G der Ordnung $2 \cdot p^n$ und Körper K der Charakteristik $char(K) = p$

---

[2]Man beachte, daß ein Element immer höchstens eine Jordan-Zerlegung besitzt (man vgl. z.B. Kapitel 5 in [65]).

(p eine Primzahl). Dazu zählen u.a. die Diedergruppen D_{2p^n}. Wir benötigen zunächst noch die folgende allgemeine Einsicht zu auflösbaren Gruppenalgebren:

Vorbemerkung 1 Seien K ein Körper und G eine endliche Gruppe. Nach 3.2.20 in [65] ist KG genau dann auflösbar, wenn entweder G abelsch ist oder $char(K) = p$ gilt und G' – die Ableitung von G – eine p-Gruppe ist (p eine Primzahl). Ist G abelsch, so ist $(KG)^\circ$ nilpotent. Sei also $char(K) = p$ und G' eine p-Gruppe. Da G' eine normale p-Untergruppe von G ist, besitzt G nach dem Satz von Sylow genau eine (normale) p-Sylow-Untergruppe P. Aus dem Satz von Schur-Zassenhaus erhalten wir ein Komplement H von P in G. Ist α die Linearisierung des kanonischen Gruppenepimorphismus von G auf die Faktorgruppe G/P, so gilt bekanntlich für den Kern von α die Identität $Kern\,\alpha = KGAug(KP) = Aug(KP)KG$, wobei $Aug(KP)$ das Augmentationsideal von KP ist. Da nach einem Satz von Wallace $Aug(KP)$ nilpotent ist, erhalten wir die Nilpotenz von $Kern\,\alpha$. Die Faktorstruktur von KG modulo $Kern\,\alpha$ ist zu $K(G/P)$ und damit zu KH isomorph. KH ist nach einem Satz von Maschke halbeinfach und damit sogar nach 1.9.4 in [65] separabel. Wir erhalten $rad(KG) = KG\,Aug(KP)$, und KH ist ein separables Radikalkomplement in KG. Weiterhin gilt nach [65], Kapitel 3, daß der Schnitt aller Radikalkomplemente genau das Radikalkomplement des Zentrums ist. Insbesondere liegt das Radikalkomplement des Zentrums in KH. Das Nilradikal von $(KG)^\circ$ ist nach Satz 10 die direkte Summe dieser Teilalgebra mit dem Radikal ($=KGAug(KP)$) von KG. Nach demselben Satz ist es die Summe von dem Radikal von KG mit dem Zentrum von KG, welches bekanntlich das K-Erzeugnis der Konjugiertenklassensummen ist. Das Radikalkomplement des Zentrums erhält man auch dadurch, indem man zunächst für eine beliebige Basis des Zentrums seine Elemente per Jordan-Zerlegung in einen nilpotenten und einen vollseparablen Anteil additiv zerlegt. Das K-Erzeugnis der so enthaltenen vollseparablen Elemente ist das gesuchte Radikalkomplement des Zentrums. $\diamond$

Seien G eine Gruppe, K ein Körper und T eine endliche Teilmenge von G. Mit $\overline{T}$ bezeichnen wir die Summe der Elemente von T in KG. Des Weiteren seien $C(G)$ die Menge der Konjugiertenklassen von G sowie $k(G)$ die Anzahl dieser Klassen. Ist U eine Untergruppe von G, so ist das Herz von U in G der grösste in U enthaltene Normalteiler von G. Er ist mit dem Schnitt aller in G konjugierten Untergruppen identisch, in Zeichen $core_G(U) = \bigcap_{g \in G} U^g$.

Mit Hilfe der Vorbemerkung können wir nun beweisen:

Satz 11 (Nilradikal auflösbarer Gruppenalgebren) *Seien G eine endliche Gruppe und K ein Körper der Charakteristik $p > 0$, so dass KG auflösbar ist. Sind H eine p'-Hall-Untergruppe und P die normale p-Sylow-Untergruppe von G, so ist $(Aug(KP)KG) \oplus K(Z(G) \cap H)$ das Nilradikal von $(KG)^\circ$.*

Beweis. Wir benutzen einige Aussagen aus dem erst später bewiesenden Satz 16 sowie der Vorbemerkung. Demnach ist KH ein Radikalkomplement und $Z(KG) \cap KH$ das Radikalkomplement von $Z(KG)$. Wir müssen nur noch einsehen, dass dieses Radikalkomplement genau $K(Z(G) \cap H)$ ist. Dann folgt die Behauptung aus Satz 10. Sicherlich ist $K(Z(G) \cap H)$ in diesem Schnitt enthalten. Sei nun $x := \sum_{h \in H} k_h h$ ein Element des Schnittes. Das Zentrum wird bekanntlich von den Konjugiertenklassensummen K-linear erzeugt, etwa $x = \sum_{C \in C(G)} k_C \overline{C}$. Ist nun $h \in H$ mit $k_h \neq 0$, so gibt es eine Konjugiertenklasse C von G und ein $c \in C$ mit $h = c$ und $k_C \neq 0$. Dann sind aber schon alle Konjugierten von c also die Menge C in H enthalten, denn: der Koeffizient von allen Elemente aus C ist gleich k_C und die Konjugiertenklassen partitionieren G. Daher müssen alle Konjugierten von c wegen der Gleichung $\sum_{h \in H} k_h h = \sum_{C \in C(G)} k_C \overline{C}$ in H enthalten sein. Also gilt $h^G = C \subseteq H$. Aus $h^G \subseteq H$ folgt leicht, dass $h \in \bigcap_{g \in G} H^g$ gilt. Diese Menge ist das Herz von H in G. Da dieser mit dem Normalteiler P trivialen Schnitt hat, sind alle diese Elemente mit P vertauschbar. Da H abelsch ist und $G = PH$ gilt, ist das Herz von H in G zentral in G. Somit ist $h \in Z(G) \cap H$. $\diamond$

Folgerung 1 *Seien p eine Primzahl, K ein Körper der Charakteristik $p \geq 3$, $n \in \mathbb{N}$ und G eine Gruppe der Ordnung $2 \cdot p^n$. Dann gilt einer der folgenden beiden Fälle:*

(i) Ist die 2-Sylow-Untergruppe zentral, so ist $(KG)^\circ$ nilpotent.

(ii) Sind die 2-Sylow-Untergruppen nicht zentral, so ist $\mathrm{rad}(KG) \oplus K \cdot 1_G$ das Nilradikal von $(KG)^\circ$ der Dimension $2p^n - 1$.

Beweis. Die p-Sylow-Untergruppe ist ein Normalteiler der Ordnung p^n vom Index 2. Daher hat das Komplement H in Vorbemerkung 1 die Ordnung 2. Folglich hat das Radikalkomplement KH die Dimension 2, und das Radikalkomplement des Zentrums ist nach Vorbemerkung 1 entweder KH oder $K \cdot 1_G$. Daraus folgt nun leicht mit derselben Vorbemerkung die Behauptung. $\diamond$

Speziell ergibt sich hieraus für die Diedergruppen:

Folgerung 2 *Seien p eine Primzahl, K ein Körper der Charakteristik $p \geq 3$, $n \in \mathbb{N}$ und $G = D_{2p^n}$. Dann ist $\mathrm{rad}(KG) \oplus K \cdot 1_G$ das Nilradikal von $(KG)^\circ$ der Dimension $2p^n - 1$.* $\diamond$

Für die Quaternionengruppen gilt:

Folgerung 3 *Seien p eine Primzahl, K ein Körper der Charakteristik $p \geq 3$, $n \in \mathbb{N}_{\geq 2}$ und $G = Q_{4p^n}$. Dann ist $rad(KG) \oplus KZ(G)$ das Nilradikal von $(KG)^\circ$ der Dimension $4p^n - 2$.*

<u>Beweis</u>. Seien $a, b \in G$ mit $o(a) = 2p^n$, $o(b) = 4$, $z = b^2 = a^{p^n}$, so daß G von a, b erzeugt wird, das Zentrum von z erzeugt wird und $a^b = a^{-1}z$ gelten. Wir benutzen im Folgenden die Aussagen von Vorbemerkung 1. Es ist die Ableitung von G von a^2 erzeugt, welche also eine p-Gruppe der Ordnung p^n ist. Das Komplement H ist das Erzeugnis von b der Ordnung 4. $1, z$ sind wegen $p \neq 2$ vollseparable Elemente in KG, und H ist nicht zentral. Daher besitzt das in KH enthaltene Radikalkomplement des Zentrums die Dimension 2 oder 3. Da es nach Satz 11 genau $K(Z(G) \cap H)$ ist, hat es die Dimension 2.$\diamond$

Zum Abschluss dieses Abschnittes analysieren wir, wie im auflösbaren Fall von KG eine Konjuguertenklassensumme sich als Summe eines nilpotenten und vollseparablen Elementes darstellen lässt oder – mit anderen Worten ausgedrückt – die Jordan-Zerlegung der Konjugiertenklassensummen in $Z(KG)$.

Bemerkung 3 (Jordan-Zerlegung der Konjugiertenklassensummen in $Z(KG)$) Seien K ein Körper der Charakteristik $p \neq 0$, G eine endliche Gruppe mit normaler p-Sylow-Untergruppe P und abelschem hallschem Komplement H. Dann ist $Z(KG) = (rad(KG) \cap Z(KG)) \oplus K(Z(G) \cap H)$ nach Satz 11. Ferner ist $rad(KG)$ von den Elementen $(p-1)h$ mit $p \neq 1, p \in P, h \in H$ nach der Vorbemerkung 1 in diesem Fall K-linear erzeugt.

Sei zunächst g^G eine Konjugiertenklasse von G, wobei g nicht-zentral in G ist, also die Klasse g^G mindestens die Länge zwei besitzt.
Wir betrachten zunächst $g = p \in P$. Seien $C(p)$ die Menge der Konjugatoren von p in G. Dann ist

$$\overline{p^G}$$
$$= \sum_{x \in C(p)} p^x$$
$$= \sum_{x \in C(p)} ((p^x - 1) + 1)$$
$$= \left(\sum_{x \in C(p)} (p^x - 1) \right) + \mid p^G \mid \cdot 1_{KG}.$$

Die Vielfachen der Eins sind zentral, also auch der erste Summand, welcher im Radikal liegt. Somit haben wir die Zerlegung bereits gefunden. Der halbeinfache Anteil ist genau dann Null – also die Klassensumme nilpotent –, wenn die Konjugiertenklassenordnung durch p teilbar ist. Dies ist zum

Beispiel der Fall, wenn P abelsch ist.

Ist $g = h \in H$ mit $h^G \subseteq H$, so ist nach dem Beweis von Satz 11 das Element h schon zentral in G. Also ist in unserer Fall-Unterscheidung h^G keine Teilmenge von H. Sei $C(h)$ die Menge der Konjugatoren von h in G (Dies ist zu der Menge h^G die minimale Teilmenge $C(h)$ von G mit $h^G = h^{C(h)}$. Dann gilt $\mid C(h) \mid = \mid h^G \mid$.). Zu jedem $g \in C(h)$ gibt es ein $h_g \in H$ und ein $p_g \in P$ mit $g = h_g p_g$. Da H abelsch ist, gilt $h^g = h^{p_g}$. Dieses Element lässt sich umschreiben zu $(p_g^{-1} - 1)hp_g + h(p_g - 1) + h$. Somit gibt es ein $j \in rad(KG)$ mit $\overline{h^G} = j + \mid h^G \mid_K \cdot h$. Da H abelsch ist, liegt H in $C_G(h)$, und damit ist h^G entweder eine p-Potenz oder h ist zentral. Laut unserer Annahme ist h nicht zentral, also h^G nilpotent (wegen $char(K) = p$).

Sei nun $g = ph$ mit $p \neq 1 \neq h$. Sei als erstes p zentral, und damit h nicht zentral. Dann gilt $\overline{(ph)^G} = \overline{h^G} \cdot p$. Aus den bisherigen Ergebnissen folgt die Nilpotenz von $\overline{h^G}$ und damit auch die von $\overline{(hp)^G}$. Seien nun h zentral und p nicht zentral. Nun ist $\overline{(ph)^G} = \overline{p^G} \cdot h$. Die Konjugierten von ph in G sind dieselben wie die von p in G, da h zentral ist. Nach dem obigen Untersuchungen gibt es ein $j \in rad(KG)$ und ein $k \in K$ mit $\overline{h^G} = j + k \cdot 1_G$. Es folgt $\overline{(ph)^G} = h \cdot j + k \cdot h$. Da $h \in Z(G) \cap H$ gilt, ist somit auch $h \cdot j$ zentral in KG und auch in $rad(KG)$ gelegen. Somit haben wir die Zerlegung ermittelt. Seien nun sowohl p als auch h nicht zentral. Wir gehen analog zu dem Fall h^G vor. Seien $C(ph)$ wieder die Konjugatoren von ph in G. Zu jeden $x \in C(ph)$ seien $p_x \in P$ und $h_x \in H$ mit $x = h_x p_x$. Dann gilt

$$\overline{(ph)^G}$$
$$= \sum_{x \in C(ph)} (p^x - 1)h^x + \sum_{x \in C(ph)} h^x.$$

Die erste Summe liegt in $rad(KG)$. Für die zweite gilt

$$\sum_{x \in C(ph)} h^x$$
$$= \sum_{x \in C(ph)} h^{p_x}$$
$$= \sum_{x \in C(ph)} (p_x^{-1}) + h(p_x - 1) + \sum_{x \in C(ph)} h.$$

Somit gibt es ein $j \in rad(KG)$ mit

$$\sum_{x \in C(ph)} (ph)^x = j + \mid C(ph) \mid_K \cdot h.$$

Dieses Zerlegung ist eindeutig als direkte Vektorraum-Summe von $rad(KG)$ und KH. $\sum_{x \in C(ph)} (hp)^x$ ist in $Z(KG)$ in $Z(KG) \cap rad(KG)$ und $Z(KG) \cap KH$ zu zerlegen. Diese Summe ist auch K-direkt. Damit müssen beide Zerlegungen übereinstimmen. Da h hier nicht zentral ist, muss damit $\mid C(ph) \mid$ durch

p teilbar also gleich Null sein. Insbesondere ist die Konjugiertenklassensumme also nilpotent.

Nun müssen wir nur noch den Fall $g \in Z(G)$ behandeln. Dazu zeigen wir, dass $P \cap Z(G)$ die normale p-Sylow-Untergruppe mit abelschen Komplement $Z(G) \cap H$ in $Z(G)$ ist. Ist nämlich jetzt $g \in Z(G)$, so gibt es ein $p \in Z(G) \cap P$ und ein $h \in Z(G) \cap H$ mit $g = ph = (p-1)h + h$. Diese Zerlegung ist dann die Gesuchte. Die Primteiler von $\mid Z(G) \mid$ sind auch welche von $\mid G \mid$. Als abelsche Gruppe ist $Z(G)$ das direkte Produkt seiner Sylow-Untergruppen. Diese lassen sich nach dem Satz von Sylow in die korrespondierenden von G konjugieren. Auf Grund der Zentralität bleiben sie aber fix, und daher liegen sie in jeder der Sylow-Untergruppen von G. Damit also in P und auch in denen, aus denen sich H zusammensetzt.$\diamond$

Als eine weitere Anwendung bestimmen wir in den nächsten drei Abschnitten das Nilradikal für unsere Standard-Beispiele der Solomon-Tits-Algebren, der Solomon-Algebren und der Dreiecksmatrizen.

4.2.2 Dreiecksmatrizen

Seien K ein Körper und $n \in \mathbb{N}$. Die Algebra der unteren und oberen Dreiecksmatrizen sind Beispiele für auflösbare assoziative K-Algebren mit separabler Radikalfaktorstruktur.

Die Algebren der unteren Dreiecksmatrizen von $K^{n \times n}$ - in Zeichen $\delta_{u,n}$ - besitzt als Radikal die Menge der strikt unteren Dreiecksmatrizen - in Zeichen $s\delta_{u,n}$. Diese hat die Dimension $\sum_{i=1}^{n-1} i = \frac{1}{2}(n-1)n$. Das Zentrum besteht nur aus den Vielfachen der Einheitsmatrix, die Algebra ist also zentral. Es besitzt die Dimension 1. Insgesamt folgt also mit Satz 10:

Folgerung 4 *Für das Nilradikal der unteren Dreiecksmatrizen gelten:*

(i) $nil(\delta_{u,n}{}^{\circ}) = s\delta_{u,n} \oplus K \cdot 1$

(ii) $dim_K(nil(\delta_{u,n}{}^{\circ})) = 1 + \frac{1}{2}(n-1)n.\diamond$

Die Algebra der oberen Dreiecksmatrizen von $K^{n \times n}$ - in Zeichen $\delta_{o,n}$ - besitzt als Radikal die Menge der strikt oberen Dreiecksmatrizen - in Zeichen $s\delta_{o,n}$. Diese hat die Dimension $\sum_{i=1}^{n-1} i = \frac{1}{2}(n-1)n$. Das Zentrum besteht nur aus den Vielfachen der Einheitsmatrix, die Algebra ist also zentral. Es besitzt die Dimension 1. Insgesamt folgt also mit Satz 10:

Folgerung 5 *Für das Nilradikal der oberen Dreiecksmatrizen gelten:*

(i) $nil(\delta_{o,n}{}^{\circ}) = s\delta_{u,n} \oplus K \cdot 1$

(ii) $dim_K(nil(\delta_{o,n}{}^{\circ})) = 1 + \frac{1}{2}(n-1)n.\diamond$

44

4.2.3 Solomon-Algebren in Charakteristik Null

Seien K ein Körper der Charakteristik Null und $n \in \mathbb{N}$. Mit D_n bezeichnen wir die Solomon-Algebra. Sie ist das K-Erzeugnis der Klassensummen zu sog. Defektklassen in KS_n: ist $\alpha \in S_n$, so ist $D(\alpha) := \{i \mid i\alpha > (i+1)\alpha\}$. Die Solomon-Algebra ist das K-Erzeugnis von $\{ \sum\limits_{D(\alpha)=D} \alpha \mid D \subseteq \underline{n-1}\}$. Die erstaunliche Einsicht von Solomon war es, dass das Produkt zweier Defektklassensummen wieder eine Linearkombination von Defektklassensummen ist. Die Solomon-Algebra besitzt die Dimension 2^{n-1}, die Radikalfaktorstruktur hat als Dimension $p(n)$ - die Anzahl der Partitionen von n. D_n ist eine auflösbare assoziative Algebra mit separabler Radikalfaktorstruktur. Ihr Zentrum ist halbeinfach und hat daher trvialen Schnitt mit dem Radikal. Es ist für gerades bzw. ungerades n von der Dimension 3 bzw. 2. Für genauere Ausführungen hierzu siehe z.B. die Dissertation von Thorsten Bauer [4], insbesondere Kapitel 3, wo auch Beschreibungen des Radikals zu finden sind. Insgesamt folgt also mit Satz 10:

Folgerung 6 *Für das Nilradikal der Solomon-Algebra in Charakteristik Null gelten:*

(i) $nil(D_n{}^\circ) = rad(D_n) \oplus Z(D_n)$

(ii) $dim_K(nil(D_n{}^\circ)) = 2^{n-1} - p(n) + 3$, *falls n gerade ist.*

(iii) $dim_K(nil(D_n{}^\circ)) = 2^{n-1} - p(n) + 2$, *falls n ungerade ist.*◇

4.2.4 Solomon-Tits-Algebren

Seien K ein Körper, $n \in \mathbb{N}$. Mit $S(n,k)$ bezeichnen wir die sog. Stirling-Zahlen zu $k \in \underline{n}_0$. Es ist die Anzahl der ungeordneten Mengenpartitionen von $\underline{n}$, die genau aus k Teilmengen bestehen. In [67] wird die Solomon-Tits-Algebra $K\Pi_n$ ausführlich diskutiert. Sie ist definiert als die Monoidalgebra $K\Pi_n$ zu dem Monoid Π_n. Dieses Monoid besteht aus den geordneten Mengenpartitionen von $\underline{n}$. Sind $(P_1, \cdots, P_l)$ und $(Q_1, \cdots Q_k)$ zwei geordnete Mengenpartitionen, so ist ihr Produkt definiert durch

$$(P_1, \cdots, P_l) \wedge_n (Q_1, \cdots, Q_k) :=$$
$$(P_1 \cap Q_1, P_1 \cap Q_2, \cdots, P_1 \cap Q_k, \cdots, P_l \cap Q_1, P_l \cap Q_2, \cdots, P_l \cap Q_k)^\emptyset.$$

Das Symbol $^\emptyset$ bedeutet, das leere Mengen aus diesem Tupel entfernt werden. $K\Pi_n$ ist wiederum ein Beispiel für eine auflösbare assoziative Algebra mit separabler Radikalfaktorstruktur.

Für das Radikal von $K\Pi_n$ gibt es mehrere Beschreibungen, auf die wir hier nicht näher eingehen (siehe z.B. Kapitel 2 in [67]). Es besitzt die Dimension $dim_K(rad(K\Pi_n)) = \sum\limits_{k=0}^{n} (k! - 1)\, S(n,k)$ (siehe Folgerung 8 in [67]). Das

Zentrum von $K\Pi_n$ ist eindimensional, denn $K\Pi_n$ ist zentral (siehe Satz 13 in [67]). Insgesamt folgt also mit Satz 10:

Folgerung 7 *Für das Nilradikal der Solomon-Tits-Algebra gelten:*

(i) $nil(K\Pi_n^{\,\circ}) = rad(K\Pi_n) \oplus K \cdot 1$

(ii) $dim_K(nil(K\Pi_n^{\,\circ})) = 1 + \sum_{k=0}^{n} (k! - 1)\, S(n,k).\diamond$

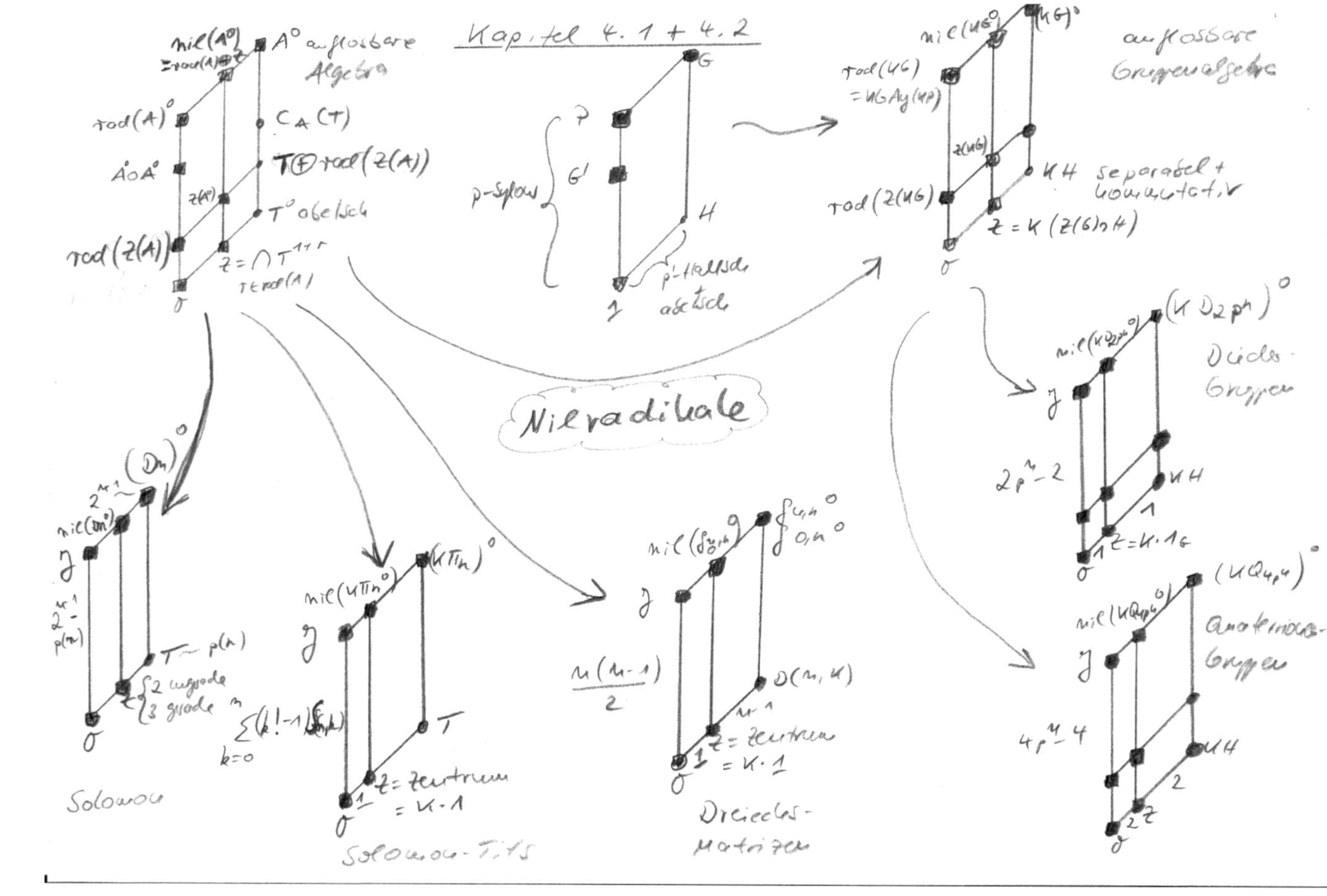

Kapitel 4.1 + 4.2
Nilradikale
nil(A⁰) = rad(A)⊕Z   A⁰ auflösbare Algebra
rad(A)⁰   C_A(T)
A⁰⊃A⁰   T ⊕ rad(Z(A))
Z(A⁰)   T⁰ abelsch
rad(Z(A))   z = ∩ T^{τττ}   τ∈rad(A)
0
p-Sylow   P   G'   G   H   p⁻Halbsd abelsch   1
rad(UG) = WGAg(UP)   nil(UG⁰)   (UG)⁰
Z(UG)   rad(Z(UG))   UH separabel + kommutativ   z = K(Z(G)∩H)   0
(Dₙ)⁰   nil(Wⁿ⁰)   2^{n-1}   g   T ~ p(n)   2 ungrade, 3 grade   Σ(k!-1)(...)   0   Solomon
nil(UΠn⁰)   (KΠn)⁰   g   T   z = Zentrum = K·1   0   Solomon-Tits
nil(δ_{2,n})   g   u(u-1)/2   D(n,K)   z = Zentrum = K·1   0   Dreiecks-Matrizen
nil(KD2pⁿ⁰)   (K D2pⁿ)⁰   Diedergruppen   2pⁿ-2   UH   z = K·1G   0
nil(KQ4pⁿ⁰)   (KQ4pⁿ)⁰   Quaternionen-gruppen   4pⁿ-4   UH   2   2z   0
auflösbare Gruppenalgebra

4.3 Herstein's Untersuchungen zu einfachen Ringen

Herstein untersuchte in zahlreichen Artikeln (siehe z.B. [20], [21], [22] sowie die dort aufgeführten Literaturverzeichnisse) die Auswirkungen der assoziativen Struktur eines Ringes auf assoziierte Strukturen wie der assoziierte Lie- oder Jordan-Ring. Er ging davon aus, dass die assoziative Struktur grossen Einfluss auf die assoziierten Strukturen besitzen müsste, was er dann auch in seinen Artikeln bestätigte. Von besonderem Interesse war für ihn der Fall eines einfachen assoziativen Ringes, der auch für uns für die Theorie des Nilradikales von grosser Bedeutung ist.

Der assoziierte Lie-Ring eines assoziativen Ringes ist dabei bzgl. der Verknüpfung $a \circ b := ab - ba$ definiert. Assoziative Ringe entsprechen $\mathbb{Z}$-Algebren. Die Begriffe Nilpotenz, Auflösbarkeit, Ideal, Charakteristik, Zentrum, etc. sind daher in analoger Weise auch für assoziative Ringe und ihrer assoziierten Lie-Algebra definiert. Zum Beispiel ist für Teilmengen S, T die Menge $S \circ T$ das $\mathbb{Z}$-Algebren-Erzeugnis von $\{ s \circ t \mid s \in S, t \in T \}$. Dieses entspricht dem Ring-Erzeugnis dieser Menge.

Wir fassen zunächst einige für uns interessante Ergebnisse in einem Satz zusammen. Auf Beweise verzichten wir an dieser Stelle und verweisen auf den Artikel [21], Theorem 2, Corollary 1 und 2.

Satz 12 *(Herstein) Sei R ein einfacher assoziativer Ring. Es gelten folgende Aussagen:*

> *(i) Ist L ein Lie-Ideal von R° und gilt $char(R) \neq 2$, so ist L zentral oder enthält $R \circ R$.*

> *(ii) Entweder ist R ein Körper, oder es gilt $R = R \circ R$.*

> *(iii) Es gilt $R \circ R = (R \circ R) \circ (R \circ R)$.* ⋄

Als Folgerung erhalten wir folgendes Ergebnis über das Nilradikal und auflösbare Radikal des assoziierten Lie-Ringes eines einfachen assoziativen Ringes:

Satz 13 *Sei R ein einfacher assoziativer Ring mit $char(R) \neq 2$. Es gelten folgende Aussagen:*

> *(i) Das Zentrum ist das grösste nilpotente Ideal des assoziierten Lie-Ringes R°.*

> *(ii) Das Zentrum ist das grösste auflösbare Ideal des assoziierten Lie-Ringes R°.*

Beweis. Das Zentrum ist ein abelsches (also insbesondere nilpotentes und auflösbares) Ideal des Lie-Ringes R°. Daher genügt es, Aussage (ii) zu zeigen. Ist R ein Körper (also insbesondere abelsch, nilpotent und auflösbar), so ist $R = Z(R)$ wie gewünscht das grösste nilpotente und auflösbare Ideal von R°. Wir betrachten also den Fall, dass R kein Körper ist. Sei also L ein auflösbares Ideal von R°. Wir nehmen an, dass L nicht zentral ist. Nach dem Satz 12 enthält R daher das Ideal $R \circ R$. Für dieses gilt aber nach demselben Satz $R = R \circ R$. Damit ist L also der ganze Ring. Es gilt nun $L = L \circ L$, und zudem ist L auflösbar. Daher muss $L = R$ schon der Nullraum sein, was ein Widerspruch zur Annahme der Einfachheit von R ist. $\diamond$

4.4 Einfache und halbeinfache Algebren

4.4.1 Einfache Algebren

In diesem Abschnitt nutzen wir die Ergebnisse von Herstein für K-Algebren aus. Dabei gehen wir den Weg, die Ergebnisse nicht komplett neu für assoziative K-Algebren zu beweisen, sondern seine Ergebnisse für $\mathbb{Z}$-Algebren auf K-Algebren zu übertragen. Jede assoziative K-Algebra ist insbesondere ein assoziativer Ring oder auch eine $\mathbb{Z}$-Algebra.

Proposition 4 *Sei A eine assoziative unitäre K-Algebra. Es gelten folgende Aussagen:*

(i) Jedes Linksideal des Ringes A ist ein Linksideal der K-Algebra A und umgekehrt.

(ii) Jedes Rechtsideal des Ringes A ist ein Rechtsideal der K-Algebra A und umgekehrt.

(iii) Jedes Ideal des Ringes A ist ein Ideal der K-Algebra A und umgekehrt.

(iv) Jede K-Teilalgebra von A ist ein Teilring von A.

(v) Genau dann ist A als Ring einfach, wenn A als K-Algebra einfach ist.

Beweis. ad(i)-(iii): Wir müssen nur einsehen, dass die jeweilige Struktur ein K-Teilraum ist. Dazu nutzen wir aus, dass die Algebra unitär ist. Sind nämlich $a \in A$ und $k \in K$, so gilt $ka = (k1_A)a = a(k1_A)$. Daraus folgen nun leicht die jeweiligen Implikationen in (i)-(iii). Die umgekehrten Implikationen sind jeweils trivialerweise erfüllt. Teil (iv) ist eine direkte Konsequenz aus (iii), und Teil (v) ist offenbar wahr.$\diamond$

Beispiel 1 Der komplexe Zahlkörper $\mathbb{C}$ ist eine zwei-dimensionale assoziative unitäre $\mathbb{R}$-Algebra. Die einzigen $\mathbb{R}$-Teilalgebren sind $\mathbb{R} \cdot x$ mit $x \in \mathbb{C}$ und $\mathbb{C}$. Als Ring besitzt $\mathbb{C}$ allerdings reichhaltig viele Teilringe, die keine $\mathbb{R}$-Algebren sind, wie zum Beispiel $\mathbb{Z}$ oder auch $\mathbb{Q}$.$\diamond$

Bemerkung 4 Sei A eine (nicht notwendig unitäre) assoziative K-Algebra. Sei L ein Linksideal des Ringes A (Analoge Überlegumgen gelten auch für Rechtsideale und Ideale des Ringes A.). Das K-Raum-Erzeugnis $\langle L \rangle_K$ von L ist ein K-Linksideal der K-Algebra A, das L enthält. Es ist das kleinste K-Ideal von A, das L enthält. Betrachtet man die Menge $\hat{L} := \{l \mid l \in L \wedge Kl \subseteq L\}$, so ist auch $\hat{L}$ ein K-Linksideal von A. Es ist das größte K-Linksideal von A, das in L enthalten ist. Diese drei Strukturen fallen im unitären Fall zusammen (vgl. Proposition 4), im Allgemeinen sind sie aber verschieden, wie das folgende Beispiel zeigt.

Man betrachte die nicht-unitäre und nilpotente assoziative $\mathbb{R}$-Algebra der strikt unteren Dreicksmatrizen von $\mathbb{R}^{3\times3}$, und dort die Matrizen der Form

$$\begin{pmatrix} 0 & 0 & 0 \\ a & 0 & 0 \\ b & c & 0 \end{pmatrix},$$

wobei b reell und a, c ganzzahlig sind. Dann ist diese Menge ein Ideal des zugehörigen Ringes, aber kein $\mathbb{R}$-Teilraum. Das kleinste in dieser Menge enthaltene $\mathbb{R}$-Ideal ist gegeben durch die Menge der Matrizen

$$\begin{pmatrix} 0 & 0 & 0 \\ 0 & 0 & 0 \\ b & 0 & 0 \end{pmatrix},$$

wohingegen das kleinste $\mathbb{R}$-Ideal oberhalb dieser Menge die ganze Algebra ist.

Jede K-Algebra A kann in eine unitäre K-Algebra A^K eingebettet werden. Häufig werden Sätze zunächst mit der Zusatzvoraussetzung der Unitärität bewiesen und anschliessend mit Hilfe dieser Konstruktion dann entsprechend auf nicht-notwendig unitäre K-Algebren erweitert. Dieses Beispiel zeigt, dass dieses Vorgehen hier scheitert. In der Tat kann man sich überlegen, dass ein Ideal des Ringes A genau dann ein Ideal des Ringes A^K ist, wenn das Ideal schon ein K-Raum ist. Analoge Überlegungen gelten für Links- und Rechtsideale. Daher scheitert dieses Erweiterungsprinzip an dieser Stelle.$\diamond$

Für eine K-Lie-Algebra L wird (in der Literatur) mit $Rad(L)$ das grösste auflösbare Ideal bezeichnet.

Satz 14 *Sei A eine rechtsartinsche einfache assoziative K-Algebra der Charakteristik ungleich 2. Dann gelten:*

(i) Das Zentrum ist das grösste nilpotente Ideal der assoziierten K-Lie-Algebra A°: $nil(A^\circ) = Z(A)$. Insbesondere ist $nil(A^\circ)$ eine unitale assoziative K-Teilalgebra.

(ii) Das Zentrum ist das grösste auflösbare Ideal der assoziierten K-Lie-Algebra A°: $Rad(A^\circ) = Z(A) = nil(A^\circ)$. Insbesondere ist $Rad(A^\circ)$ eine unitale assoziative K-Teilalgebra.

(iii) Ist A zusätzlich zentral, so gilt $nil(A^\circ) = Rad(A^\circ) = K \cdot 1_A$.

Beweis. Da A rechtsartinsch und einfach ist, ist A auch unitär (da nach dem Hauptsatz von Wedderburn isomorph zu einem vollen Matrixring über einem Schiefkörper). Daher ist A als Ring genau dann einfach, wenn A als K-Algebra einfach ist (nach Proposition 4). Wir können daher den Satz 13 anwenden. Sei nun L ein auflösbares K-Lie-Ideal von A°. Dann ist L auch ein Lie-Ideal des Ringes A° und immer noch auflösbar. Nun folgt die Behauptung mit Satz 13.$\diamond$

4.4.2   Direkte Produkte und halbeinfache Algebren

Wir übertragen nun die bisherige Theorie auf direkte Produkte und damit auf halbeinfache assoziative rechtsartinsche K-Algebren. Auf dem direkten Produkt zweier assoziativer Algebren ist die assoziierte Lie-Verknüpfung entsprechend komponentenweise definiert: $(a; b) \circ (c; d) := (a \circ c; b \circ d)$.

In der nächsten Proposition zeigen wir, dass es bei maximal nilpotenten und auflösbaren Idealen der assoziierten Lie-Algebra eines direkten Produktes keine sog. 'Diagonalen' gibt.

Proposition 5 *Seien A, B assoziative K-Algebren und L ein K-Ideal von $(A \times B)^\circ$. Wir definieren $L_A := \{a \mid a \in A, \exists b \in B : (a; b) \in L\}$ und $L_B := \{b \mid b \in B, \exists a \in A : (a; b) \in L\}$. Es gelten folgende Aussagen:*

(i) L_A ist ein K-Ideal von A.

(ii) L_B ist ein K-Ideal von B.

(iii) L ist in $L_A \times L_B$ enthalten.

(iv) Mit L sind auch L_A, L_B nilpotent.

(v) Mit L sind auch L_A, L_B auflösbar.

(vi) Ist L maximal nilpotent, so gilt $L = L_A \times L_B$.

(vii) $nil((A \times B)^\circ) = nil(A^\circ) \times nil(B^\circ)$

(viii) Ist L maximal auflösbar, so gilt $L = L_A \times L_B$.

(ix) $Rad((A \times B)^\circ) = Rad(A^\circ) \times Rad(B^\circ)$

Beweis. Der Beweis durch einfaches Nachrechnen verbleibt dem Leser als Übungsaufgabe.◇

Wir erhalten nun das Nilradial und das auflösbare Radikal für halbeinfache Algebren als Folgerung:

Satz 15 *Seien A eine assoziative rechtsartinsche halbeinfache K-Algebra, $char(K) \neq 2$, $n \in \mathbb{N}$ und $I_1, \cdots, I_n$ die A direkt-zerlegenden einfachen K-Ideale von A. Es gelten folgende Aussagen:*

(i) $Z(A) = Z(I_1) \times \cdots \times Z(I_n)$

(ii) $nil(A^\circ) = nil((I_1)^\circ) \times \cdots \times nil((I_n)^\circ) = Z(A)$
Insbesondere ist $nil(A^\circ)$ eine unitale assoziative K-Teilalgebra.

(iii) $Rad(A^\circ) = Rad((I_1)^\circ) \times \cdots \times Rad((I_n)^\circ) = Z(A) = nil(A^\circ)$
Insbesondere ist $Rad(A^\circ)$ eine unitale assoziative K-Teilalgebra.

Beweis. Eine rechtsartinsche assoziative halbeinfache K-Algebra ist nach dem Hauptsatz von Wedderburn-Artin[3] unitär und direktes Produkt der

---

[3]Emil Artin (geboren 3. März 1898 in Wien; gestorben 20. Dezember 1962 in Hamburg) war ein österreichischer Mathematiker und einer der führenden Algebraiker des 20. Jahrhunderts. Emil Artin war der Sohn des gleichnamigen Kunsthändlers und der Opernsängerin Emma Laura-Artin. Er wuchs in der Stadt Reichenberg (heute Liberec) in Böhmen auf, wo man seinerzeit fast ausnahmslos Deutsch sprach. Er beendete seine Schulzeit 1916 und wurde ein Jahr später zur österreichischen Armee eingezogen, nachdem er ein Semester an der Universität Wien das Fach Mathematik studiert hatte. Nach Ende des Ersten Weltkrieges ging er 1919 an die Universität Leipzig, wo er unter anderem bei Gustav Herglotz studierte und 1921 auch promovierte. 1923 habilitierte sich Artin an der Universität Hamburg mit dem Thema Quadratische Körper im Gebiete der höheren Kongruenzen und wurde dort Privatdozent. 1925 wurde er außerordentlicher Professor. 1926 erhielt er einen Ruf nach Münster (Westfalen), blieb aber in Hamburg und wurde im selben Jahr Ordinarius. 1929 heiratete er seine Studentin Natalie Jasny. Zusammen mit Emmy Noether erhielt er 1932 den Ackermann-Teubner-Gedächtnispreis. 1933 unterzeichnete er das Bekenntnis der Hochschullehrer zu Hitler, die Art des Zustandekommens dieser Liste in Hamburg und was genau unterschrieben wurde, ist aber umstritten. 1937 wurde Artin aus dem Staatsdienst entlassen, da seine Frau jüdischer Abstammung war. Im selben Jahr emigrierte die Familie Artin in die USA. Er war 1937 bis 1938 an der University of Notre Dame tätig, danach bis 1946 in Bloomington (Indiana) an der Indiana University und zwischen 1946 und 1958 an der Universität Princeton. 1958 kehrte er nach Deutschland zurück, wo er in Hamburg bis an sein Lebensende arbeitete. Im Jahr 1960 wurde Artin in die Gelehrtenakademie Leopoldina gewählt. Der Hamburger Maler und Bildhauer Robert Schneller nahm 1962 die Totenmaske ab. Eines seiner drei Kinder ist der Mathematiker Michael Artin. Seine Schüler sind z. B. John T. Tate, Serge Lang, Hans Zassenhaus, Bartel Leendert van der Waerden, Max Zorn, Bernard Dwork, David Gilbarg, Nesmith Ankeny. Er arbeitete vor allem auf dem Gebiet der Algebra und Zahlentheorie. In der Algebra wurden die artinschen Ringe nach ihm benannt. Auch untersuchte er die Theorie formal reeller Körper. Van der Waerdens bekanntes Algebra-Lehrbuch entstand teilweise aus seinen Vorlesungen (und denen Emmy Noethers). Er hatte unter anderem großen Anteil an der Weiterentwicklung der Klassenkörpertheorie. Beispielsweise umfasst

Ideale $I_1, \cdots, I_n$. Daher folgt die Behauptung induktiv aus der Proposition 5 und Satz 14. Man beachte dabei, dass diese einfachen Ideale wieder unitär und rechtsartisch sind.◇

---

sein nach ihm benanntes Reziprozitätsgesetz (artinsches Reziprozitätsgesetz) alle bis dahin seit Gauß entwickelten Reziprozitätsgesetze. 1923 führte er Artin L-Funktionen für Zahlkörper ein. In Princeton war das Artin-Tate Seminar der 1950er Jahre wichtig für die Fortentwicklung der Klassenkörpertheorie mit Methoden der Galois-Kohomologie. Er löste 1927 das 17. Hilbertsche Problem in seiner Arbeit Über die Zerlegung definiter Funktionen in Quadrate. Arbeiten von Artin legten die Basis für die heutige Entwicklung der Arithmetischen Geometrie. Beispielsweise definierte er eine Zetafunktion für Funktionenkörper über endlichen Konstantenkörpern (also Kurven), die später von Friedrich Karl Schmidt verallgemeinert wurde. Daneben schrieb er Arbeiten über die Theorie der Zopfgruppen (braid groups), die inzwischen auch in der theoretischen Physik Anwendung gefunden haben, und gab 1924 ein frühes mechanisches Modell mit chaotischem Verhalten ('quasiergodischen Bahnen'). Es gibt zwei bekannte Artin-Vermutungen, beide unbewiesen. Die eine betrifft seine L-Funktionen in der Zahlentheorie, die andere behandelt die Verteilung der Zahlen p, für die eine feste natürliche Zahl a eine primitive Wurzel mod p ist.

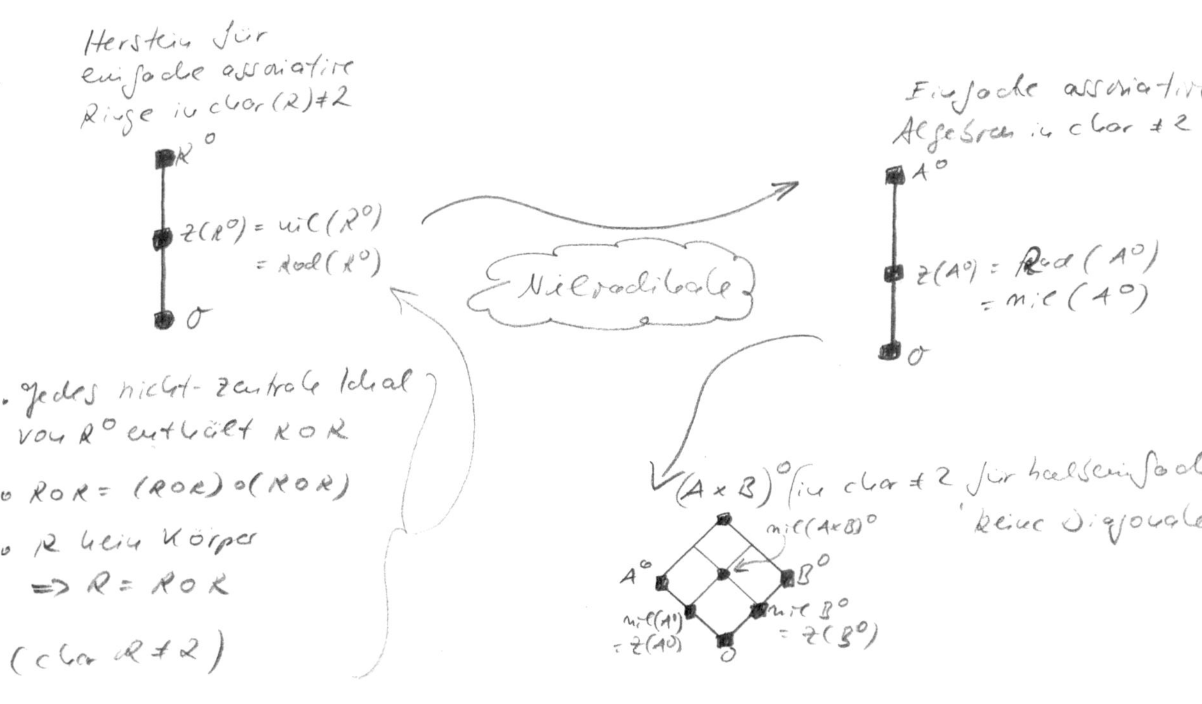

Herstein für
einfache assoziative
Ringe in char(R)≠2
R°
z(R°) = nil(R°)
= Rad(R°)
0
· jedes nicht-zentrale Ideal
von R° enthält R∘R
○ R∘R = (R∘R)∘(R∘R)
○ R kein Körper
⇒ R = R∘R
(char R ≠ 2)
Nilradikale
Einfache assoziative
Algebren in char ≠ 2
A°
z(A°) = Rad(A°)
= nil(A°)
0
√(A×B)° (in char ≠ 2 für halbeinfach)
nil(A×B)°
'keine Diagonale'
A°   B°
nil(A°)   nil B°
= z(A°)   = z(B°)
0

4.5 Assoziative Algebren mit separabler Radikalfaktorstruktur

Wir nutzen in diesem Abschnitt die bisherigen Resultate über auflösbare und halbeinfache assoziative Algebren, um das Nilradikal im allgemeinen Fall einer assoziativen unitären Algebra zu ermitteln. Als Zusatzvoraussetzung benötigen wir lediglich die Separabilität der Radikalfaktorstruktur, die es uns erlaubt, den Satz von Wedderburn-Malcev anwenden zu können. Diese Voraussetzung ist zum Beispiel im Falle perfekter Körper (z.B. endliche oder Charakteristik gleich Null) erfüllt.

Proposition 6 *Seien K ein Körper, A eine endlich-dimensionale assoziative unitäre K-Algebra mit separabler Radikalfaktorstruktur und A eine unitale K-Teilalgebra oberhalb von $rad(A)$, so dass $S/rad(A)$ zentral in $A/rad(A)$ ist. Dann gilt $rad(S) = rad(A)$ und $S/rad(S)$ ist separabel.*

Beweis. Eine Charakterisierung separabler K-Algebren B ist nach [43], dass sie halbeinfach sind und die Zentren der B direkt zerlegenden einfachen Ideale $I_1, \cdots, I_n$ separable Körpererweiterung von K sind. Nach Voraussetzung ist $S/rad(A)$ eine Teilalgebra des Zentrums von $A/rad(A)$, also von $Z(I_1) \times \cdots \times Z(I_n)$. Nach [65] gilt, dass eine kommutative K-Algebra genau dann separabel ist, wenn jedes Element voll-separabel ist. Also sind auch unitale K-Teilalgebren wieder separabel im kommutativen Fall. Insbesondere ist die kommutative unitale K-Teilalgebra $S/rad(A)$ des Zentrums von $A/rad(A)$ wieder separabel. Daraus folgt auch, dass $rad(S) = rad(A)$ gilt.$\diamond$

Satz 16 *Seien K ein Körper mit $char(K) \neq 2$ und A eine endlich-dimensionale assoziative unitäre K-Algebra mit separabler Radikalfaktorstruktur. Dann ist $rad(A) + Z(A)$ das Nilradikal von A°. Insbesondere ist das Nilradikal von A° eine unitale assoziative K-Teilalgebra von A.*

Zusatz: Es gelten $rad(Z(A)) = rad(A) \cap Z(A)$, $Z(A)/rad(Z(A))$ ist separabel, und für jedes Radikalkomplement T von $rad(A)$ in A ist $T \cap Z(A) = (\bigcap_{r \in rad(A)} T^{1+r}) \cap Z(A)$ das Radikalkomplement von $rad(Z(A))$ in $Z(A)$. Insbesondere gilt für jedes Radikalkomplement T von $rad(A)$ in A, dass $nil(A^\circ) = rad(A) \oplus (Z(A) \cap T)$ ist.

Beweis. Nach Satz 15 ist das Zentrum der halbeinfachen Algebra $A/rad(A)$ das Nilradikal von $(A/rad(A))^\circ$. Da $nil(A^\circ)/rad(A)$ ein nilpotentes Ideal von $(A/rad(A))^\circ$ ist, liegt es im Zentrum von $A/rad(A)$. Nach dem Homomorphiesatz für Algebren gibt es eine unitale K-Teilalgebra S oberhalb von $rad(A)$, so dass $S/rad(A) = Z(A/rad(A))$ erfüllt ist. Nach Proposition 6 ist $S/rad(S)$ separabel, und es gilt $rad(S) = rad(A)$. Da $S/rad(S)$ kommutativ und $rad(S)$ nilpotent ist, ist S sogar eine unitale auflösbare

K-Teilalgebra von A. Aus unserem Resultat für auflösbare Algebren 10 gilt $nil(S^\circ) = rad(A) + Z(S)$. Da $nil(A^\circ)/rad(A)$ zentral in $(A/rad(A))^\circ$ ist, erhalten wir nun $nil(A^\circ)/rad(A) \subseteq nil(A^\circ/rad(A))$, und daraus erhalten wir $nil(A^\circ) \subseteq S$. Also ist $nil(A^\circ)$ ein nilpotentes Ideal von S°, woraus wir $nil(A^\circ) \subseteq nil(S^\circ) = rad(A) + Z(S)$ erhalten. Genauer gilt nach 10 sogar, dass es ein Radikalkomplement X von $rad(A)$ in S gibt, so dass $nil(A^\circ) \subseteq (X \cap Z(S))$ gilt. Die Menge $X \cap Z(S)$ zentralisiert das ganze Radikal von A. Nach einer allgemeineren Version des Satzes von Wedderburn-Malcev (siehe z.B. [65]) kann man X zu einem Komplement T von $rad(A)$ in A erweitern. Die Menge $X \cap Z(S)$ liegt also im Zentralisator von $rad(A)$ in T. Sei $n \in nil(A^\circ)$. Dann gibt es ein $r \in rad(A)$ und ein $v \in X \cap Z(S)$ mit $n = r + v$. Das Element v zentralisiert ganz $rad(A)$. Wir müssen nur noch einsehen, dass es auch T zentralisert. Da $rad(A)$ in $nil(A^\circ)$ enthalten ist, gilt $v = n - r \in nil(A^\circ) \cap T$. Dieser Schnitt ist ein nilpotentes Ideal der Lie-Algebra T°, und T ist als assoziative Algebra halbeinfach. Nach unserem Resultat über halbeinfache Algebren ist damit dieser Schnitt zentral in T (siehe Satz 15). Die assoziative multiplikative Abgeschlossenheit folgt aus der Aussage, dass die Summe eines Ideales und einer Teilalgebra wieder eine Teilalgebra ist.

Beweis des Zusatzes: Für ein beliebiges Radikalkomplement T von $rad(A)$ in A haben wir bereits gezeigt, dass $nil(A^\circ) \cap T$ in $T \cap Z(A)$ enthalten ist. Sei nun $z \in Z(A)$. Dann gibt es eine $r \in rad(A)$ und ein $t \in T \cap Z(A)$ mit $z = r + t$. Somit gilt $r = z - t \in Z(A) \cap rad(A)$. Also ist $Z(A)$ die innere direkte Summe von $rad(A) \cap Z(A)$ und $T \cap Z(A)$. Der erste Summand ist ein nilpotentes Ideal von $Z(A)$. Der zweite Summand ist eine zentrale unitale K-Teilalgebra des Zentrums von T. T ist separabel, und damit nach [43] das Zentrum von T eine separable kommutative K-Algebra. Aus [65] folgt, dass damit auch $T \cap Z(A)$ separabel ist. Somit ist $rad(A) \cap Z(A)$ ein nilpotentes Ideal mit separabler Radikalfaktorstruktur von $Z(A)$. Also ist es das Radikal von $Z(A)$. Da $Z(A)$ kommutativ und separabel ist, folgt aus dem Satz von Wedderburn-Malcev, dass es genau ein Radikalkomplement gibt. Da $T \cap Z(A)$ eines ist, ist es das einzige. Da diese Aussage für ein beliebiges Radikalkomplement gilt, gilt sie auch für den Schnitt aller Radikalkomplemente von $rad(A)$ in A.$\diamond$

Beispiel 2 Wir zeigen, dass das Ergebnis von Satz 16 im Falle der Charakteristik 2 nicht richtig ist. Sei dazu $K := GF(2)$ ein Körper mit zwei Elementen. Wir betrachten die einfache unitäre endlich-dimensionale assoziative K-Algebra $A := K^{2\times 2}$. Sie besitzt 16 Elemente und die Dimension 4. Das Zentrum besteht aus den Diagonalmatrizen mit identischen Einträgen. A ist eine zentrale Algebra, das Zentrum hat die Dimension 1. Wir zeigen allerdings, dass das Nilradikal von A° drei-dimensional ist und mit $A \circ A$ übereinstimmt. Zusätzlich ist es keine unitale K-Teilalgebra von A.

Seien dazu a, b, c, d die Basis-Matrizen von $K^{2\times 2}$. (Das sind diejenige Matrizen, die genau einen Eintrag mit dem Wert 1 besitzen, die anderen Einträge komplett 0 sind.) Dann gilt $A \circ A = \langle b, c, a + d\rangle_K$, was man leicht nachrechnen kann. Jedes Element in $A \circ A$ ist ad-nilpotent auf $A \circ A$, weswegen $A \circ A$ nach einem Satz von Engel nilpotent ist. Da $bc = a$ gilt, ist $A \circ A$ keine assoziative Teilalgebra (da sie sonst ganz A wäre). Zudem ist A° nicht nilpotent, da $a \circ b = b$ gilt. Als Übungsaufgabe vermag der Leser dieses Beispiel explizit nachrechnen.◇

Bemerkung 5 Sei A eine assoziative K-Algebra über einem Körper K der Charakteristik p. Dann ist A° vermöge des Potenzierens mit p eine sog. restringierte Lie-Algebra. Für diese wird auch das Nilradikal als grösstes p-nilpotentes Ideal definiert. Es zeigt sich (siehe Seite 68, Kapitel 2, Remark nach 1.6, [57]), dass dieses mit dem Nilradikal von A übereinstimmt. Genauere Ausführungen und Definitionen möge der Leser aus [57] entnehmen und studieren.◇

4.6 Verträglichkeiten mit Algebrenkonstruktionen

In den vergangenen Abschnitten haben wir das Nilradikal für diverse Algebrenklassen bestimmt: auflösbar, einfach, halbeinfach, direkte Produkte und im Allgemeinen. Bei direkten Produkten ergab sich eine natürliche Antwort für das Nilradikal, nämlich als direktes Produkt der Nilradikale der Faktoren. Dieser Fragestellung gehen wir in diesem Abschnitt nach: inwiefern ist das Nilradikal in natürlicher Weise verträglich mit diversen Algebrenkonstruktionen.

4.6.1 Teilalgebren

Seien A eine assoziative unitäre K-Algebra und T eine unitale K-Teilalgebra. Eine natürliche Frage ist, ob $nil(T^\circ) = nil(A^\circ) \cap T$ gilt. Sicherlich ist der Schnitt ein nilpotentes Ideal von T°, also in der linken Menge enthalten. Im Allgemeinen gilt hier aber nicht die Gleichheit, wie wir an einem Beispiel zeigen.

Seien dazu $n \in \mathbb{N}$, K ein Körper mit $char(K) \neq 2$, $A := K^{n\times n}$ und $T := \delta_{u,n}$. Da A einfach ist, gilt $nil(A^\circ) = Z(A) = K \cdot 1_A$. T ist eine auflösbare K-Algebra, dessen assoziative Radikal die Menge der strikt unteren Dreiecksmatrizen ist. Zusammen mit dem Zentrum ist also das Nilradikal von T° echt grösser als das von A° (siehe Satz 16).◇

4.6.2 Rechts- und Linksideale

Seien A eine assoziative unitäre K-Algebra und R bzw. L ein K-Rechts- bzw. K-Linksideal von A. Eine natürliche Frage ist auch hier, ob für $T \in \{L, R\}$ die Aussage $nil(T^\circ) = nil(A^\circ) \cap T$ gilt. Sicherlich ist der Schnitt ein nilpotentes Ideal von T°, also in der linken Menge enthalten. Im Allgemeinen gilt auch hier nicht die Gleichheit, wie wir wiederum an einem Beispiel zeigen.

Seien dazu $n \in \mathbb{N}$, K ein Körper mit $char(K) \neq 2$, $A := K^{n \times n}$, L bzw. R ein Zeilen- bzw. Spaltenraum (Ein Zeilenraum/Spaltenraum ist die Menge der Matrizen, wobei höchstens nur in einer Zeile/Spalte ein Eintrag ungleich Null ist.) von A. L und R sind sogar unitale K-Teilalgebren von A. Beide sind sog. lokale K-Algebren mit eindimensional Radikalkomplement. Daher überlegt man sich leicht, dass die assoziierten Lie-Algebren von L und R nilpotent sind, also mit ihrem Nilradikal übereinstimmen. Da A einfach ist, besteht das Nilradikal von A° nur aus dem eindimensionalen Zentrum (siehe Satz 16).$\diamond$

4.6.3 Ideale

Seien A eine assoziative unitäre K-Algebra und I ein Ideal von A. Wiederum stellt sich die Frage, ob die Aussage $nil(I^\circ) = nil(I^\circ) \cap I$ gilt. Sicherlich ist der Schnitt ein nilpotentes Ideal von I°, also in der linken Menge enthalten. Im Allgemeinen gilt auch hier nicht die Gleichheit, wie wir wiederum an einem Beispiel zeigen.

Dazu betrachten wir die Solomon-Tits-Algebra $A := K\Pi_n$ in $char(K) \neq 2$. In Proposition 8 in [67] wird zu Anfang des Beweises ein eindimensionales Ideal I angegeben, für das $AIA = I$ gilt. Insbesondere ist I zu K isomorph und daher separabel. Somit liegt es einem Radikalkomplement von $rad(A)$ in A (nach dem Satz von Wedderburn-Malcev). Würde nun I in $nil(A^\circ) \cap I = (rad(A) \oplus K \cdot 1) \cap I$ liegen, so wäre ein Erzeuger i von I Summe eines Elementes r von $rad(A)$ und $k \cdot 1_A$. Letztere Summand liegt in jedem Radikalkomplement, und daher wäre r sowohl in einem Radikalkomplement als auch in $rad(A)$ und daher gleich Null. Somit wäre aber 1_A im Ideal I, was ein Widerspruch ist, da I nicht ganz A ist (siehe Satz 16).$\diamond$

4.6.4 Faktoralgebren

Den Begriff Lie-nilpotent verwenden wir, wenn die assoziierte Lie-Algebra einer assoziativen Algebra nilpotent ist. Entsprechend ist auch Lie-auflösbar etc. definiert.

Seien A eine assoziative unitäre K-Algebra, $char(K) \neq 2$ und I ein Ideal von A. In dem Kontext von Faktoralgebren stellt sich die Frage, ob die Aussage $nil((A/I)^\circ) = (nil(A^\circ) + I)/I$ gilt. Sicherlich ist die rechte Menge ein

58

nilpotentes Ideal von $(A/I)^\circ$, also in der linken Menge enthalten. Im Allgemeinen gilt auch hier nicht die Gleichheit, wie wir erneut an einem Beispiel zeigen.

Wir betrachten wiederum die Solomon-Tits-Algebra $A := K\Pi_n$. Nach [67] ist A auflösbar, also $A/rad(A)$ kommutativ. Somit ist $A/rad(A)$ Lie-nilpotent. Andererseits ist $nil(A^\circ) = rad(A) \oplus K \cdot 1_A$. Somit ist $(nil(A^\circ) + rad(A))/rad(A)$ eindimensional, stimmt also nicht mit $A/rad(A)$ überein (siehe Satz 16).$\diamond$

4.6.5 Entgegengesetzte Algebra

Seien A eine assoziative Algebra. Die entgegengesetzte Algebra A^{op} oder auch A^- ist definiert durch die Multiplikation $a \cdot_{op} b := ba$ für alle $a, b \in A$. Man überlegt sich leicht, dass sich die Multiplikationen der assoziierten Lie-Algebren A° und $(A^{op})^\circ$ genau um $-$ unterscheiden. Daraus folgt leicht $nil(A^\circ) = nil((A^{op})^\circ)$.$\diamond$

4.6.6 Matrixalgebren

Seien A eine assoziative unitäre K-Algebra und $n \in \mathbb{N}$. In dem Kontext von Matrixalgebren stellt sich die Frage, ob die Aussage $nil((A^{n \times n})^\circ) = (nil(A^\circ))^{n \times n}$ gilt. In diesem Abschnitt bestimmen das Nilradikal von Matrixalgebren, zeigen eine Inklusion dieser Gleichheit sowie, dass im Allgemeinen keine Gleichheit gilt. Im Folgenden sei I_n die Einheitsmatrix von $A^{n \times n}$.

Proposition 7 *Seien K ein Körper, $n \in \mathbb{N}$, A eine assoziative endlich-dimensional unitale K-Algebra mit separabler Radikalfaktorstruktur und T ein Radikalkomplement von $rad(A)$ in A. Dann ist $T^{n \times n}$ ein separables Radikalkomplement von $rad(A^{n \times n}) = rad(A)^{n \times n}$ in $A^{n \times n}$. Insbesondere ist $A^{n \times n}$ auch eine assoziative endlich-dimensionale unitäre K-Algebra mit separabler Radikalfaktorstruktur.*

<u>Beweis</u>. Bekanntlich (und meist mit der Morita[4]-Theorie bewiesen, wie z.B. in [43]) gilt $rad(A^{n \times n}) = rad(A)^{n \times n}$. Offenbar ist $T^{n \times n}$ ein Komplement

---

[4]Kiiti Morita (Morita Kiichi; geboren 11. Februar 1915 in Hamamatsu; gestorben 4. August 1995 in Tokio) war ein japanischer Mathematiker, der sich mit Algebra (Ringtheorie, Homologische Algebra) und allgemeiner Topologie beschäftigte. Morita studierte an der Höheren Normalschule Tokio, wo er 1936 sein Diplom machte. Ab 1939 war er Dozent an der Geistes- und Naturwissenschaftlichen Hochschule Tokio, promovierte 1950 über Topologie an der Universität Osaka und war ab 1951 Professor an der Pädagogischen Universität Tokio (die 1949 unter anderem aus der Vereinigung der Geistes- und Naturwissenschaftlichen Hochschule Tokio und der Höheren Normalschule Tokio entstand und später in der Universität Tsukuba aufging) und nach seiner Emeritierung an der Universität Tsukuba ab 1978 an der Sophia-Universität in Tokio. Von Morita stammen fundamentale algebraische Konzepte, die er in den 1950er Jahren in relativer Isolation entwickelte (er war nicht Teil der führenden japanischen Algebra-Gruppe an der Universität Nagoya um Tadashi Nakayama). Er ist für die Morita-Theorie in der Modul-

dieses Radikals. Es verbleibt zu zeigen, dass es separabel ist. Nach einer Kennzeichnung separabler Algebren ist dies äquivalent dazu, dass $X := T^{n\times n} \otimes (T^{n\times n})^{op}$ halbeinfach ist. Wir benutzen einige Übungsaufgaben aus Abschnitt 6.2, um das Tensorprodukt X zu bestimmen. Es ist $T^{n\times n}$ zu $T \otimes K^{n\times n}$ isomorph, und weiterhin ist $(T^{n\times n})^{op}$ zu $(T^{op})^{n\times n}$ isomorph. Somit ist X zu $(T\otimes T^{op})\otimes K^{n\times n}\otimes K^{n\times n}$ isomorph. Die letzteren beiden Faktoren sind zusammengenommen zu $K^{n^2\times n^2}$ isomorph. Somit ist X zu $(T \otimes T^{op})^{n^2\times n^2}$ isomorph. Da T separabel ist, ist $T\otimes T^{op}$ halbeinfach. Mit Hilfe der Aussage über das Radikal der Matrixalgebra ist damit auch X halbeinfach.$\diamond$

Satz 17 *Seien K ein Körper mit $char(K) \neq 2$, $n \in \mathbb{N}$, A eine assoziative endlich-dimensionale unitäre K-Algebra mit separabler Radikalfaktorstruktur und T ein Radikalkomplement von $rad(A)$ in A. Dann gelten folgende Aussagen:*

(i) $nil((A^{n\times n})^{\circ}) = rad(A)^{n\times n} \oplus (Z(A) \cap T) \cdot I_n$

(ii) $nil((A^{n\times n})^{\circ}) \subseteq (nil(A^{\circ}))^{n\times n}$

(iii) $nil((A^{n\times n})^{\circ}) = (nil(A^{\circ}))^{n\times n}$ *ist für $n \neq 1$ nicht erfüllt.*

Beweis. Bekanntlich ist $Z(A) \cdot I_n$ das Zentrum von $A^{n\times n}$ Nun folgen (i) und (ii) aus Satz 16 sowie Proposition 7. Aussage (iii) folgt aus der Tatsache, dass bei Gleichheit schon $K^{n\times n}$ Lie-nilpotent sein müsste. Das ist für $char(K) \neq 2$ nicht der Fall, was der Leser als Übungsaufgabe nachzurechnen vermag. $\diamond$

4.6.7 Adjunktion einer Eins

Wir werden nun den Satz 16 auf nicht-notwendig unitäre K-Algebren erweitern, und zudem einsehen, dass das Nilradikal mit der Adjunktion einer Eins verträglich ist. In Definition 3 wird eine unitäre Algebra definiert, die eine nicht-notwendig unitäre Algebra enthält. Wir bezeichnen sie mit A^K.

Satz 18 *Seien A eine endlich-dimensionale assoziative K-Algebra mit separabler Radikalfaktorstruktur, T ein Radikalkomplement und K ein Körper mit $char(K) \neq 2$. Dann ist $nil(A^{\circ})$ eine assoziative Teilalgebra von A, und es gelten $nil(A^{\circ}) = rad(A) \oplus (Z(A) \cap T)$ und $nil(A^{\circ})^K = nil((A^K)^{\circ})$.*

---

und Ringtheorie bekannt (Morita-Äquivalenz, Morita-Dualität), die er 1958 entwickelte. Seine Äquivalenz-Sätze sind eine wichtige Technik der modernen Algebra und wurden in den USA und Europa vor allem durch die Vorlesungen von Hyman Bass Anfang der 1960er Jahre bekannt. In der allgemeinen Topologie arbeitete er über viele Gebiete wie Normalität, Parakompaktheit, Dimensionstheorie, Homotopietheorie, Klassifikationsräume von Abbildungen, Shape-Theory. In der Dimensionstheorie zeigte er 1954 die Äquivalenz verschiedener Dimensions-Definitionen. Seine Morita-Vermutungen, über Normale Räume wurden inzwischen bewiesen (Mary Ellen Rudin, K. Chiba und T.C. Przymusinski 1986, Zoltán Tibor Balogh 2001). Er war verheiratet und hatte einen Sohn.

Beweis. Nach [65] erfüllt A^K die Voraussetzungen von 16. Weiter ist T^K nach [65] ein Radikalkomplement, und es gilt $rad(A) = rad(A^K)$. Nach Proposition 13 ist $Z(A)^K$ das Zentrum, und leicht zu zeigen ist, dass $(nil(A)^\circ)^K$ ein nilpotentes Ideal von $(A^K)^\circ$ ist. Mit Satz 16 ist also $rad(A) \oplus (T \cap Z(A))^K$ das Nilradikal A^K. Daraus folgt leicht die Behauptung.◇

4.6.8 Tensorprodukte

Wir zeigen in diesem Abschnitt, wie sich das Nilradikal für das Tensorprodukt zweier Algebren ermitteln lässt und inwiefern das Nilradikal mit dem Tensorprodukt der beiden Nilradikale zusammenhängt. Seien dazu A, B assoziative endlich-dimensionale unitäre K-Algebren mit separabler Radikalfaktorstruktur und T_A, T_B je ein Radikalkomplement von $rad(A)$ bzw. $rad(B)$ in A bzw. B. Es gelte $char(K) \neq 2$. Nach [65] ist $T_A \otimes T_B$ ein Radikalkomplement von $rad(A \otimes B)$ in $A \otimes B$, und es gilt $rad(A \otimes B) = rad(A) \otimes B + A \otimes rad(B)$. Des Weiteren gilt $Z(A \otimes B) = Z(A) \otimes Z(B)$. Daher gelten nach Satz 16 also die folgenden Aussagen:

(i) $nil(A^\circ) = rad(A) \oplus (Z(A) \cap T_A)$

(ii) $nil(B^\circ) = rad(B) \oplus (Z(B) \cap T_B)$

(iii) $nil((A \otimes B)^\circ) = (rad(A) \otimes B + A \otimes rad(B)) \oplus ((Z(A) \otimes Z(B)) \cap (T_A \otimes T_B))$

(iv) $nil(A^\circ) \otimes nil(B^\circ) = (rad(A) \oplus (Z(A) \cap T_A)) \otimes (rad(B) \oplus (Z(B) \cap T_B))$.

Es ist nun leicht zu sehen (mit (iii) und (iv)), dass $nil(A^\circ) \otimes nil(B^\circ)$ in $nil((A \otimes B)^\circ)$ enthalten ist. Durch eine Analyse des Tensorproduktes von (iii) und (iv) (man stelle dazu A dar als $T_A \oplus rad(A)$ und entsprechend B) ergibt sich weiter, dass (iii) und (iv) genau dann identisch sind, wenn die Radikalkomplemente T_A und T_B zentral sind. Dies bedeutet aber nach [65], dass A° und B° nilpotent sind. Dies ist wiederum nach [65] gleichwertig dazu, dass $(A \otimes B)^\circ$ nilpotent ist.◇

4.7   Noch einmal die Gruppenalgebra

Für die Solomon-Tits-Algebren, die Solomon-Algebren und die unteren bzw. oberen Dreiecksmatrizen haben wir bereits das Nilradikal bestimmt. Zusätzlich haben wir auch den auflösbaren Fall der Gruppenalgebra betrachtet. Wir zeigen nun einerseits, dass die Gruppenalgebra nicht zu der Klasse der Algebren mit selbstzentralem Radikalkomplement gehört (wie es bei den ebend genannten auflösbaren Algebren der Fall ist) und wenden anschliessend Satz 16 auf die Gruppenalgebra an.

Bemerkung 6 Seien K ein Körper und G eine endliche Gruppe.

Sei zunächst KG halbeinfach. Dann ist das Radikal von KG der Null-Raum, und KG quasi das Radikalkomplement. Dieses ist genau dann selbstzentral, wenn KG kommutativ also G abelsch ist. In diesem Fall ist KG auch selbstzentral (da kommutativ und halbeinfach).

Sei nun KG nicht halbeinfach, also $char(K) = p$ eine Primzahl, die $\mid G \mid$ teilt. Nach [31] und [32] ist $KG/rad(KG)$ stets separabel, also besitzt $rad(KG)$ nach dem Satz von Wedderburn-Malcev ein Radikalkomplement T. Wäre T selbstzentral, so müsste $Z(KG) \leq T = C_{KG}(T)$ gelten. T ist separabel, und damit ist nach [43] das Zentrum von T eine separable kommutative K-Algebra. Also ist $Z(KG)$ nach [65] als Teilalgebra auch separabel und kommutativ. Allerdings ist die Summe aller Gruppenelemente ein zentrales nilpotentes Element. Da es auch separabel ist, müsste es das Nullelement sein, was ein Widerspruch ist.◇

Wie ebend angemerkt, ist nach [31] und [32] die Radikalfaktorstruktur der Gruppenalgebra stets separabel. Zusammen mit Satz 16 ergibt sich nun:

Satz 19 *Seien K ein Körper mit $char(K) \neq 2$ und G eine endliche Gruppe. Dann ist $rad(KG) + Z(KG)$ das Nilradikal von $(KG)^\circ$. Insbesondere ist das Nilradikal von $(KG)^\circ$ eine unitale assoziative K-Teilalgebra von KG.*

Zusatz: Es gelten $rad(Z(KG)) = rad(KG) \cap Z(KG)$, $Z(KG)/rad(Z(KG))$ ist separabel, und für jedes Radikalkomplement T von $rad(KG)$ in KG ist $T \cap Z(KG) = (\bigcap\limits_{r \in rad(KG)} T^{1+r}) \cap Z(KG)$ das Radikalkomplement von $rad(Z(KG))$ in $Z(KG)$. Insbesondere gilt für jedes Radikalkomplement T von $rad(KG)$ in KG, dass $nil((KG)^\circ) = rad(KG) \oplus (Z(KG) \cap T)$ ist. ◇

Kapitel 4.5 – 4.7

$J(A \oplus Z = nil(A^0)$
$J(A)$
$Z(A)$
$J(Z(A))$
$Z(A) \cap J(A)$
A^0 char $\neq 2$
$C_A(T)$
$T \oplus J(Z(A))$
T separabel
$Z = Z(A) \cap T$

Nilradikal

Verträglichkeiten

- nicht mit $\cap$, $\oplus$ und $/$
- $nil((A^{op})^0) = nil(A^0)^{op}$
- $nil((A \times B)^0) = nil(A^0) \times nil(B^0)$
- $nil((A^4)^0) = nil(A^0)^4$
- $nil((A^{n \times n})^0) = J(A)^{n \times n} \oplus (Z(A) \cap T) \cdot 1_{A^{n \times n}}$

$nil(A^{n \times n})^0$ $A^{n \times n}$
$J^{n \times n}$
$T^{n \times n}$
$(Z(A) \cap T) \cdot 1_{A^{n \times n}}$
O

Gruppenalgebra
$nil(K G^0)$ $K G$
$J(KG)$
$Z(KG)$
$J(Z(KG))$
$C_{KG}(T)$
$T \oplus J(Z(KG))$
T separabel 'existiert!'
$Z = T \cap Z(KG)$
O

4.8 Offene Fragen und Übungsaufgaben

Offene Fragen 1 *(i) Was ist im Allgemeinen das Nilradikal der assoziierten Lie-Algebra einer assoziativen Algebra?*

(ii) Was ist im Allgemeinen das auflösbare Radikal der assoziierten Lie-Algebra einer assoziativen Algebra?

(iii) Was gilt für die assoziierte Jordan-Algebra?

(iv) Analoge Fragen (i) und (ii) zur p-Struktur der restringierten Lie-Algebren

(v) Was sind maximal p-nilpotenten Lie-Teilalgebren im Fall $char(K) = p$?

(vi) Ist der Schnitt aller Radikalkomplemente einer assoziativen Algebra zentral? (im auflösbaren Fall bewiesen)

Übungsaufgabe 36 *Seien K ein Körper und A eine assoziative endlich-dimensionale auflösbare unitäre K-Algebra mit separabler Radikalfaktorstruktur. Es gebe ein selbstzentralisierendes Radikalkomplement. Dann sind alle Radikalkomplemente selbstzentralisierend und zugleich maximal kommutative Teilalgebren von A. Man untersuche, ob die Dreiecksmatrizen, die Solomon-Algebra in Charakteristik Null oder die Solomon-Tits-Algebren hierzu zählen. (Tip: [67])*

Übungsaufgabe 37 *(Zero-Erweiterung) Sei A eine K-Algebra vermöge der Multiplikation $\cdot$. Auf $B := A \times A$ definieren wir eine neue Multiplikation $\odot$ vermöge $(a,x) \odot (b,y) := (ab, ay + xb)$. Man beweise bzw. untersuche folgende Fragestellungen:*

(i) $(B, \odot)$ ist eine K-Algebra.

(ii) $(A; \cdot)$ ist genau dann assoziativ, wenn $(B; \odot)$ assoziativ ist.

(iii) $(A; \cdot)$ ist genau dann kommutativ, wenn $(B; \odot)$ kommutativ ist.

(iv) Ist $(A; \cdot)$ unitär, so ist es auch $(B; \odot)$, und es ist $(1_A; 0)$ ein Einselement.

(v) Gilt die Umkehrung der vorherigen Aussage?

(vi) Das Zentrum von $(B; \odot)$ ist $Z(A) \times Z(A)$.

(vii) $0 \times A$ ist ein nilpotentes Ideal von B, dessen Quadrate Null sind (ein sog. Zero-Ideal).

(viii) $B/(0 \times A)$ ist zur Ausgangsalgebra A isomorph.

64

(ix) Sei A eine assoziative unitale endlich-dimensionale separable K-Algebra. Dann ist B eine unitale endlich-dimensionale assoziative K-Algebra mit Radikal $0 \times A$ und einer zu A isomorphen separablen Radikalfaktorstruktur. $A \times 0$ ist ein Radikalkomplement.

(x) Man verwende Satz 16 und die bisherigen Ergebnisse, um in dem vorherigen Punkt das Nilradikal von $B°$ zu bestimmen! Dabei sei $char(K) \neq 2$.

(xi) Ist B isomorph zum direkten Produkt von A mit sich selbst?

(xii) Ist im assoziativen Fall von A die Menge $(rad(A); A)$ das Radikal von B? Ist in diesem Fall die Radikalfaktorstruktur zu $A/rad(A)$ isomorph? Man verallgemeinere die Bestimmung des Nilradikales von $B°$ durch diese Erkenntnisse und mit Satz 16!

Übungsaufgabe 38 *Seien K ein Körper und $n \in \mathbb{N}$. Man untersuche, wann $gl(n, K)$ nilpotent und auflösbar ist.*

Übungsaufgabe 39 *Man beweise Beispiel 2 ausführlich!*

Übungsaufgabe 40 *Man fasse Bemerkung 3 zusammen und formuliere einen entsprechenden Satz!*

Übungsaufgabe 41 *Man benutze Bemerkung 3 in den folgenden Fällen:*

(i) G eine p-Gruppe, $char(K) = p$

(ii) G eine Diedergruppe, $char(K)$ entsprechend

(iii) G eine Quaternionengruppe, $char(K)$ entsprechend

(iv) G eine Semidiedergruppe, $char(K) = 2$.

Übungsaufgabe 42 *Zwei Normalteiler einer Gruppe mit trivialem Schnitt zentralisieren sich!*

Übungsaufgabe 43 *Im Kontext von Bemerkung 3 beweise man die Gleichungen $Z(KG) \cap KH = Z(KG) \cap (KH)^x$ für jede Einheit x von KG. Des Weiteren ist $core_G(H) = core_G(H^g)$ für alle $g \in G$.*

Übungsaufgabe 44 *Man beweise für eine Gruppe G mit Untergruppe H, dass das Herz von H in G (also der größte Normalteiler von G in H) mit dem Schnitt aller konjugierten Untergruppen von H in G übereinstimmt. Gibt es einen bekannten Gruppenhomomorphismus, so dass das Herz von H in G mit seinem Kern übereinstimmt? (Tip: Operation auf Nebenklassen betrachten!)*

Übungsaufgabe 45 *Seien A eine assoziative unitäre K-Algebra, r ein nilpotentes Element von A, T, D K-Teilalgebren und I ein K-Ideal von A. Dann gelten $C_T(D)^{1+r} = C_{T^{1+r}}(D^{1+r})$ und $I^{1+r} = I$.*

Übungsaufgabe 46 *Sei A eine 3-dimensionale K-Algebra mit Basis $\{1, z, w\}$ und der Multiplikation 1 ist neutral, $z^2 = z$, $zw = w$, $wz = ww = 0$. Man bestimme das Nilradikal von A°.*

Übungsaufgabe 47 *Sei A eine unitale assoziative Algebra, in der jedes Element idempotent ist. Man bestimme das Nilradikal der assoziierten Lie-Algebra (Hinweis: mit $2 * 1_A$ quadrieren und $a + b$ quadrieren). Gibt es prominente Beispiel dieser Art von Algebren? Inwiefern sind bei jeder Algebra zentrale Idempotente hierbei von Bedeutung? Nach wem sind diese Algebren benannt und was weiss man über diesen Mathematiker?*

Übungsaufgabe 48 *Man formuliere den folgenden Satz mathematisch korrekt und beweise ihn (siehe Satz 16): Der Zusatz folgt aus der Aussage, dass die Summe eines Ideales und einer Teilalgebra wieder eine Teilalgebra ist.*

Übungsaufgabe 49 *Seien A eine assoziative K-Algebra und I ein K-Ideal von A. Wir definieren $S_I := \{s \mid s \in A, \forall a \in A : s \circ a \in I\}$. Ist dann S_I eine K-Teilalgebra oder K-Ideal von A? Ist S_I eine K-Teilalgebra oder K-Ideal von A°? Was hat S_I/I für eine Bedeutung in A/I? Inwiefern war S_I für den Beweis von Satz 16 interessant? Was passiert, wenn man I nur als Ideal von A° voraussetzt?*

Übungsaufgabe 50 *Seien A eine assoziative K-Algebra, I ein Ideal von A und T eine K-Teilalgebra von A. Dann ist $I \cap T$ ein Ideal von T°. Ist I nilpotent, so ist auch $I \cap T$ nilpotent.*

Übungsaufgabe 51 *Seien K ein Körper und A eine endlich-dimensionale assoziative unitäre K-Algebra mit separabler Radikalfaktorstruktur. Ist das Nilradikal von A° ein (K)-Ideal, ein (K)-Linksideal, ein (K)-Rechtsideal oder eine (unitale) (K)-Teilalgebra von A?*

Übungsaufgabe 52 *Man beweise Proposition 15!*

Übungsaufgabe 53 *Welche Aussagen ergeben sich, wenn man in Proposition 15 das Wort K-Ideal durch K-Linksideal, K-Rechtsideal oder (unitale) K-Teilalgebra ersetzt?*

Übungsaufgabe 54 *Man beweise Bemerkung 4 ausführlich!*

Übungsaufgabe 55 *Seien K ein Körper, A eine assoziative unitäre K-Algebra und e ein Idempotent von A. Man bestimme eine allgemeine Jordan-Zerlegung von $\mathrm{ad}(e)$!*

Übungsaufgabe 56 *Seien A eine assoziative K-Algebra und $(r;s)$ eine allgemeine Jordan-Zerlegung. Dann sind $(r\rho; s\rho)$ und $(r\lambda; s\lambda)$ allgemeine Jordan-Zerlegungen (von welchem Element?).*

Übungsaufgabe 57 *Seien A eine assoziative K-Algebra, $(r;s)$, (u,v) allgemeine Jordan-Zerlegungen und $k \in K$. Sind dann $(kr;ks)$, $(r+u;s+v)$ sowie $(ru;sv)$ allgemeine Jordan-Zerlegungen? Wann sind sie es?*

Übungsaufgabe 58 *Seien A eine assoziative unitäre K-Algebra und $a \in A$. Dann besitzen a, $\lambda(a)$ und $\rho(a)$ dasselbe Minimalpolynom, und für alle $r,s \in A$ gilt $ad(r+s) = ad(r) + ad(s)$. Was ist $ad(r \circ s)$? Besitzt dieses Element eine Jordan-Zerlegung bei geeigneten Voraussetzungen an r und s?*

Übungsaufgabe 59 *Seien A eine K-Algebra, I ein Ideal und T eine Teilalgebra von A. Dann ist $I+T$ eine Teilalgebra von A.*

Übungsaufgabe 60 *Seien K ein Körper, $n \in \mathbb{N}$ und $A := K^{n \times n}$ die Algebra der $n \times n$-Matrizen über K. Was ist das Zentrum von A? Was ist das Nilradikal von A? Was ist das Nilradikal von A°?*

Übungsaufgabe 61 *Seien A eine unitäre assoziative auflösbare endlichdimensionale K-Algebra und N das Nilradikal von A°. Was ist dann das Nilradikal von A°/N? Was gilt im Falle einer beliebigen Lie-Algebra?*

Übungsaufgabe 62 *Sei A eine assoziative auflösbare K-Algebra. Jede Teilalgebra von A° oberhalb von $rad(A)$ ist ein Ideal von A°.*

Übungsaufgabe 63 *Seien A eine assoziative K-Algebra und L eine maximal abelsche Lie-Teilalgebra von A°. Man beweise, daß L eine assoziative Teilalgebra ist. (Hinweis: Für alle $a \in A$ ist $ad(a)$ eine sog. Derivation. Sind $a,b \in L$, so betrachte man das K-Erzeugnis von $L \cup \{ab\}$ und zeige, daß dies eine abelsche Lie-Teilalgebra ist, die L enthält.) Was bedeutet dies für die maximal kommutativen Teilalgebren von A und den maximal abelschen Teilalgebren von A°?*

Übungsaufgabe 64 *Als Varinate der vorherigen Übungsaufgabe beweise man diese erneut mit folgender Schlussweise: Ist A eine assoziative K-Algebra und T eine Menge paarweise vertauschbarer Elemente, so ist das Algebrenerzeugnis von T kommutativ.*

Übungsaufgabe 65 *Seien K ein Körper und $A := K[t]$ der Polynomring über K. Für die folgenden Polynome berechne man den größten gemeinsamen Teiler ggT, das kleinste gemeinsame Vielfache kgV sowie die formale Ableitung:*

(i) $K = \mathbb{R}$, $f = t^2 + t + 1$, $g = t - 1$

(ii) $K = \mathbb{Q}$, $f = t^3 + t$, $g = t(t-1)$

(iii) $K = \mathbb{C}$, $f = t^4 + t^2 + 1$, $g = t^2 + 1$

(iv) $K = GF(p)$, $f = t^p + t + 1$, $g = t - 1$

(v) $K = GF(p)$, $f = t^{p^2} + t^p + 1$, $g = t$.

Übungsaufgabe 66 *Seien K ein Körper und $A := K[t]$ der Polynomring über K. Sind die folgenden Polynome nilpotent, halbeinfach, vollseparabel, separabel, irreduzibel?*

(i) $K = \mathbb{R}$, $f = t^2 + t + 1$, $g = t - 1$

(ii) $K = \mathbb{Q}$, $f = t^3 + t$, $g = t(t-1)$

(iii) $K = \mathbb{C}$, $f = t^4 + t^2 + 1$, $g = t^2 + 1$

(iv) $K = GF(p)$, $f = t^p + t + 1$, $g = t - 1$

(v) $K = GF(p)$, $f = t^{p^2} + t^p + 1$, $g = t$.

Übungsaufgabe 67 *Seien K ein Körper und $A := K[t]$ der Polynomring über K. Ist das formale Ableiten von A in A surjektiv, injektiv, bijektiv, K-linear oder multiplikativ? Gilt etwas Spezielles für endliches oder algebraisch abgeschlossenes K?*

Übungsaufgabe 68 *Man beweise die Vorbemerkung 1 ausführlich ggfs. unter Zuhilfename der Literatur!*

Übungsaufgabe 69 *Seien K ein Körper und A eine assoziative endlich-dimensionale auflösbare K-Algebra mit separabler Radikalfaktorstruktur. Ist T eine Teilalgebra von A, so ist T auch eine assoziative endlich-dimensionale auflösbare K-Algebra mit separabler Radikalfaktorstruktur (Hinweis: [65], Kapitel 3+5).*

Übungsaufgabe 70 *Seien p eine Primzahl, K ein Körper der Charakteristik p und G eine endliche nicht-abelsche Gruppe, so daß KG auflösbar ist. Dann besitzt G eine normale p-Sylow-Untergruppe, und die Nilpotenzklasse von $rad(KG)$ stimmt mit der von $Aug(KP)$ überein. Man berechne diese für eine Gruppe P der Ordnung p^3.*

Übungsaufgabe 71 *Man gebe die Definition einer Lie-Algebra an und beweise ausführlich, dass die assoziierte Lie-Algebra einer assoziativen Algebra eine Lie-Algebra ist!*

Übungsaufgabe 72 *Was würde passieren, wenn man die adjungierte Abbildung in einer Lie-Algebra nicht mit 'xl' sondern mit 'lx' definiert?*

Übungsaufgabe 73 *Man betrachte die Lie-Algebra $gl(2, p)$. Seien a, b, c, d die Basismatrizen bestehend aus genau einem Eintrag gleich 1 und sonst nur mit Nullen gefüllt. Sei $B := \{a, b, c, d\}$. Was ist $B \circ B$? Welche Dimension hat $\langle B \circ B \rangle_{GF(p)}$? Gilt $\langle B \circ B \rangle_{GF(p)} = \langle B \circ B \rangle_{\mathbb{Z}}$? Man bestimme das Minimalpolynom und charakteristische Polynom aller Elemente von B! Was ist die Jordan-Zerlegung der Elemente von B? Wann ist $ad(x)$ für ein $x \in B$ nilpotent oder vollseparabel? Was ist $ad(x)^p$ für alle $x \in B$? Man stelle diese Abbildung mit Hilfe der Basis B dar und bestimme die Jordan-Zerlegung! Gilt in diesem Fall etwas Besonderes für $p = 2$?*

Kapitel 5

Cartan-Teilalgebren in Lie-Algebren assoziiert zu assoziativen Algebren

Im vorherigen Kapitel haben wir uns ausführlich mit dem Nilradikal von Lie-Algebren assoziiert zu assoziativen Algebren beschäftigt und analysiert, wie man es mit Hilfe der assoziativen Struktur beschreiben kann. Das Nilradikal gehört zu den maximal Lie-nilpotenten Teilstrukturen. Zu diesen gehören auch die sog. Cartan-Teilalgebren, mit den wir uns in diesem Kapitel beschäftigen. Definiert sind die Cartan-Teilalgebren als nilpotente und selbstnormalisierende Teilalgebren in einer Lie-Algebra. Das Ziel dieses Kapitels ist die Analyse, wie die Cartan-Teilalgebren mit Hilfe der assoziativen Struktur beschrieben werden können. Einige der Ergebnisse in diesem Kapitel basieren auf dem Artikel von Salvatore Siciliano [51], andere jedoch sind Weiterentwicklungen seiner Theorie, die wir auf diverse assoziative Algebren (wie etwa reduzierte Algebren, Algebren mit separabler Radikalfaktorstruktur, etc..) ausdehnen. Ausführlich behandeln wir dabei unsere Standard-Beispiele, insbesondere die Gruppenalgebren, die Solomon-Tits-Algebren, die Solomon-Algebra in Charakteristik Null und die Dreiecksmatrizen.

5.1 Cartan-Teilalgebren sind assoziative auflösbare Teilalgebren

In diesem Abschnitt beschäftigen wir uns mit der assoziativen Struktur von Cartan-Teilalgebren in Lie-Algebren assoziiert zu assoziativen Algebren. Es zeigt sich, dass diese Lie-Teilalgebren sogar assoziative Teilalgebren sind. Zusätzlich ergibt sich, dass sie als assoziative Algebren auflösbar sind. In dem Spezialfall eines perfekten Körpers beweisen wir sogar, dass jedes vollseparable Element zentral ist. Das bedeutet, dass es genau ein Radikalkomplement gibt, dass im Zentrum liegt. Hierzu sind wiederum die Ergebnisse zum Nilradikal wichtig.

5.1.1 Assoziative Struktur von Cartan-Teilalgebren

Salvatore Siciliano hat in [51], Theorem 1 insbesondere gezeigt, daß für eine endlich-dimensionale assoziative unitäre K-Algebra jede Cartan-Teilalgebra ihrer assoziierten Lie-Algebra wieder eine assoziative Teilalgebra ist. Diese Aussage ist allgemeiner (auch ohne endliche Dimension) gültig.

Definition 1   (i) Für alle $n \in \mathbb{N}$ sei $\underline{n} := \mathbb{N}_{\leq n}$.

(ii) Für alle $n \in \mathbb{N}_{\geq 2}$ definieren wir
$$T_n := \{(\alpha, \beta) \mid \exists r \in \underline{n-1}, a_1, ..., a_n \in \underline{n} : \alpha = (a_1, ..., a_r),$$
$$\beta = (a_{r+1}, ..., a_n), a_1 < ... < a_r, a_{r+1} < ... < a_n, \underline{n} = \{a_1, ..., a_n\}\}.$$

(iii) Für eine nilpotente Lie-Algebra L sei $cl(L)$ ihre Nilpotenzklasse.

(iv) Für eine assoziative K-Algebra A und Teilmengen T, S von A seien $C_A(T)$ der Zentralisator von T in A und $C_S(T) := C_A(T) \cap S$.

(v) Sei A eine assoziative K-Algebra. Für eine Teilmenge T von A sei $\langle T \rangle_K$ bzw. $\langle T \rangle_A$ bzw. $\langle T \rangle_{A_1}$ das K-Erzeugnis bzw. Algebrenerzeugnis bzw. unitale Algebrenerzeugnis von T in A.

(vi) Sind L eine Lie-Algebra und T eine Teilmenge von L, so sei $N_L(T)$ der Normalisator von T in L.$\diamond$

Bemerkung 7 Sei A eine assoziative K-Algebra, und seien $a, b \in A$.

(i) Für alle $h_1 \in A$ gilt die Derivationsregel

$$(ab)\,ad(h_1) = (a\,ad(h_1))b + a(b\,ad(h_1)).$$

(ii) Für alle $n \in \mathbb{N}_{\geq 2}, h_1, ..., h_n \in A$ erhalten wir induktiv aus (i)

$$
\begin{aligned}
&(ab)ad(h_1)...ad(h_n) \\
={} &(a\,ad(h_1)...ad(h_n))b + a(b\,ad(h_1)...ad(h_n)) \\
+{} &\sum_{((\alpha_1,...,\alpha_r),(\alpha_{r+1},...,\alpha_n))\in T_n} (a\,ad(h_{\alpha_1})...ad(h_{\alpha_r}))(b\,ad(h_{\alpha_{r+1}})...ad(h_{\alpha_n})).\diamond
\end{aligned}
$$

Proposition 8 *Sei A eine assoziative (unitäre) K-Algebra und C eine Cartan-Teilalgebra von A°. Dann ist C eine (unitale) assoziative Teilalgebra von A.*

Beweis: Als Lie-Teilalgebra von A° ist C ein K-Teilraum von A. Seien $a, b \in C$. Dann ist $ab \in C = N_{A^\circ}(C)$ zu zeigen. Das bedeutet $(ab)ad(h_1) \in C = N_{A^\circ}(C)$ für alle $h_1 \in C$. Induktiv folgern wir, daß ein $n \in \mathbb{N}$ existieren muss, so daß für alle $h_1, ..., h_n \in C$ die Bedingung $(ab)ad(h_1)...ad(h_n) \in C$ zu zeigen ist. Definieren wir $n := 2\,cl(C)$, so ergibt sich mit Teil (ii) von 7 die Aussage $(ab)ad(h_1)...ad(h_n) = 0 \in C$ (Denn stets ist ein Faktor aller Summanden der dort angegebenen Summe gleich Null.). Ist A unitär, so erhalten wir $1_A \in N_{A^\circ}(C) = C.\diamond$

Bemerkung 8 Seien A, B assoziative K-Algebren.

(i) Für alle $a_1, a_2 \in A, b_1, b_2 \in B$ gilt

$$(a_1 \otimes b_1) \circ (a_2 \otimes b_2) = (a_1 \circ a_2) \otimes (b_1 b_2) + (a_2 a_1) \otimes (b_1 \circ b_2).$$

(ii) Ist A° nilpotent und B° abelsch, so erhalten wir induktiv mit (i), daß auch $(A \otimes B)^\circ$ nilpotent ist. $\diamond$

Bemerkung 9 Sei K ein Körper und $n \in \mathbb{N}$. Wir zeigen, daß $gl(n, K) := (K^{n \times n})^\circ$ für $n \geq 2$ nicht nilpotent ist. Offenbar enthält $gl(n, K)$ für $n \geq 2$ eine zu $gl(2, K)$ isomorphe Teilalgebra. Daher genügt es zu zeigen, daß $gl(2, K)$ nicht nilpotent ist. Seien

$$e_{11} := \begin{pmatrix} 1 & 0 \\ 0 & 0 \end{pmatrix} \text{ und } e_{12} := \begin{pmatrix} 0 & 1 \\ 0 & 0 \end{pmatrix}.$$

Dann gilt $e_{11}e_{12} = e_{12}$, und für alle $r \in \mathbb{N}$ erhalten wir daraus $e_{12}\,ad(e_{11})^r = (-1)^r e_{12} \neq 0.\diamond$

Lemma 2 *Jede endlich-dimensionale assoziative Lie-nilpotente K-Algebra ist auflösbar.*

Beweis. Schritt 1: Sei A eine zentrale K-Divisionsalgebra. Ist $n := ind(D)$ und T ein maximaler Teilkörper von A, so ist bekanntlich $A \otimes T$ zu $T^{n \times n}$ isomorph. Mit Hilfe der Bemerkungen 8 und 9 erhalten wir $A = K1_A$.

Schritt 2: Sei A eine K-Divisionsalgebra. Dann ist A als $Z(A)$-Algebra zentral und weiterhin Lie-nilpotent. Aus Schritt 1 erhalten wir $A = Z(A)$.

Schritt 3: Sei A einfach. Dann gibt es eine K-Divisionsalgebra D und ein $n \in \mathbb{N}$, so daß A zu $D^{n \times n}$ isomorph ist. Mit A ist auch D Lie-nilpotent und damit nach Schritt 2 ein Körper. Zusätzlich enthält A° eine zu $gl(n, K)$ isomorphe Teilalgebra. Aus Bemerkung 9 erhalten wir $n = 1$, und A ist ein Körper.

Schritt 4: Sei A halbeinfach, also direkte Summe einfacher Ideale von A.

Aus Schritt 3 ergibt sich leicht, daß diese einfachen Algebren Körper sind.

<u>Scritt 5:</u> Wegen $A^\circ/rad(A)^\circ = (A/rad(A))^\circ$ ist A nach Schritt 4 auflösbar.$\diamond$

Aus Lemma 2 und Proposition 8 erhalten wir:

Folgerung 8 *Sei A eine endlich-dimensionale assoziative (unitäre) K-Algebra. Jede Cartan-Teilalgebra von A° ist eine auflösbare assoziative (unitale) Teilalgebra von A.*$\diamond$

Mit Hilfe des Ergebnisse zum Nilradikal können wir weitere Eigenschaften über die assoziative Struktur von Cartan-Teilalgebren herleiten:

Folgerung 9 *Seien A eine endlich-dimensionale assoziative unitäre K-Algebra, K ein perfekter Körper und C eine Cartan-Teilalgebra von A°. Dann ist die Menge der vollseparablen Elemente von C zentral in C und das eindeutig bestimmte Radikalkomplement von $rad(C)$ in C.*

<u>Beweis</u>. Nach Folgerung 8 ist C eine assoziative auflösbare unitäre K-Algebra, und wegen der Perfektheit von K ist die Radikalfaktorstruktur von C separabel. Mit Hilfe von Satz 10 und der Lie-Nilpotenz von C erhalten wir, daß C ein Radikalkomplement aus in C zentralen und vollseparablen Elementen besitzt. Nach dem Satz von Wedderburn-Malcev besitzt C also genau ein Radikalkomplement (da alle konjugiert sind und eines zentral ist). Sei nun a ein vollseparables Element von C. Dann ist nach [65] die Algebra $\langle a \rangle_{A_1}$ separabel, liegt also nach dem Satz von Wedderburn-Malcev in einem Radikalkomplement und damit in dem eindeutig bestimmten Radikalkomplement bestehend aus in C zentralen Elementen. $\diamond$

5.1.2   Offene Fragen und Übungsaufgaben

Offene Fragen 2   *(i) Jeder assoziativen Algebra über einem Körper der Charakteristik $\neq 2$ kann vermöge der Verknüpfung $a \circ_1 b := ab + ba$ für alle $a, b \in A$ eine Jordan-Algebra A°_1} zugeordnet werden – die zu A assoziierte Jordan-Algebra. Inwiefern läßt sich Proposition 8 auf A°_1} übertragen?*

(ii) Inwiefern lassen sich alle Ergebnisse bzgl. der assoziierten Lie-Algebra in diesem Buch auf die assoziierte Jordan-Algebra übertragen?

Übungsaufgabe 74 *Man beweise Bemerkung 7.*

Übungsaufgabe 75 *Für $n \in \underline{6}$ bestimme man die Menge T_n.*

Übungsaufgabe 76 *Sei A eine assoziative K-Algebra. Eine Derivation von A ist eine K-lineare Abbildung d, so daß für alle $a, b \in A$ die Bedingung $(ab)d = (ad)b + a(bd)$ gilt. Man zeige, daß die Menge der Derivationen bzgl. $\circ$ eine Lie-Algebra bilden. Die inneren Derivationen $\mathrm{ad}(a), a \in A$ bilden eine Teilalgebra der Derivationen. Ist es sogar ein Ideal?*

Übungsaufgabe 77 *Seien K ein Körper und $n \in \mathbb{N}$. Die zu $K^{n \times n}$ assoziierte Lie-Algebra wird mit $gl(n, K)$ bezeichnet. Dann ist die Menge der Dreiecksmatrizen eine Cartan-Teilalgebra von $gl(n, K)$. Welche Nilpotenzklasse hat diese Cartan-Teilalgebra? Welche Dimension haben $gl(n, K)$ und diese Cartan-Teilalgebra?*

Übungsaufgabe 78 *Seien K ein Körper und $n \in \mathbb{N}$. Ist die Menge der Dreiecksmatrizen eine Cartan-Teilalgebra der zu der Menge der unteren Dreiecksmatrizen assoziierten Lie-Algebra?*

Übungsaufgabe 79 *Seien K ein Körper und $n \in \mathbb{N}$. Welche Nilpotenzklasse hat die zur Menge der strikt unteren Dreicksmatrizen assoziierten Lie-Algebra? Was ist ihr Normalisator in $gl(n, K)$, was in der zur Menge der unteren Dreiecksmatrizen assoziierten Lie-Algebra?*

Übungsaufgabe 80 *Seien K ein Körper und $n \in \mathbb{N}$. Dann ist die Menge der Matrizen mit Spur gleich Null eine Teilalgebra von $gl(n, K)$. Ist die Menge der Dreiecksmatrizen mit Spur gleich Null eine Cartan-Teilalgebra dieser Lie-Teilalgebra?*

Übungsaufgabe 81 *Sei K ein Körper. Was ist das Zentrum von $K^{3 \times 3}$? Man bestimme eine nicht-zentrale Matrix A von $gl(3, K)$ und berechne das Minimalpolynom und das charakterisches Polynom von $\mathrm{ad}(A)$!*

Übungsaufgabe 82 *Sei K ein Körper. Was ist das Zentrum von $K^{4 \times 4}$? Man bestimme nicht-zentrale Matrizen A, B, C von $gl(4, K)$ und berechne $(AB)\mathrm{ad}(C)^r$ für $r \in \underline{4}$!*

Übungsaufgabe 83 *Seien K ein Körper und D ein endlich-dimensionale assoziative K-Divisionsalgebra. Dann ist $Z(D)$ ein Körper, und D ist eine $Z(D)$-Algebra. Als solche ist sie zentral. Des Weiteren ist D° genau dann als K-Algebra nilpotent, wenn sie es als $Z(D)$-Algebra ist.*

Übungsaufgabe 84 *Seien A eine assoziative K-Algebra und I ein Ideal von A. Dann ist I° ein Ideal von A°, und es gilt $A^\circ / I^\circ = (A/I)^\circ$. zkunitaer*

A^0

C Cartan-Teilalgebra von A^0

A

C assoziative unitale auflösbare Teilalgebra

perfekter Körper

A

C Cartan-Teilalgebra $\sim$ von A^0 $= N(C^0)$ $= \mathfrak{z}(C) \oplus T(C)$

$\mathfrak{z}(C)$ $Z(C)$

$T(C) \sim$ Menge der vollseparablen Elemente

kommutativ Z in 4.1.

$\sim$ einziges Radikal-komplement von C

$\sim$ VSEP(C) in 5.2.

5.2 Maximale Tori und Cartan-Teilalgebren

Dieser Abschnitt ist in Anlehnung an den Artikel [51] von Salvatore Siciliano konzipiert und dargestellt. Ich möchte mich an dieser Stelle für die klärenden Kommentare von Salvatore Siciliano bedanken. Wir beschreiben, wie man die Cartan-Teilalgebren in Lie-Algebren assoziiert zu assoziativen Algebren mit Hilfe der sog. maximalen Tori ermitteln kann. Es wird sich zeigen, dass beide Strukturen (Cartan-Teilalgebren und maximale Tori) eng miteinander verknüpft sind. Wie diese 1:1-Beziehung genau aussieht, ist eines der Hauptergebnisse in diesem Buch.

Wir illustrieren die Erkenntnisse dann an einigen unserer Standard-Beispiele, wie etwa den Solomon-Algebren, den Solomon-Tits-Algebren, den Dreiecks-matrizen und an ausgewählten Gruppenalgebren.

5.2.1 Maximale Tori

Definitionen und Bemerkungen 3 Sind A eine K-Algebra über einem Körper K positiver Charakteristik p und S eine Teilmenge von A, so sei $\langle S \rangle_p$ die von S erzeugte restringierte Lie-Teilalgebra von A°. Dabei ist A° bezgl. der p-Abbildung $x \mapsto x^p$ restringiert. Betrachten wir A als restringierte Lie-Algebra, so schreiben wir auch $(A^\circ; [p])$ (siehe z.B. [57] für eine ausführliche Definition der restringierten Lie-Algebra).
Ist M eine Menge, so sei id_M die Identitätsabbildung auf M.$\diamond$

Vollseparable Elemente sind in der Literatur auch für restringierte Lie-Algebren definiert worden (siehe z.B. [57]). In dem folgenden Resultat zeigen wir, daß die dortige Definition mit unserer kompatibel ist:

Proposition 9 *(Siciliano) Sei A eine assoziative K-Algebra über einem Körper K positiver Charakteristik p. Ein Element x von A is voll-separabel genau dann, wenn $x \in \langle x^p \rangle_p$ gilt.*

Beweis. Sei F ein algebraisch abgeschlossener Oberkörper von K. Sei zunächst x vollseparabel. Nach Definition und Bemerkung 3 ist $x\rho$ auch vollseparabel. Also ist $x\rho \otimes id_F$ ein diagonalisierbarer Endomorphismus von $A \otimes_K F$. Folglich enthält $\langle x\rho \otimes id_F \rangle_A$ ausser der Null kein nilpotentes Element. Aus [70] (oder [57], Abschnitt 2.3) folgern wir, daß $x\rho \in \langle x\rho^p \rangle_p$ gilt. Wegen $x = 1(x\rho)$ erhalten wir $x \in \langle x^p \rangle_p$.
Sei umgekehrt $x \in \langle x^p \rangle_p$. Dann existieren $a_1, a_2, \ldots, a_r \in K$ mit $x = \sum_{i=1}^{r} a_i x^{p^i}$. Wir betrachten das Polynom $f = t - \sum_{i=1}^{r} a_i t^{p^i}$, für das offenbar $f(a) = 0$ gilt. Dies bedeutet insbesondere $min_{x,K} \mid f$. Die formale Ableitung von f ist wegen $char(K) = p$ genau $f' = 1$. Daher ist f und somit auch der Teiler $min_{a,K}$ von f vollseparabel. $\diamond$

Definitionen und Bemerkungen 4 Sei A eine assoziative K-Algebra über einem Körper K. Eine Teilalgebra T von A nennen wir Torus von A, falls T kommutativ und jedes Element von T vollseparabel ist. T ist maximal, falls T in keinem anderem Torus von A echt enthalten ist.

Wir erinnern daran, daß ein Torus einer restringierten Lie-Algebra $(L;[p])$ eine abelsche restringierte Teilalgebra von L ist, deren Elemente sämtlich vollseparabel sind.

Offenbar ist jeder Torus einer assoziativen Algebra auch ein Torus der zugehörigen assoziierten restringierten Lie-Algebra (in positiver Charakteristik p). Die Umkehrung dieser Aussage ist falsch, wie wir in dem folgenden Beispiel zeigen.◇

Beispiel 3 *(Siciliano)* Seien K ein Körper mit drei Elementen und $L :=$ $gl(2, K)$. Wir betrachten das Element $X = \begin{pmatrix} 1 & 0 \\ 0 & -1 \end{pmatrix}$. Dann ist $T = \{0, X, -X\}$ ein Torus von $(L;[p])$, aber T ist keine assoziative Teilalgebra von $K^{2\times2}$. Also ist die Definition eines Torus einer assoziativen Algebra stärker als die einer restringierten assoziierten Lie-Algebra. Für maximale Tori ist sie jedoch gleichwertig, was wir nun beweisen.◇

Den ersten Teil der folgenden Proposition findet sich in dem Artikel von Salvatore Siciliano wieder, für den wir einen anderen Beweis angeben.

Proposition 10 *Seien A eine endlich-dimnesional assoziative unitäre K-Algebra über einem Körper K und $S \subseteq A$.*

(i) Besteht S aus paarweise vertauschbaren vollseparablen Elementen, so ist $\langle S \rangle_A$ ein Torus von A (Siciliano).

(ii) Die maximalen Tori von A und A° stimmen überein. Insbesondere sind maximale Tori von A° assoziative Teilalgebren von A.

(iii) Sind char $K = p > 0$ *and $[p]$ die p-Abbildung $x \mapsto x^p$, so stimmen die maximalen Tori von A und $(A^\circ;[p])$ überein. Insbesondere sind maximale Tori von $(A^\circ;[p])$ assoziative Teilalgebren von A.*

Beweis. ad(i): Dies ist eine Hauptaussage von [65], Kapitel 5: Die Menge der vollseparablen Elemente ist in kommutativen assoziativen Algebren eine Teilalgebra. Diese Aussage wende man auf $\langle S \rangle_A$ an.

ad(ii)+(iii): Aus (i) folgt, daß maximale Tori der Lie-Algebren wieder assoziative Algebren sind. Hieraus wiederum folgen leicht die übrigen Behauptungen.◇

5.2.2 Maximale Tori von Gruppenalgebren von Dieder- und Quaternionengruppen

Wir beschliessen diesen Abschnitt mit einem Beispiel, in dem wir alle maximalen Tori bestimmen. Dieses Beispiel und die generelle Schlussweise wird noch in dem Abschnitt über auflösbare Algebren ausführlicher dargestellt. Erneut beschäftigen wir uns mit auflösbaren Gruppenalgebren von Gruppen der Ordnung $2p^n$ über einem Körper der Charakteristik p. Mit $\mathbb{P}$ bezeichnen wir auch die Menge der Primzahlen.

Folgerung 10 *Seien $p \in \mathbb{P}$, K ein Körper der Charakteristik $p \geq 3$, $n \in \mathbb{N}$ und G eine Gruppe der Ordnung $2 \cdot p^n$. Ist H eine 2-Sylow-Untergruppe, so sind die Konjugierten unter $1 + rad(KG)$ von KH die maximalen Tori von KG. Insbesondere sind alle maximalen Tori von KG von der Dimension 2.*

Beweis. Die p-Sylow-Untergruppe ist ein Normalteiler der Ordnung p^n vom Index 2. Daher hat das Komplement H in Vorbemerkung 1 die Ordnung 2. Des Weiteren ist nach Vorbemerkung 1 die Teilalgebra KH ein kommutatives separables Radikalkomplement in der auflösbaren Algebra KG. Ist nun t ein vollseparables Element, so ist nach Kapitel 5 in [65] die von t erzeugte Teilalgebra separabel, liegt also nach dem Satz von Wedderburn-Malcev (siehe auch [65], Konjugiertheit) modulo Konjugation mit $1 + rad(KG)$ in dem Radikalkomplement KH. Daraus folgt die Behauptung.$\diamond$

Speziell ergibt sich hieraus für die Diedergruppen:

Folgerung 11 *Seien $p \in \mathbb{P}$, K ein Körper der Charakteristik $p \geq 3$, $n \in \mathbb{N}$, $G = D_{2p^n}$ sowie a eine Involution in G. Dann besitzen alle maximalen Tori von KG die Dimension 2. Es sind die unter $1 + rad(KG)$ Konjugierten von $K\langle a\rangle_{\mathcal{G}}$.[1]$\diamond$*

Ähnlich lässt sich für die Quaternionengruppen einsehen (siehe Übungsaufgaben):

Folgerung 12 *Seien $p \in \mathbb{P}$, K ein Körper der Charakteristik $p \geq 3$, $n \in \mathbb{N}_{\geq 2}$, $G = Q_{4p^n}$ sowie b ein Element der Ordnung 4 in G. Dann besitzen alle maximalen Tori von KG die Dimension 4. Es sind die unter $1 + rad(KG)$ Konjugierten von $K\langle b\rangle_{\mathcal{G}}$.$\diamond$*

5.2.3 Cartan-Teilalgebren

Definition und Bemerkung 1 Sei V ein endlich-dimensionaler Vektor-Raum über einem Körper K der Charakteristik 0. Eine Lie-Algebra $L \subseteq \mathrm{End}_K(V)$ (der K-linearen Abbildung von V) heisst zerfallend, falls für jedes Element $f \in L$ der vollseparable und der nilpotente Teil der verallgemeinerten Jordan-Zerlegung von f in L enthalten sind.$\diamond$

---

[1]Sind G eine Gruppe und T eine Teilmenge von G, so sei $\langle T\rangle_{\mathcal{G}}$ die von T erzeugte Untergruppe von G.

Die folgende Proposition lässt sich bis auf Teil (v) einfach nachrechnen. Teil (v) folgt aus den Ergebnissen des Kapitels 5 in [65] und kann dort nachgelesen werden. Der Beweis dieser Proposition verbleibt daher als Übungsaufgabe für den Leser:

Proposition 11 *Seien A eine assoziative K-Algebra, H eine Teilmenge von A und α ein Monomorphismus von A.*

(i) *α ist ein Monomorphismus von A°, und $A\alpha$ ist eine assoziative Teilalgebra von A.*

(ii) *$C_{A\alpha}(H\alpha) = C_A(H)\alpha$*

(iii) *Genau dann ist H eine Cartan-Teilalgebra von A°, wenn $H\alpha$ eine Cartan-Teilalgebra von $(A\alpha)^\circ$ ist.*

(iv) *Genau dann ist H ein (maximaler) Torus von A°, wenn $H\alpha$ ein (maximaler) Torus von $(A\alpha)^\circ$ ist.*

(v) *Seien K ein Körper und $a \in A$. Besitzt a eine allgemeine Jordan-Zerlegung $(v; n)$, so sind v und n Polynome in a. Insbesondere ist im Falle eines separablen Körpers K die Lie-Algebra $(A\rho)^\circ$ zerfallend.* ◇

Das folgende Resultat findet sich in [10] (Section VII.5, Proposition 6) und bildet die Basis der Beschreibung der Cartan-Teilalgebren von assoziierten Lie-Algebren:

Lemma 3 *Seien V ein endlich-dimensionaler Vektorraum über einem Körper K der Charakteristik 0 und L eine zerfallende Lie-Teilalgebra von $End_K(V)^\circ$.*

(i) *Ist H eine Cartan-Teilalgebra von L, so ist $T = \{f \in H \mid f \text{ vollseparabel}\}$ ein maximaler Torus von L.*

(ii) *Ist T ein maximaler Torus von L, so ist $C_L(T)$ eine Cartan-Teilalgebra von L.* ◇

Basierend auf Lemma 3 können wir nun den folgenden Satz von Salvatore Siciliano beweisen. Die Beweisidee ist der in [51] angelehnt und überarbeitet.

Satz 20 *(Siciliano) Seien A eine assoziative unitäre K-Algebra endlicher Dimension über einem Körper K und H eine Teilmenge von A. Genau dann ist H eine Cartan-Teilalgebra von A°, wenn es einen maximalen Torus T von A gibt, so daß $H = C_A(T)$ gilt.*

Beweis. Im Falle char $K = p > 0$ folgt die Aussage mit Hilfe von Proposition 10 aus einem klassischen Resultat der restringierten Lie-Algebren-Theorie (siehe [57], Theorem 4.1 in Kapitel 2).

Sei nun K von Charakteristik Null. Wegen Proposition 11 ist $(A\rho)^\circ$ eine zerfallende Lie-Algebra.

Sei zunächst H eine Cartan-Teilalgebra von A°. Nach Proposition 11 ist $H\rho$ eine Cartan-Teilalgebra von $(A\rho)^\circ$. Mit Hilfe von Lemma 3 erhalten wir, daß die Menge T der vollseparablen Elemente von $H\rho$ ein maximaler Torus von $(A\rho)^\circ$ ist. Dieser ist nach Proposition 10 ein maximaler Torus von $A\rho$. Wegen Folgerung 9 ist T zentral in $H\rho$, also ist $H\rho$ in $C_{A\rho}(T)$ enthalten. Dieser Zentralisator ist nach Lemma 3 auch eine Cartan-Teilalgebra, woraus nun mit der maximalen Nilpotenz $H\rho = C_{A\rho}(T)$. Nun wende man Proposition 11 an, woraus wir erhalten, daß H genau der Zentralisator des maximalen Torus – das Urbild von T unter ρ – ist.

Sei nun $H = C_A(T)$ für einen maximalen Torus von A. Nach Proposition 10 ist $T\rho$ ein maximaler Torus von $(A\rho)^\circ$. Aus Lemma 3 erhalten wir, daß $C_{(A\rho)^\circ}(T\rho)$ eine Cartan-Teilalgebra von $(A\rho)^\circ$ ist. Aus Proposition 11 folgt nun mit $C_{(A\rho)^\circ}(T\rho) = C_A(T)\rho$, daß $C_A(T)$ eine Cartan-Teilalgebra von A° ist.$\diamond$

Mit Hilfe der Schlussweise in Satz 20 (in Falle $char(K) = 0$) sowie mit Proposition 10 und der Schlussweise von Theorem 4.1 in Kapitel 2 von [57] (für den Fall $char(K) > 0$) erhalten wir zudem:

Hauptsatz 1 *Seien A eine assoziative unitäre K-Algebra endlicher Dimension über einem Körper K, $\mathcal{T}_A$ die Menge der maximalen Tori von A und $\mathcal{C}_{A^\circ}$ die Menge der Cartan-Teilalgebren von A°. Dann sind die Abbildungen*

$$C_A(\cdot) : \mathcal{T}_A \longrightarrow \mathcal{C}_{A^\circ}, T \mapsto C_A(T)$$

und

$$VSEP(\cdot) : \mathcal{C}_{A^\circ} \longrightarrow \mathcal{T}_A, C \mapsto \{v \mid v \in C, v \text{ ist vollseparabel}\}$$

zueinander inverse Bijektionen.$\diamond$

5.2.4 Cartan-Teilalgebren von Gruppenalgebren von Dieder- und Quaternionengruppen

Als Beispiel bestimmen wir zunächst die Cartan-Teilalgebren von $(KG)^\circ$ in dem hier oft betrachteten Fall einer Gruppe der Ordnung $2p^n$ und eines Körpers der Charakteristik p. Aus dem Hauptsatz 1 sowie der Folgerung 10 erhalten wir:

Folgerung 13 *Seien $p \in \mathbb{P}$, K ein Körper der Charakteristik $p \geq 3$, $n \in \mathbb{N}$ und G eine Gruppe der Ordnung $2 \cdot p^n$. Ist H eine 2-Sylow-Untergruppe, so sind die Konjugierten unter $1 + rad(KG)$ von $C_{KG}(KH)$ die Cartan-Teilalgebren von KG°.*$\diamond$

Für die Diedergruppen ergibt sich hieraus:

Folgerung 14 *Seien $p \in \mathbb{P}$, K ein Körper der Charakteristik $p \geq 3$, $n \in \mathbb{N}$, $G = D_{2p^n}$ sowie a eine Involution in G. Dann sind die Cartan-Teilalgebren von KG° die unter $1 + rad(KG)$ Konjugierten des Zentralisators von $K\langle a \rangle_{\mathfrak{g}}$.*$\diamond$

In dem Abschnitt 5.5.4 berechnen wir diesen Zentralisator und seine Dimension explizit. Die Dimension ist für alle Cartan-Teilalgebren gleich, nämlich $p^n + 1$. Für die Quaternionengruppen ergibt sich mit einer ähnlichen Schlussweise:

Folgerung 15 *Seien $p \in \mathbb{P}$, K ein Körper der Charakteristik $p \geq 3$, $n \in \mathbb{N}_{\geq 2}$, $G = Q_{4p^n}$ sowie b ein Element der Ordnung 4 in G. Dann sind die Cartan-Teilalgebren von KG° die unter $1 + rad(KG)$ Konjugierten des Zentralisators von $K\langle b \rangle_{\mathfrak{g}}$.*$\diamond$

5.2.5 Maximale Tori und Cartan-Teilalgebren von Solomon-Algebren, Solomon-Tits-Algebren und Dreiecksmatrizen

Eine kleine Einführung zu diesen Algebren haben wir bereits in dem Abschnitt 4.2.2 gegeben, auf den wir hier auch verweisen. Diese Algebren gehören zu den auflösbaren Algebren, denen wir einen eigenen Abschnitt zugedacht haben. Trotzdem betrachten wir sie schon an dieser Stelle, um die Wirkungsweise unserer Resultate zu demonstrieren. In [67] wird nachgewiesen, dass sämtliche Radikalkomplemente der Solomon-Tits-Algebren selbstzentral sind. Thorsten Bauer beweist in seiner Dissertation dasselbe für die Solomon-Algebren (siehe [4]). Eine leichte Rechenübung ist es zudem, dies auch für Dreiecksmatrizen zu beweisen: die Diagonalmatrizen sind selbstzentral.

Sei nun A eine assoziative unitäre auflösbare K-Algebra mit separabler Radikalfaktorstruktur und einem selbstzentralem Radikalkomplement A. Wir werden später einsehen, dass in diesem Fall die Radikalkomplemente genau die maximalen Tori sind: dazu wird die Selbtzentralität der Komplemente noch nicht benötigt. Sind sie aber selbstzentral, so stimmen sie nach unserem Hauptsatz 1 mit den Cartan-Teilalgebren der assoziierten Lie-Algebra überein. Die maximalen Tori sind also genau die Cartan-Teilalgebren.
Den Beweis, dass die maximalen Tori genau den Radikalkomplementen entsprechen, kann der Leser in dem entsprechenden Abschnitt zu auflösbaren Algebren nachlesen. Der Hauptgedanke ist dabei ganz schlicht, denn man beweist, dass jeder Torus eine (kommutative) separable Teilalgebra ist. Diese liegen nach dem Satz von Wedderburn-Malcev in einem Radikalkomplement. Nun muss man nur noch einsehen, dass die Radikalkomplemente tatsächlich Tori sind. Dies ist aber nach Voraussetzung schon sofort gegeben: A ist auflösbar mit separabler Radikalfaktorstruktur.

Bei den oberen wie auch unteren Dreiecksmatrizen ist die Menge der Diagonalmatrizen - in Zeichen $D(n, K)$ - ein Radikalkomplement. Alle ergeben sich durch Konjugation mittels der Einheitengruppe zu diesem Komplement. Es besitzt die Dimension n.

$K\Pi_n$ - die Solomon-Tits-Algebra (siehe z.B. [67]) - besitzt ein selbstzentrales Radikalkomplement der Dimension $B(n)$ - die sog. Bell-Zahlen zu n. Beschreibungen dazu finden sich auch in [67]. Alle Radikalkomplemente ergeben sich durch Konjugation mittels der Einheitengruppe zu diesem Komplement.

D_n - die Solomon-Algebra im Falle $char(K) = 0$ (siehe z.B. [4]) - besitzt ein selbstzentrales Radikalkomplement der Dimension $p(n)$ - die sog. Partition-Zahl zu n. Beschreibungen dazu finden sich auch in [67]. Alle Radikalkomplemente ergeben sich durch Konjugation mittels der Einheitengruppe zu diesem Komplement.⋄

Kapitel 5.2.

$\{$ Maximale Tori von A $\}$

$\{$ Cartan-Teilalgebren von A^0 $\}$

J_A

$C_A(\cdot)$

$\mathcal{C}_{A^0}$

T

?

$VSEP(C)$

invers zueinander
$1:1$

$\gg C_A(T)$

?

γC

$VSEP(\cdot)$

$T = VSEP(C_A(T))$

$C = C_A(VSEP(C))$

<u>Solouou</u> : Radikale komplemente	sind selbstzentral	$\mathcal{C}_{A^0} = J_A$
<u>Dreieck</u> : $-\mu-$	$-\mu-$	$-\mu-$
<u>Solouou-Tits</u> : $-\mu-$	$-\mu-$	$-\mu-$

$\kappa\,O_{2,\mu}$: 2-dim. $-\mu-$	nicht selbstzentral	$\mathcal{C}_{A^0} \neq J_A$; $\text{Dim} = ?$
$\kappa\,Q_{4,\mu}$: 4-dim. $-\mu-$	$-\mu-$	$\mathcal{C}_{A^0} \neq J_A$; $\text{Dim} = ?$ $\to$ später

5.2.6 Offene Fragen und Übungsaufgaben

Offene Fragen 3 *(i) Wie ist die dargestellte Theorie ohne endliche Dimension?*

(ii) Was sind die maximal abelschen Teilalgebren der assoziierten Lie-Algebra einer assoziativen Algebra?

(iii) Was sind die maximal nilpotenten Teilalgebren der assoziierten Lie-Algebra einer assoziativen Algebra?

(iv) Was sind die maximal auflösbaren Teilalgebren der assoziierten Lie-Algebra einer assoziativen Algebra?

(v) Was gilt für assoziierte Jordan-Algebren einer assoziativen Algebra?

Übungsaufgabe 85 *Seien A eine assoziative unitäre K-Algebra und D eine halbeinfache Teilalgebra von A. Dann operiert $1 + \mathrm{rad}(A)$ auf der Menge der halbeinfachen Teilalgebren per Konjugation. Der Stabilisator von D unter dieser Gruppenaktion ist der Normalisator von $1 + \mathrm{rad}(A)$ unter D, und es gilt $N_{1+\mathrm{rad}(A)}(D) = C_{1+\mathrm{rad}(A)}(D)$. Was gilt im Spezialfall eines Radikalkomplementes? Was bedeutet dies für die Anzahl der Radikalkomplemente im Falle eines endlichen Körpers?*

Übungsaufgabe 86 *Man benutze Übungsaufgabe 85, um in den folgenden Fällen die Anzahl der Cartan-Teilalgebren und der maximalen Tori von A° zu berechnen. Dabei ist A eine assoziative endlich-dimensionale Algebra über einem endlichen Körper:*

(i) $A := K\Pi_n$ die Solomon-Tits-Algebra (siehe z.B. [67])

(ii) $A = $ Die Algebra der unteren Dreiecksmatrizen von $K^{n \times n}$

(iii) $A = $ Die Algebra der oberen Dreiecksmatrizen von $K^{n \times n}$

(iv) $A = KG$, wobei $p \in \mathbb{P}$, K ein Körper der Charakteristik $p \geq 3$ ist und G eine Dieder- bzw. Quaternionengruppe der Ordnung $2p^n$ bzw. $4p^n$ für ein $n \in \mathbb{N}$.

Übungsaufgabe 87 *Man beweise alle Aussagen in Definition und Bemerkung 3!*

Übungsaufgabe 88 *Jeder Teiler eines halbeinfachen und separablen Polynoms ist wieder halbeinfach und separabel! Was gilt für nilpotente Polynome?*

Übungsaufgabe 89 *Man beweise Proposition 11!*

Übungsaufgabe 90 *Man beweise das Beispiel 3!*

Übungsaufgabe 91 *Man beweise die Folgerung 12!*

Übungsaufgabe 92 *Man beweise die Folgerung 15!*

Übungsaufgabe 93 *Man beweise den Hauptsatz 1 ausführlich!*

Übungsaufgabe 94 *Was besagt der Hauptsatz 1 genau? Wie entstehen alle Cartan-Teilalgebren, wie alle maximalen Tori? Was ist die Verbindung zwischen ihnen? Man führe die Abbildungen $C_A(\cdot)$ und $VSEP(\cdot)$ hintereinander in beiden Variationen aus. Welche Gleichungen entstehen dann für einen maximalen Torus bzw. für eine Cartan-Teilalgebra?*

Übungsaufgabe 95 *Sei A eine endlich-dimensionale assoziative unitäre K-Algebra über einem endlichen Körper K. Dann haben die Mengen der maximalen Tori und der Cartan-Teilalgebren von A° gleichviele Elemente. Kann man eine Bijektion zwischen diesen Mengen angeben?*

Übungsaufgabe 96 *Seien K ein endlicher Körper und $n \in \mathbb{N}$. Ist dann jede Lie-Teilalgebra von $gl(n, K)$ zerfallend? Falls nein, gebe man ein möglichst kleines Beispiel an, d.h. n und K so klein wie möglich, daß $gl(n, K)$ nicht zerfallend ist.*

5.3 Divisionsalgebren

Salvatore Siciliano beweist in [51] (Theorem 2), daß die separablen maximalen Teilkörper einer zentralen endlich-dimensionalen assoziativen K-Divisionsalgebra genau die Cartan-Teilalgebren ihrer assoziierten Lie-Algebra sind. Dafür geben wir einen alternativen Beweis an und dehnen seine Untersuchungen auf nicht-notwendig zentrale endlich-dimensionale assoziative K-Divisionsalgebren aus. Wir sehen u.a., dass die maximal separablen und separablen maximalen Teilkörper identisch sind. Daraus ergibt sich ein alternativer Beweis eines Satzes von Emmy Noether[2].

---

[2]Emmy Noether (Amalie Emmy Noether, geboren 23. März 1882 in Erlangen, gestorben 14. April 1935 in Bryn Mawr, Pennsylvania) war eine deutsche Mathematikerin, die grundlegende Beiträge zur abstrakten Algebra und zur theoretischen Physik lieferte. Insbesondere hat Noether die Theorie der Ringe, Körper und Algebren revolutioniert. Das nach ihr benannte Noether-Theorem gibt die Verbindung zwischen Symmetrien von physikalischen Naturgesetzen und Erhaltungsgrößen an. Emmy Noether stammte aus einer gutsituierten jüdischen Familie. Heute erinnert eine Tafel in der Erlanger Hauptstraße an ihr Geburtshaus. Ihr Vater Max Noether hatte einen Lehrstuhl für Mathematik an der Universität Erlangen inne. Ihr jüngerer Bruder, der Mathematiker Fritz Noether, floh vor den Nationalsozialisten in die Sowjetunion, wo er im Zuge des Großen Terrors wegen angeblicher antisowjetischer Propaganda verurteilt und erschossen wurde. Emmy Noether zeigte in mathematischer Richtung keine besondere Frühreife, sondern hatte in ihrer Jugend Interesse an Musik und Tanzen. Sie besuchte die Städtische Höhere Töchterschule, das heutige Marie-Therese-Gymnasium, in der Schillerstraße in Erlangen. Dort wurde damals aber Ma-

thematik nicht intensiv gelehrt. Im April 1900 legte sie die Staatsprüfung zur Lehrerin der englischen und französischen Sprache an Mädchenschulen in Ansbach ab. 1903 holte sie in Nürnberg die externe Abiturprüfung am Königlichen Realgymnasium nach. 1903 wurden Frauen erstmals an bayerischen Universitäten zum Studium zugelassen, was auch Emmy Noether die Immatrikulation in Erlangen erlaubte. Vorher hatte sie bereits mit Erlaubnis einzelner Professoren als Gasthörerin Vorlesungen in Göttingen besucht, musste jedoch aufgrund einer Krankheit zurück nach Erlangen. Dort promovierte sie 1907 in Mathematik bei Paul Gordan. Sie war damit die zweite Deutsche, die an einer deutschen Universität in Mathematik promoviert wurde. 1908 wurde sie Mitglied des Circolo Matematico di Palermo, 1909 trat sie der Deutschen Mathematiker-Vereinigung bei. 1909 wurde sie von Felix Klein und David Hilbert nach Göttingen gerufen, da sie auf dem Forschungsgebiet der Differentialinvarianten mittlerweile eine wirkliche Größe war. Göttingen war zu dieser Zeit das führende mathematische Zentrum Deutschlands und in der Welt. Durch Klein und Hilbert ermutigt, stellte Noether am 20. Juli 1915 einen Antrag auf Habilitation in Göttingen. Der Antragstellung folgten intensive kontroverse Diskussionen in der Fakultät, wo sich viele Fakultätsangehörige grundsätzlich gegen eine Habilitation von Frauen aussprachen. Letztlich konnten sich aber Hilbert und Klein durchsetzen (berühmt wurde die in diesem Zusammenhang gefallene Äußerung Hilberts, eine Fakultät sei doch keine Badeanstalt). Da die Habilitation von Frauen an preußischen Universitäten durch einen Erlass vom 29. Mai 1908 untersagt war, stellte die mathematisch-naturwissenschaftliche Abteilung der philosophischen Fakultät Göttingen am 26. November 1915 einen offiziellen Antrag an den preußischen Minister: 'Eure Exzellenz bittet die mathematisch-naturwissenschaftliche Abteilung der philosophischen Fakultät der Göttinger Universität ehrerbietigst, ihr im Falle des Habilitationsgesuches von Fräulein Dr. Emmy Noether (für Mathematik) Dispens von dem Erlaß des 29. Mai 1908 gewähren zu wollen, nach welchem die Habilitation von Frauen unzulässig ist.' Explizit wurde noch hinzugefügt, dass es keinesfalls um Aufhebung des Habilitationsverbots für Frauen ginge, sondern nur um eine einmalige Ausnahmegenehmigung für Frl. Dr. Noether: 'Unser Antrag zielt auch nicht dahin, um Aufhebung des Erlasses vorstellig zu werden; sondern wir bitten nur um Dispens für den vorliegenden einzigartig liegenden Fall.' In der abschlägigen Antwort des Ministers vom 5. November 1917 hieß es: 'Die Zulassung von Frauen zur Habilitation als Privatdozent begegnet in akademischen Kreisen nach wie vor erheblichen Bedenken. Da die Frage nur grundsätzlich entschieden werden kann, vermag ich auch die Zulassung von Ausnahmen nicht zu genehmigen, selbst wenn im Einzelfall dadurch gewisse Härten unvermeidbar sind. Sollte die grundsätzliche Stellungnahme der Fakultäten, mit der der Erlaß vom 29. Mai 1908 rechnet, eine andere werden, bin ich gern bereit, die Frage erneut zu prüfen.' Emmy Noether blieb daraufhin nichts anderes übrig, als ihre Vorlesungen unter dem Namen von Hilbert anzukündigen, als dessen Assistentin sie fungierte. Nach dem Ersten Weltkrieg und dem Zusammenbruch des Kaiserreichs kam es in der Weimarer Republik zu einer allgemeinen rechtlichen Besserstellung der Frauen. Neben dem Wahlrecht wurde auch die Habilitationsordnung so geändert, dass auch weibliche Kandidatinnen zur Habilitation zugelassen werden konnten. So konnte sich Emmy Noether 1919 habilitieren und war damit die erste Frau, die sich in Deutschland in Mathematik habilitierte. Sie war außerdem die erste Frau in Deutschland, die eine (nichtbeamtete) Professur erhielt. Dennoch bekam sie erst 1922 eine außerordentliche Professur und erst 1923 ihren ersten bezahlten Lehrauftrag. Bis zur Hyperinflation im selben Jahr lebte sie sehr sparsam von einer Erbschaft. 1928 und 29 übernahm sie eine Gastprofessur in Moskau, 1930 in Frankfurt am Main. Bei ihrer Rückkehr aus der Sowjetunion äußerte sie sich sehr positiv über die dortige Lage, weshalb ihr die Nazis später unterstellten, eine Kommunistin zu sein. Emmy Noether bekannte sich zum Pazifismus und war von 1919 bis 1922 Mitglied der USPD, danach bis 1924 der SPD. Zusammen mit Emil Artin erhielt sie 1932 den Ackermann-Teubner-Gedächtnispreis für ihre gesamten wissenschaftlichen Leistungen. 1932 hielt sie einen Plenarvortrag auf dem Internationalen Mathematikerkongress in Zürich (Hyperkomplexe Systeme und ihre Beziehungen zur kommutativen Algebra und zur Zahlentheorie). 1933 wurde Emmy Noether infolge des euphemistisch so genannten Berufsbeamtengesetzes des Naziregimes ihre Lehrerlaubnis entzogen. Emmy Noether emigrierte daraufhin in die USA. Vor dieser Entscheidung zog sie auch in Betracht, nach Moskau zu gehen. Doch die Bemühungen ihres dortigen Freundes, des bedeutenden Topologen Pawel Alexandrow, bei den sowjetischen Behörden eine Bewilligung zu erwirken, zogen sich zu lange hin. In Amerika half ihr ehemaliger Göttinger Kollege Hermann Weyl, eine Stelle für sie zu finden. Ende 1933 erhielt sie eine Gastprofessur am Womens College Bryn Mawr in Pennsylvania. Ab 1934 hielt Emmy Noether auch Vorlesungen am Institute for Advanced Study. Sie kam 1934 noch einmal nach Europa und besuchte Emil Artin und ihren Bruder Fritz in Deutschland. Emmy Noether verstarb am 14. April 1935 an den Komplikationen einer Unterleibsoperation, die wegen eines Tumors notwendig geworden war. Sie fand ihre letzte Ruhestätte unter dem Kreuzgang in der M. Carey Thomas Library in Bryn Mawr. Emmy Noether gehört zu den Begründern der modernen Algebra. Ihre mathematische Profilierung entwickelte sich in der Zusammenarbeit und Auseinandersetzung mit dem Erlanger Professor Paul Gordan, der auch ihr Doktorvater wurde. Man nannte Gordan gerne den 'König der Invarianten'. Die Invariantentheorie beschäftigte Emmy Noether bis in das Jahr 1919 entschieden. Abweichend von Gordans Interessensschwerpunkten wandte sich Noether der Auseinandersetzung mit den abstrakten algebraischen Methoden zu. Gordan hatte Hilberts Beweis seines Basistheorems, der viele Resultate Gordans verallgemeinerte, aber ein reiner Existenzbeweis war, mit den Worten kommentiert, dass dies nicht Mathematik, sondern Theologie sei. Ab 1920 verlegte sie ihren Forschungsschwerpunkt auf die allgemeine Idealtheorie. In Göttingen gründete sie eine eigene Schule: Seit Mitte der 1920er Jahre fand sie eine Reihe von hochbegabten Schülern aus aller Welt, die sich um sie scharten. Ihre Studenten nannte sie ihre 'Trabanten' oder die 'Noether-Knaben'. Zu ihren Doktoranden zählen Grete Hermann, Jakob Levitzki, Max Deuring, Ernst Witt, dessen offizieller Betreuer Herglotz war, Heinrich Grell, Chiungtze Tsen, Hans Fitting, Otto Schilling und zu ihrem Schülerkreis Bartel Leendert van der Waerden. In Göttingen, damals Weltzentrum mathematischer Forschung, war sie die einflussreichste akademische Lehrerin in der Generation nach Hilbert. Van der Waerden schrieb in seinem berühmten zweibändigen Algebrawerk, dass es auch auf Vorlesungen von Emil Artin und Emmy Noether aufbaute. Emmy Noether wird auch eine entscheidende Rolle bei der Durchsetzung abstrakter algebraischer Methoden in der Topologie zugeschrieben, fast ausschließlich durch mündliche Beiträge zum Beispiel in den Vorlesungen von Heinz Hopf 1926 und 27 in Göttingen und in ihren eigenen Vorlesungen um 1925. Das beeinflusste auch den Topologen Pawel Sergejewitsch Alexandrow, der Göttingen besuchte. Auch in der theoretischen Physik leistete sie Außerordentliches und legte 1918 mit dem Noether-Theorem den Grundstein zu einer neuartigen Betrachtung von Erhaltungsgrößen. Im letzten Viertel des 20. Jahrhunderts entwickelte sich das Noether-Theorem zu einer der wichtigsten Grundlagen der Physik. Nach Emmy Noether sind folgende mathematische Strukturen und Sätze benannt: Noethersche Induktion: Eine Variante der transfiniten Induktion, Noetherscher Modul, Noetherscher Normalisierungssatz, Noethersche Ordnung, Noetherscher Raum, Noetherscher Ring, Noether-Theorem. Weiter sind nach Emmy Noether benannt: Das Emmy Noether-Programm der Deutschen Forschungsgemeinschaft zur Förderung junger Wissenschaftler und Wissenschaftlerinnen, Die Noether Lecture, eine jährliche Ehrung der Association for Woman in Mathematics in den USA für Frauen, die fundamentale und nachhaltige Beiträge zur Mathematik geleistet haben, Der Emmy-Noether-Campus der Universität Siegen am Fischbacher Berg, auf dem die Fachbereiche der Mathematik und der Physik beheimatet sind, Die Emmy-Noether-Oberschule, ein Gymnasium in Berlin Treptow-Köpenick, Das Emmy-Noether-Gymnasium, ein naturwissenschaftlich-technologisches Gymnasium in Erlangen-Bruck, Der größte Hörsaal im mathematischen Institut der Universität Erlangen-Nürnberg, Der

5.3.1 Zentrale Divisionsalgebren

Proposition 12 *Sei D eine endlich-dimensionale assoziative nicht-kommutative K-Divisionsalgebra. Dann ist D° nicht nilpotent.*

Beweis: D ist als $Z(D)$-Algebra eine zentrale Divisionsalgebra, und D° als K-Algebra genau dann nilpotent, wenn sie es als $Z(D)$-Algebra ist. Daher können wir annehmen, daß D zentral ist.
Sei T ein maximaler Teilkörper von D, und wir nehmen an, daß D als Lie-Algebra nilpotent sei. Dann wäre auch $(D \otimes T)^\circ$ nach Bemerkung 8 nilpotent. Bekanntlich ist aber (siehe z.B. [43]) $D \otimes T$ zu $T^{n \times n}$ isomorph, wobei $n = ind(D)$ gilt. Aus Bemerkung 9 würden wir nun $n = 1$, also die Kommutativität von D erhalten, was ein Widerspruch ist. $\diamond$

In Erweiterung zu Theorem 2 in [51] beweisen wir nun:

Satz 21 *Sei D eine zentrale endlich-dimensionale assoziative K-Divisionsalgebra.*

(i) Die maximal separablen Teilkörper sind genau die separablen maximalen Teilkörper von D. (MAXSEP=SEPMAX)

(ii) Es gibt einen separablen maximalen Teilkörper. (Noether)

(iii) Die Cartan-Teilalgebren von D° sind genau die separablen maximalen Teilkörper von D. (Siciliano)

Beweis: ad(i): Sei T ein maximal separabler Teilkörper von D. Dann ist T ein maximaler Torus von D, da jede unitäre Teilalgebra von D eine Divisionsalgebra ist und Tori kommutativ sind. Mit Theorem 1 aus [51] erhalten wir, daß $C_D(T)$ eine Cartan-Teilalgebra von D° ist. Da D eine endlich-dimensionale assoziative K-Divisionsalgebra ist, ist es auch $C_D(T)$, und Proposition 12 zeigt uns, daß $C_D(T)$ ein Teilkörper von D ist. Aus der maximalen Lie-Nilpotenz von $C_D(T)$ ergibt sich weiter, daß $C_D(T)$ ein maximaler Teilkörper von D ist. Dieser ist selbstzentral (siehe z.B. [43]), also gilt $C_D(C_D(T)) = C_D(T)$. Andererseits zeigt uns der Doppel-Zentralisator-Satz $C_D(C_D(T)) = T$ Also ist $T = C_D(T)$ ein separabler maximaler Teilkörper von D. Die andere Implikation ist offenbar wahr.

ad(ii): Da $K1_D$ ein separabler Teilkörper von D ist, gibt es auch einen maximal separablen Teilkörper von D. Aus (i) folgt nun (ii).

Krater Nöther auf der Rückseite des Mondes, Der Hauptgürtel-Asteroid 7001 Noether, Straßen in zahlreichen Städten, unter anderem in Bonn, Bremen, Erlangen, Freiburg, Göttingen, Karlsruhe, Köln, Leverkusen, Lüneburg und München. Weitere Ehrungen: Seit April 2009 steht Emmy Noethers Büste in der Ruhmeshalle in München. Eine literarisch freie Würdigung ihres Lebens und Wirkens findet sich im Roman 'Abendland' von Michael Köhlmeier.

ad(iii): Nach Theorem 1 in [51] sind die Cartan-Teilalgebren von D° genau die Zentralisatoren der maximalen Tori von D. Ein maximaler Torus von D ist ein maximal separabler Teilkörper von D, da jede unitäre Teilalgebra von D wieder eine K-Divisionsalgebra ist und Tori kommutativ sind. Aus (i) folgt nun, daß die Cartan-Teilalgebren von D° genau die Zentralisatoren der separablen maximalen Teilkörper sind. Bekanntlich (siehe z.B. [43]) ist jeder maximale Teilkörper von D selbstzentralisierend. $\diamond$

Aus Satz 21 ergibt sich unmittelbar:

Folgerung 16 *Sei D eine zentrale assoziative endlich-dimensionale K-Divisionsalgebra.*

(i) Alle Cartan-Teilalgebren von D° sind isomorph und $\mathrm{ind}(D)$-dimensional.

(ii) Ist K perfekt, so sind die Cartan-Teilalgebren von D° genau die maximalen Teilkörper von D.

(iii) Die maximalen Tori von D sind genau die Cartan-Teilalgebren von D°.$\diamond$

5.3.2 Nicht notwendig zentrale Divisionsalgebren

Wir erweitern nun Satz 21 auf endlich-dimensionale assoziative – nicht notwendig zentrale – K-Divisionsalgebren. Dabei ist es zweckmässig eine Divisionsalgebra über ihrem Zentrum zu betrachten, da sie dann zentral ist.

Satz 22 *Sei D eine endlich-dimensionale assoziative K-Divisionsalgebra.*

(i) Die Cartan-Teilalgebren von D° sind genau die maximalen Teilkörper von D, die separabel über $Z(D)$ sind.

(ii) Es gibt einen maximalen Teilkörper, der separabel über $Z(D)$ ist.

(iii) Die maximalen Teilkörper von D, die separabel über $Z(D)$ sind, entsprechen den Teilkörpern von D, die maximal separabel über $Z(D)$ sind.

<u>**Beweis:**</u> Wir merken zunächst an, daß jeder maximale Teilköper - da selbstzentralisierend - das Zentrum von D als Teilkörper enthält.

ad(i): Sei T ein maximaler Teilkörper von D, der separabel über $Z(D)$ ist. D ist als $Z(D)$-Algebra zentral. Nach Satz 21 ist T eine Cartan-Teilalgebra von D° als $Z(D)$-Algebra. Offenbar ist dann T auch eine Cartan-Teilalgebra von D° als K-Algebra (Nilpotenz und Selbstnormalität hängen nicht von dem Grundring ab.).

Sei nun H eine Cartan-Teilalgebra von D° als K-Algebra. Wegen $Z(D) \leq N_{D^\circ}(H) = H$ und Proposition 1 ist H eine Cartan-Teilalgebra von D° als $Z(D)$-Algebra. Mit Satz 21 folgt nun (i).

ad(ii)+(iii): Man betrachte D als $Z(D)$-Algebra und wende Satz 21 an. $\diamond$

Aus Satz 22 erhalten wir unmittelbar:

Folgerung 17 *Sei D eine endlich-dimensionale assoziative K-Divisionsalgebra.*

(i) *Alle Cartan-Teilalgebren von D° sind isomorph und von der Dimension $ind_{Z(D)}(D) \cdot dim_K(Z(D))$.*

(ii) *Ist $Z(D)$ separabel über K, so sind die Cartan-Teilalgebren von D° genau die separablen maximalen Teilkörper von D.*

Zusatz: D ist genau dann als Algebra separabel, wenn $Z(D)$ separabel über K ist. In diesem Fall stimmen maximale Tori und Cartan-Teilalgebren wieder überein.

(iii) *Ist K perfekt, so sind die Cartan-Teilalgebren von D° genau die maximalen Teilkörper von D.*$\diamond$

Kapitel 5.3.

(Zentrale Divisionsalgebren)

$$C_D(T) = T$$

Selbstzentral

maximal kommutative Teilalgebra

$\mathcal{J}_D$
maximale Tori
$\shortparallel$
maximal separabler Teilkörper
$\shortparallel$
separabler maximaler Teilkörper

$=$

$\mathcal{C}_{D^0}$
Cartan-Teilalgebra von $\mathcal{J}^0$

alle abelsch und $ind(D)$-dim.
$\Rightarrow$ Lie-isomorph

($C_A(\cdot)$ und VSEP$(\cdot)$ sind hier die Identitätsabbildung
$\mathcal{J}_D = \mathcal{C}_{D^0}$)

(Nicht notwendig zentrale Divisionsalgebren)

Selbst-zentral

$\mathcal{J}_D$
maximaler Torus
$\shortparallel$
maximal separabel über $Z(D)$
$\shortparallel$
separabel über $Z(D)$ und maximaler TK

$=$

$\mathcal{C}_{D^0}$
Cartan-Teilalgebra von $\mathcal{J}^0$

alle abelsch und
$ind_{Z(D)}(D) \cdot \dim_{\mathbb{R}}(Z(D)) -$ dim.
$\Rightarrow$ Lie-isomorph

5.3.3 Offene Fragen und Übungsaufgaben

Offene Fragen 4   *(i) Wie sind die Ergebnisse ohne endliche Dimension?*

(ii) Was gilt für die assoziierte Jordan-Algebra?

Im Folgenden sei D eine endlich-dimensionale assoziative K-Divisionsalgebra.

Übungsaufgabe 97 *Man beweise, daß jeder maximale Teilkörper von D selbstzentral ist.*

Übungsaufgabe 98 *Man beweise oder widerlege: Sind die Cartan-Teilalgebren von $D°$ genau die maximalen Teilkörper, so ist K perfekt.*

Übungsaufgabe 99 *Man beweise, daß jeder maximale Teilkörper von D das Zentrum von D enthält.*

Übungsaufgabe 100 *Man beweise, daß jede unitale Teilalgebra von D eine K-Divisionsalgebra ist.*

Übungsaufgabe 101 *Ist jede Teilalgebra von D wieder unital?*

Übungsaufgabe 102 *Man beweise, daß D eine $Z(D)$-Algebra ist!*

Übungsaufgabe 103 *Man beweise, daß $D°$ als $Z(D)$-Algebra genau dann nilpotent ist, wenn sie es als K-Algebra ist!*

Übungsaufgabe 104 *Jede Cartan-Teilalgebra von $D°$ enthält das Zentrum von D!*

Übungsaufgabe 105 *Welcher Zusammenhang besteht zwischen den maximalen Tori und den Cartan-Teilalgebren von $D°$?*

Übungsaufgabe 106 *Welcher Zusammenhang besteht zwischen den maximalen Tori und den Cartan-Teilalgebren von $D°$ als K- und als $Z(D)$-Algebra?*

Übungsaufgabe 107 *Welche Dimension haben Cartan-Teilalgebren bzw. maximalen Tori von $D°$ in dem Falle, daß D vier-dimensional ist?*

Übungsaufgabe 108 *(maximale Tori = Cartan-Teilalgebren) Man zeige, dass die maximalen Tori mit den Cartan-Teilalgebren übereinstimmen genau dann, wenn D eine separable K-Algebra ist. Dies ist genau dann der Fall, wenn alle maximalen Tori selbstzentral sind. Dies ist insbesondere dann erfüllt, wenn K perfekt ist!*

5.4 Quaternionenalgebren

5.4.1 Der Fall der Charakteristik ungleich 2

Seien K ein Körper mit $char(K) \neq 2$ und D eine vier-dimensionale assoziative zentrale K-Divisionsalgebra. Dann gibt es bekanntlich $a, b \in K \setminus \{0\}$ und eine K-Basis $\{1, i, j, k\}$ mit folgenden Strukturkonstanten:

$\cdot$	1	i	j	k
1	1	i	j	k
i	i	a1	k	aj
j	j	-k	b1	-bi
k	k	-aj	bi	$-ab$1.

Diese Divisionsalgebren heissen (verallgemeinerte) Quaternionenalgebren. Wir bestimmen die separablen maximalen Teilkörper von D. Wegen $ind(D) = 2$ sind alle maximalen Teilkörper von D zwei-dimensional und enthalten $K1_D$. Also sind die separablen Elemente $t \in D \setminus K1_D$ zu bestimmen, für die $t^2 \in \langle 1, t \rangle_K$ gilt.

Seien $k_1, k_2, k_3 \in K$ und $t = k_1 i + k_2 j + k_3 k$. Durch eine einfache Rechnung zeigt man $t^2 = (k_1^2 a + k_2^2 b - k_3^2 ab)1 \in \langle 1, t \rangle_K$. Dies zeigt zudem $min_{t,K} = x^2 - t^2 = (x + t)(x - t)$. Wegen $char(K) \neq 2$ ist t separabel über K, und $\langle 1, t \rangle_K$ ein separabler maximaler Teilkörper. Somit ist jeder maximaler Teilkörper separabel.$\diamond$

5.4.2 Beispiele zur assoziativen Konjugiertheit

(i) In der reellen Quaternionenalgebra $\mathbb{H}$ sind alle maximalen Teilkörper separabel über $\mathbb{R}$ und zwei-dimensionale Körpererweiterungen von $\mathbb{R}$. Somit sind sie alle zu $\mathbb{C}$ isomorph und daher nach einem Satz von Skolem-Noether unter der Einheitengruppe von $\mathbb{H}$ konjugiert.

(ii) Wir betrachten die rationale Quaternionenalgebra D für $a = -1$ und $b = -2$, und zeigen, daß $K[i]$ und $K[j]$ zwei nicht-isomorphe maximale Teilkörper von D sind. Ansonsten gäbe es nach einem Satz von Skolem-Noether eine Einheit g, etwa $g = k_0 1 + k_1 i + k_2 j + k_3 k$, mit $i^g \in K[j]$. Nach [43] gilt $g^{-1} = v(g)^{-1} g^\star$, wobei $v(g)$ ein Element von $K \setminus \{0\}$ ist und $g^\star$ das Quaternionen-Konjugierte zu g ist: $g^\star = k_0 1 - k_1 i - k_2 j - k_3 k$ und $v(g) = g \cdot g^\star = k_0^2 + k_1^2 + k_2^2 + k_3^2$. Ein Koeffizientenvergleich ergäbe die Bedingungen

$$(1) \quad k_2 k_0 + k_1 k_3 = 0$$
$$\text{und}$$
$$(2) \quad k_0^2 + k_1^2 - 2k_2^2 - 2k_3^2 = 0.$$

Sei zunächst $k_2 = 0$. Dann erhielten wir aus (1) die Bedingung $k_1 = 0$ oder $k_3 = 0$, woraus wir mit (2) nun $g = 0$ oder $\sqrt{2} \in \mathbb{Q}$ folgern würden .

Sei nun $k_2 \neq 0$. Mit (1) und (2) ergäbe sich $\frac{k_1^2 k_3^2}{k_2^2} + k_1^2 - 2k_2^2 - 2k_3^2 = 0$, also $k_1^2(k_2^2 + k_3^2) - 2k_2^2(k_2^2 + k_3^2) = 0$, also $k_1^2 = 2k_2^2$ und somit erneut $\sqrt{2} \in \mathbb{Q}.\diamond$

5.4.3 Anmerkung zur Lie-Konjugiertheit

Sind A eine assoziative K-Algebra und $a \in A$, so sei ρ_a bzw. λ_a die Rechts- bzw. Linksmultiplikation mit a in A.

Ist K ein algebraisch abgeschlossener Körper der Charakteristik 0 und L eine endlich-dimensionale K-Lie-Algebra, so sind bekanntlich alle Cartan-Teilalgebren von L unter der inneren Automorphismen-Gruppe von L konjugiert. Diese besteht aus den Elementen $exp(ad(l))$, wobei $l \in L$ gilt und $ad(l)$ nilpotent ist. Aufgrund der Nilpotenz von $ad(l)$ kann dabei der Wert der Exponentialreihe an der Stelle $ad(l)$ gebildet werden.

Im Kontrast dazu steht: Sei K ein Körper mit $char(K) = 0$ und D eine endlich-dimensionale assoziative K-Divisionsalgebra. Nach Folgerung 2 sind die Cartan-Teilalgebren von D° genau die maximalen Teilkörper von D. Ist $l \in D$, so ist l wegen $char(K) = 0$ separabel über K. Da ρ_l und λ_l dasselbe Minimalpolynom wie l besitzen und vertauschbar sind, folgt aus 5.3.1 in [65], daß $ad(l) = \rho_l - \lambda_l$ separabel über K ist. Insbesondere ist $ad(l)$ genau dann nilpotent, wenn $ad(l) = 0$ gilt, also l zentral ist. In diesem Fall gilt $exp(ad(l)) = id_D.\diamond$

5.4.4 Der Fall der Charakteristik gleich 2

Seien K ein Körper mit $char(K) = 2$ und D eine vier-dimensionale assoziative zentrale K-Divisionsalgebra. Dann gibt es bekanntlich $a, b \in K \setminus \{0\}$ und eine K-Basis $\{1, i, j, k\}$ mit folgenden Strukturkonstanten:

$\cdot$	1	i	j	k
1	1	i	j	k
i	i	$a1$	k	aj
j	j	$k{+}i$	$j + b1$	$b1$
k	k	$a(j{+}1)$	$k{+}bi$	$ab1.$

Diese Divisionsalgebren heissen ebenfalls (verallgemeinerte) Quaternionen-algebren. Wir bestimmen die separablen maximalen Teilkörper von D. Wegen $ind(D) = 2$ sind alle maximalen Teilkörper von D zwei-dimensional und enthalten $K1_D$. Also sind die separablen Elemente $t \in D \setminus K1_D$ zu bestimmen, für die $t^2 \in \langle 1, t \rangle_K$ gilt. Seien $k_1, k_2, k_3 \in K$ und $t = k_1 i + k_2 j + k_3 k$.

<u>1.Fall:</u> $k_2 = k_3 = 0$:
Dann gilt $k_1 \neq 0$, also $T = K[i]$. Wegen $i^2 = a1$ erhalten wir $min_{i,K} =$

$x^2 + a = (x + i)^2$. T ist also ein nicht-separabler maximaler Teilkörper.

<u>2.Fall</u>: $k_3 = 0, k_2 \neq 0$:
Dann gilt $t = k_1 i + k_2 j$, und eine leichte Rechnung zeigt uns $t^2 = (k_1^2 a + k_2^2 b)1 + k_2 t \in \langle 1, t \rangle_K$. Wir erhalten $min_{t,K} = x^2 + k_2 x + (k_1^2 a + k_2^2 b) = (x + t)(x + t + k_2)$. Also ist T ein separabler maximaler Teilkörper von D.

<u>3.Fall</u>: $k_3 \neq 0, k_2 = 0$:
Dann gilt $t = k_1 i + k_3 k$, und eine leichte Rechnung ergibt $t^2 = (k_1^2 a + k_3^2 ab + k_3 k_1 a)1$. Also gilt $min_{t,K} = (x + t)^2$, und somit ist T ein nicht-separabler maximaler Teilkörper von D.

<u>4.Fall</u>: $k_3 k_2 \neq 0$:
Man überlegt sich leicht, daß $t^2 \in \langle 1, t \rangle_K$ nur im Fall $k_3 k_2 bi \in \langle 1, t \rangle_K$ gilt. Das ist gleichbedeutend mit $\langle 1, t \rangle_K = K[i]$, und nach Fall 1 ist $\langle 1, t \rangle_K$ ein nicht-separabler maximaler Teilkörper von D.

Also liegt nur im Fall 2 ein separabler Teilkörper vor. Das bedeutet, daß die Menge der Cartan-Teilalgebren in diesem Fall genau $\{\langle 1, t \rangle_K \mid \exists k_1, k_2 \in K : k_2 \neq 0, t = k_1 i + k_2 j\}$ ist.$\diamond$

Quaternionen-Algebren

Charakteristik ungleich 2

$J_0 = C_0^0$

jeder maximale TK ist separabel und 2-dim.

$A(a,b)$
T
$U \cdot 1 = Z(A(a,b))$

$U := \mathbb{R}$: alle sogar konjugiert

$U := \mathbb{Q},\ a=-1,\ b=-2$: $\mathbb{Q}[i], \mathbb{Q}[j]$ nicht konjugiert

Charakteristik gleich 2

$J_0 = C_0^0$

$\langle 1, t \rangle_K$ mit

$t = k_1 \cdot i + k_2 \cdot j'$ und

$k_1 \in K,\ 0 \neq k_2 \in K$

sind die separablen maximalen TK

$A(a,b)$
T
$Z(A(a,b)) = U \cdot 1$

5.4.5   Offene Fragen und Übungsaufgaben

Offene Frage 1 *Gibt es weitere Familien von (zentralen) Divisionsalgebren und was sind deren separable maximale Teilkörper?*

Übungsaufgabe 109 *Welcher Zusammenhang besteht zwischen der Quaternionengruppe Q_8 und den Quaternionenalgebren?*

Übungsaufgabe 110 *Man beweise die in diesem Abschnitt angesprochene Regel $g^{-1} = v(g)^{-1}g^\star$ für Elemente g aus den Quaternionenalgebren. Wann ist also ein Element invertierbar?*

Übungsaufgabe 111 *Das Quaternionen-Konjugieren $\star$ vermittelt einen Anti-Automorphismus auf den Quaternionenalgebren!*

Übungsaufgabe 112 *Was sind die maximalen Teilkörper der komplexen Quaternionenalgebren? Was für einen beliebigen algebraisch abgeschlossenen Körper?*

Übungsaufgabe 113 *Was sind die maximalen Teilkörper der reellen Quaternionenalgebren?*

Übungsaufgabe 114 *Was sind die maximalen Teilkörper der rationalen Quaternionenalgebra in dem Fall (der hier betrachtet worden ist) $a = -1$ und $b = -2$? Gilt etwas Allgemeineres im rationalen Fall?*

Übungsaufgabe 115 *Was sind die maximalen Teilkörper der Quaternionenalgebren für einen endlichen Körper mit p Elementen, wobei p eine Primzahl ist? Gibt es eine Vermutung für einen beliebigen endlichen Körper?*

5.5   Auflösbare Algebren

In [4] und [51] beweisen Thorsten Bauer und Salvatore Siciliano, daß für eine endlich-dimensionale assoziative unitäre auflösbare K-Algebra A mit separabler Radikalfaktorstruktur die Cartan-Teilalgebren von A° genau die Zentralisatoren der Radikalkomplemente von A sind.

Wir geben einen weiteren Zugang zu diesem Resultat an, erweitern es auf nicht notwendig unitäre Algebren und betrachten auflösbare Gruppenalgebren. Abschliessend betrachten wir den Spezialfall, daß der Körper ein Zerfällungskörper ist.

5.5.1   Unitäre auflösbare Algebren

Unsere Analyse basiert auf folgendem Lemma (siehe z.B. Satz 5.3.1 in [65]):

Lemma 4 *Sei A eine endlich-dimensionale assoziative kommutative unitäre K-Algebra. Dann ist A genau dann separabel, wenn jedes Element von A vollseparabel über K ist.*◇

Satz 23 *Sei A eine endlich-dimensionale assoziative unitäre auflösbare K-Algebra mit separabler Radikalfaktorstruktur. Dann sind die maximalen Tori von A genau die Radikalkomplemente von A.*

Beweis: '$\rightarrow$:' Sei T ein Radikalkomplement von A. Dann ist T nach Voraussetzung eine kommutative separable unitäre Teilalgebra von A, also nach Lemma 4 ein Torus von A. Sei S ein Torus von A, der T enthält. Wiederum nach Lemma 4 ist S eine separable K-Algebra von A, die also direkt zu $rad(A)$ liegt. Aus Dimensionsgründen erhalten wir $T = S$.
'$\leftarrow$:' Sei nun T ein maximaler Torus von A. Aus Lemma 4 erhalten wir, daß T eine separable Teilalgebra von A ist. Eine Erweiterung der Konjugiertheitsaussage des Satzes von Wedderburn-Malcev (siehe z.B. Korollar 2.3.7 in [65]) zeigt uns, daß T in einem Radikalkomplement von A enthalten ist. Wie ebend gezeigt in '$\rightarrow$:' ist dieses Radikalkomplement auch ein Torus von A, weshalb T als maximaler Torus mit diesem Radikalkomplement übereinstimmt.◇

Aus Satz 3, Theorem 1 in [51] und dem Satz von Wedderburn-Malcev ergibt sich nun leicht:

Satz 24 *(Bauer) Sei A eine endlich-dimensionale assoziative unitäre auflösbare K-Algebra mit separabler Radikalfaktorstruktur.*

(i) Die Cartan-Teilalgebren von A° sind genau die Zentralisatoren der Radikalkomplemente von A.

(ii) Alle Cartan-Teilalgebren von A° sind unter dem Normalteiler $1_A + rad(A)$ der Einheitengruppe von A konjugiert.

(iii) Genau dann sind die maximalen Tori von A mit den Cartan-Teilalgebren von A° identisch, wenn es ein selbstzentrales Radikalkomplement gibt.◇

Beispiele 1 (i) In seiner Dissertation [4] beweist Thorsten Bauer, daß die Radikalkomplemente der (auflösbaren) Solomon-Algebren selbstzentralisierend sind. Dasselbe wird für die Solomon-Tits-Algebra in [67] nachgewiesen.

(ii) In der Algebra A der unteren bzw. oberen Dreiecksmatrizen über einem beliebigen Körper ist die Teilalgebra der Diagonalmatrizen ein Radikalkomplement von A, daß selbstzentralisierend ist.

(iii) Wir betrachten für einen beliebigen Körper K die Algebra A der unteren Dreiecksmatrizen in $K^{5\times 5}$. Die Menge T der Matrizen der Gestalt

$$\begin{pmatrix} a & 0 & 0 & 0 & 0 \\ 0 & b & 0 & 0 & 0 \\ 0 & 0 & 0 & 0 & 0 \\ 0 & 0 & 0 & 0 & 0 \\ 0 & e & c & d & 0 \end{pmatrix}$$

ist eine Teilalgebra von A, deren Radikal aus den Matrizen der Gestalt

$$\begin{pmatrix} 0 & 0 & 0 & 0 & 0 \\ 0 & 0 & 0 & 0 & 0 \\ 0 & 0 & 0 & 0 & 0 \\ 0 & 0 & 0 & 0 & 0 \\ 0 & e & c & d & 0 \end{pmatrix}$$

und ein Radikalkomplement aus den Matrizen der Form

$$\begin{pmatrix} a & 0 & 0 & 0 & 0 \\ 0 & b & 0 & 0 & 0 \\ 0 & 0 & 0 & 0 & 0 \\ 0 & 0 & 0 & 0 & 0 \\ 0 & 0 & 0 & 0 & 0 \end{pmatrix}$$

besteht. Der Zentralisator dieses Radikalkomplementes ist gegeben durch die Matrizen der Form

$$\begin{pmatrix} a & 0 & 0 & 0 & 0 \\ 0 & b & 0 & 0 & 0 \\ 0 & 0 & 0 & 0 & 0 \\ 0 & 0 & 0 & 0 & 0 \\ 0 & 0 & c & d & 0 \end{pmatrix}.$$

Wie wir uns sehr leicht überzeugen können, ist die Teilalgebra T eine **nicht-unitäre** auflösbare K-Algebra. In dem nächsten Abschnitt erläutern wir, wie wir Satz 24 auf derartige auflösbare K-Algebren übertragen können.◇

5.5.2 Die Sterngruppe und nicht notwendig unitäre auflösbare Algebren

Definition und Bemerkung 2 Ist A eine K-Algebra, so definieren wir $a \star b := a + b + ab$ für alle $a, b \in A$ und nennen, B.L. van der Waerden folgend, $\star$ die Sternverknüpfung auf A.

Für assoziatives A bildet A mit der Sternverknüpfung ein Monoid mit neutralem Element 0_A. Seine Einheitengruppen $Q(A)$ wird Sterngruppe von A genannt. Zum Beispiel ist jedes nilpotente Element von A bezgl. $\star$ invertierbar. Das Inverse eines Elementes $r \in Q(A)$ werden wir mit $r^{(-1)}$, das zu $r \in Q(A)$ unter $s \in Q(A)$ konjugierte Element mit $r^{(s)}$ bezeichnen.

Für unitäres A ist die Verschiebung um 1_A ein Monoidisomorphismus zwischen $(A; \star)$ und $(A; \cdot)$. Insbesondere ist dann $Q(A)$ zur Einheitengruppe $E(A)$ von A isomorph.$\diamond$

Definition und Bemerkung 3 Für jede K-Algebra A wird der K-Raum $K \times A$ mit der Multiplikation $(c; x)(d; y) := (cd; cy + dx + xy)$ zu einer K-Algebra mit Einselement $(1_K; 0_A)$. Diese unitäre K-Algebra, in der A als isomorphe Kopie in der Form $\{0_K\} \times A$ enthalten ist, bezeichnen wir mit (K, A). Man sagt, sie geht aus A durch Adjunktion einer Eins hervor.

Sind $k, l \in K$, $a, b \in A$ und $r \in Q(A)$, so gelten für assoziatives A in (K, A) die folgenden Rechenregeln, aus denen leicht Proposition 13 folgt:[3]

$$\begin{aligned}
(k; a) \circ (l; b) &= (0; a \circ b) \\
(k; t)^{1+r} &= (k; s^{(r)}).\diamond
\end{aligned}$$

Proposition 13 *Sei A eine assoziative K-Algebra und T eine Teilalgebra von A.*

(i) $C_{(K,A)}((K, T)) = (K, C_A(T))$

(ii) $N_{(K,A)^\circ}((K, T)) = (K, N_{A^\circ}(T))$

(iii) T° ist genau dann nilpotent, wenn $(K, T)^\circ$ nilpotent ist.

(iv) Genau dann ist T eine Cartan-Teilalgebra von A°, wenn (K, T) eine Cartan-Teilalgebra von $(K, A)^\circ$ ist.

(v) Ist A unitär und $r \in Q(A)$, so gilt $(K, T)^{1+r} = (K, T^{(r)})$.

(vi) Für alle $r \in Q(A)$ gilt $C_A(T)^{(r)} = C_A(T^{(r)})$. $\diamond$

Satz 25 *Sei A eine endlich-dimensionale assoziative auflösbare K-Algebra mit separabler Radikalfaktorstruktur.*

(i) Die Cartan-Teilalgebren von A° sind genau die Zentralisatoren der Radikalkomplemente von A.

(ii) Alle Cartan-Teilalgebren von A° sind unter dem Normalteiler $\mathrm{rad}(A)$ der Sterngruppe von A konjugiert.

Beweis: ad(i): Sei zunächst T ein Radikalkomplement von A. Nach [65] (Korollar 2.2.3, Bemerkung 3.2.17 und Bemerkung 2.33) erfüllt (K, A) die Voraussetzungen von Satz 24, und (K, T) ist ein Radikalkomplement von $\mathrm{rad}((K, A)) = (K, \mathrm{rad}(A))$. Aus Satz 24 erhalten wir, daß $C_{(K,A)}((K, T))$ eine Cartan-Teilalgebra von $(K, A)^\circ$ ist. Also ist $C_A(T)$ nach Proposition 13

---

[3]Man kann (K, A) benutzen, um eine unitäre Algebra zu konstruieren, in der A direkt enthalten ist. Diese haben wir bereits früher benutzt und mit A^K bezeichnet.

eine Cartan-Teilalgebra von A°.

Sei H eine Cartan-Teilalgebra von A°. Nach Proposition 8 ist H eine Teilalgebra von A und nach Proposition 13 daher (K, H) eine Cartan-Teilalgebra von $(K, A)^\circ$. Mit Satz 24 erhalten wir, daß es ein Radikalkomplement T von A gibt, so daß $(K, H) = C_{(K,H)}(T)$ gilt. Andererseits besitzt auch A ein Radikalkomplement S in A (Satz 2.2.4 in [65]), und nach Bemerkung 2.3.3 in [65] ist (K, S) ein Radikalkomplement in (K, A). Aus dem Satz von Wedderburn-Malcev folgt nun, daß es ein $u \in rad((K, A))$ mit $T = (K, S)^{1+u}$ gibt. Wegen Korollar 2.2.3 in [65] gibt es ein $r \in rad(A)$ mit $1+u = (1, r)$. Mit Proposition 13 erhalten wir nun $(K, H) = C_{(K,A)}((K, S))^{(1;r)} = (K, C_A(S))^{(1;r)} = (K, C_A(S^{(r)}))$, und somit $H = C_A(S^{(r)})$. Wegen Korollar 2.3.7 in [65] ist mit S auch $S^{(r)}$ ein Radikalkomplement in A.

ad(ii): Dies folgt aus (i), Proposition 13 und Korollar 2.3.7 in [65].$\diamond$

Kapitel J.5.

$C_A(\cdot)$

J_A maximale Tori
von A
Radikalkomplemente
?
Sind alle konjugiert
unter
$1 + J(A)$
bzw.
$J(A)^\#$

Auflösbare Algebra mit separabler Radikalfaktor-Struktur

C_{A^0} Cartan-Teilalgebren von A^0
Zentralisatoren der Radikalkomplemente
?
Sind alle konjugiert
unter
$1 + J(A)$
bzw.
$J(A)^\#$

A
$J(A)$
$C_A(T)$ Cartan-Teilalgebra
$C_{J(A)}(T)$
T maximale Tori
0 separabel kommutativ

VSep($\cdot$)

Spezialfall 2:
zerfallend
$T = \langle e_1, \ldots, e_n \rangle$ pw. orth. Idempotente
$C_A(T) = \bigoplus_{i=1}^{n} e_i A e_i$; Pierce-Zerlegung

Spezialfall 1:
$T = C_A(T)$ selbstzentrales Radikalkomplement
$J_A = e_{A^0}$

Bsp. → sorauau
→ sorauau-T.K
→ Dreiecksmatrizen

5.5.3 Auflösbare Gruppenalgebren

Seien K ein Körper und G eine endliche Gruppe. Nach 3.2.20 in [65] ist KG genau dann auflösbar, wenn entweder G abelsch ist oder $char(K) = p$ gilt und G' – die Ableitung von G – eine p-Gruppe ist. Ist G abelsch, so ist $(KG)^\circ$ nilpotent. Sei also $char(K) = p$ und G' eine p-Gruppe. Da G' eine normale p-Untergruppe von G ist, besitzt G nach dem Satz von Sylow genau eine (normale) p-Sylow-Untergruppe P. Aus dem Satz von Schur-Zassenhaus[4] erhalten wir ein Komplement H von P in G. Ist α die Linearisierung des kanonischen Gruppenepimorphismus von G auf die Faktorgruppe G/P, so gilt

---

[4]Hans Julius Zassenhaus (geboren 28. Mai 1912 in Koblenz, gestorben 21. November 1991 in Columbus, Ohio) war ein deutscher Mathematiker, berühmt durch Arbeiten zur Algebra und als Pionier der Computeralgebra. Zassenhaus war Rheinländer aus Koblenz, die Familie zog aber 1916 nach Hamburg um. Seinen ursprünglichen Wunsch, Physiker zu werden, verwarf er und wurde stattdessen Student von Erich Hecke und Emil Artin in Hamburg, bei dem er 1934 seine Doktorarbeit mit dem Titel Kennzeichnung endlicher linearer Gruppen als Permutations-Gruppen schrieb. Darin führte er Permutationsgruppen ein, die Zassenhaus-Gruppen, die eine wichtige Rolle in der späteren Klassifikation der endlichen einfachen Gruppen spielen. Im gleichen Jahr veröffentlichte er einen neuen Beweis des Satzes von Jordan-Hölder in der Gruppentheorie (mit einem nach ihm benannten Lemma). Auch der gruppentheoretische Satz von Schur-Zassenhaus ist mit seinem Namen verbunden. 1934 bis 1936 war er an der Universität Rostock, wo er sein Gruppentheorie-Lehrbuch schrieb, wie van der Waerden in seiner Algebra nach Vorlesungen von Emil Artin. 1936 habilitierte er sich als Artins Assistent in Hamburg mit einer Arbeit über Lieringe über Körpern mit Primzahlcharakteristik (modulare Liealgebren). Während des Zweiten Weltkrieges arbeitete er neben seiner Universitätsarbeit in der Marine für die Wettervorhersage (und nicht, wie eigentlich naheliegend, in der Kryptographie) und war am Widerstand beteiligt. 1943 wurde ihm eine Professur in Bonn angeboten, die er aber ablehnte. Er bat, die Entscheidung bis nach dem Krieg zu verschieben. 1948 bis 49 war er in Glasgow, und danach von 1949 bis 1959 war er dann Professor an der McGill University in Montreal. Anschließend arbeitete er fünf Jahre lang an der University of Notre Dame und wechselte 1964 an die Ohio State University, wo er bis zu seiner Emeritierung blieb. Er entwickelte mehrere Algorithmen in der Algebra und der algebraischen Zahlentheorie (Berechnung von Klassengruppen, Galois-Gruppen, Einheiten u.a.). Nach ihm benannt wurde der Zassenhaus-Algorithmus zur Bestimmung von Schnitt- und Summenbasen von zwei Teilräumen in der Linearen Algebra. Er war ein Pionier in der Anwendung von Computern in den 1960er Jahren (teilweise in Zusammenarbeit mit Olga Taussky-Todd). Er kehrte später noch mehrmals zur anfangs von ihm studierten theoretischen Physik zurück, so in einer Reihe von Arbeiten mit Jiri Patera und Pavel Winternitz über die Untergruppen-Struktur in der Physik wichtiger Lie-Gruppen und in Beiträgen zu den Kolloquien Group theoretical methods in physics. Er arbeitete auch über Algorithmen zur Klassifikation kristallographischer Raumgruppen (auch hier ist ein Zassenhaus Algorithmus nach ihm benannt) und in der Geometrie der Zahlen. Auf mathematisch-historischem Gebiet gab er die Briefe Hermann Minkowskis an David Hilbert heraus und schrieb auch über den mathematischen Gegensatz der beiden, wobei er selbst sich natürlich eher in der Folge Minkowskis sah. Zassenhaus machte sich in verschiedenen Aufsätzen auch über pädagogische Fragen Gedanken. 1962 war er Invited Speaker auf dem Internationalen Mathematikerkongress in Stockholm. Er war der ältere Bruder der Ärztin und Autorin Hiltgunt Zassenhaus. Zassenhaus war seit 1942 verheiratet und hatte drei Kinder. Sein mathematischer Nachlass wird vom Zentralarchiv für Mathematiker-Nachlässe an der Universitätsbibliothek Göttingen aufbewahrt.

bekanntlich $Kern\,\alpha = KGAug(KP) = Aug(KP)KG$, wobei $Aug(KP)$ das Augmentationsideal von KP ist. Da nach einem Satz von Wallace $Aug(KP)$ nilpotent ist, erhalten wir die Nilpotenz von $Kern\,\alpha$. Die Faktorstruktur von KG modulo $Kern\,\alpha$ ist zu $K(G/P)$ und damit zu KH isomorph. KH ist nach einem Satz von Maschke halbeinfach und damit sogar nach 1.9.4 in [65] separabel. Wir erhalten $rad(KG) = KG\,Aug(KP)$, und KH ist ein separables Radikalkomplement in KG.

Wegen Satz 24 ergibt sich nun, daß sämtliche Cartan-Teilalgebren von $(KG)^{\circ}$ genau die unter $1+rad(KG)$ Konjugierten von $C_{KG}(KH) = C_{rad(KG)}(KH)\oplus KH$ sind. (Man beachte, daß H wegen $G' \subseteq P$ abelsch ist.)

Leicht lässt sich zeigen, daß die Menge $\{(a-1)h \mid 1 \neq a \in P, h \in H\}$ eine K-Basis von $rad(KG)$ ist, was zur Berechnung von $C_{rad(KG)}(KH)$ nützlich ist. Der Zentralisator von KH in KG läßt sich auch folgendermaßen allgemein beschreiben: H operiert per Konjugation auf G, und daher zerfällt G in H-Bahnen $B_1, \ldots, B_l$. Dann ist die Menge $\{\overline{B_i} \mid i \in \underline{l}\}$ eine K-Basis von $C_{KG}(KH)$.$\diamond$

5.5.4 Auflösbare Gruppenalgebren zu Diedergruppen

(i) Seien G eine Gruppe, $n \in \mathbb{N}$ und $a, b \in G$, so dass $o(a) = n$, $o(b) = 2$, $G = \langle a, b \rangle$ und $a^b = a^{-1}$ gelten. Dann ist G eine Diedergruppe der Ordnung $2n$, in Zeichen D_{2n}.

Wegen $a^{-1}b^{-1}ab = a^{-1}a^b = a^{-2}$ erhalten wir $\langle a^2 \rangle \leq G' \leq \langle a \rangle$. Ist 2 kein Teiler von n, so gilt $o(a^2) = o(a)$ und damit $G' = \langle a \rangle$. Anderenfalls erhalten wir $o(a^2) = \frac{n}{2}$, und wegen $(a^2)^b = (a^b)^2 = a^{-2}$ ist $\langle a^2 \rangle$ ein Normalteiler von G mit abelscher Faktorstruktur. Das bedeutet $G' = \langle a^2 \rangle$.

(ii) Sei zusätzlich K ein Körper. Nach 3.2.20 in [65] ist KG genau dann auflösbar, wenn entweder G abelsch ist oder $char(K) = p$ gilt und G' eine p-Gruppe ist. Mit Hilfe von (i) ergeben sich daraus die folgenden Möglichkeiten für die Auflösbarkeit von $(KG)^{\circ}$, wobei p eine Primzahl ungleich 2 ist:

(a) G ist abelsch
(b) G ist eine 2-Gruppe, $char(K) = 2$
(c) n ist eine p-Potenz, $char(K) = p$
(d) $\frac{n}{2}$ ist eine p-Potenz, $char(K) = p$.

Wir beschreiben nun die Cartan-Teilalgebren von $(KG)^{\circ}$ in diesen vier Fällen. Dabei greifen wir auf die Analyse aus dem Abschnitt 5.5.3 zurück.

(iii)(a) Sei G abelsch. Das ist genau dann der Fall, wenn $n \in \underline{2}$ gilt. In diesem Fall ist $(KG)^{\circ}$ nilpotent.

(iii)(b) Sei G eine 2-Gruppe, und es gelte $char(K) = 2$. Nach einem Satz von

Wallace ist das Augmentationsideal nilpotent, und es gilt $KG = Aug(KG) \oplus K1_G$. Aus der assoziativen Nilpotenz von $Aug(KG)$ ergibt sich die Nilpotenz von $Aug(KG)^\circ$. Da $K1_G$ zentral ist, erhalten wir die Nilpotenz von $(KG)^\circ$.

(iii)(c) Sei n eine p-Potenz, und es gelte $char(K) = p$. $G' = \langle a \rangle$ ist die p-Sylow-Untergruppe von G mit Komplement $\langle b \rangle$. $K\langle b \rangle$ ist das Radikalkomplement in KG mit K-Basis $\{1, b\}$, und die Menge $\{a^s - 1, (a^s - 1)b \mid s \in \underline{n-1}\}$ ist eine K-Basis des Radikals. Die Cartan-Teilalgebren sind die unter $1 + rad(KG)$ Konjugierten von $C_{KG}(K\langle b \rangle) = C_{rad(KG)}(K\langle b \rangle) \oplus K\langle b \rangle$. Wir berechnen den Zentralisator von $K\langle b \rangle$ in $rad(KG)$ und zeigen, dass er $(n-1)$-dimensional ist. Damit besitzen alle Cartan-Teilalgebren von $(KG)^\circ$ die Dimension $n + 1$.

Sei $x \in rad(KG)$, etwa $x = \sum\limits_{i=1}^{n-1} k_i(a^i - 1) + \sum\limits_{j=1}^{n-1} l_j(a^j - 1)b$. Es gilt:

$$\forall y \in K\langle b \rangle : xy \;=\; yx \Longleftrightarrow$$

$$\sum_{i=1}^{n-1} k_i a^i b + \sum_{j=1}^{n-1} l_j a^j - \sum_{i=1}^{n-1} k_i b a^i - \sum_{j=1}^{n-1} l_j b a^j b \;=\; 0 \Longleftrightarrow$$

$$\sum_{i=1}^{n-1} k_i(a^i b - a^{-i} b) + \sum_{j=1}^{n-1} l_j(a^j - a^{-j}) \;=\; 0 \Longleftrightarrow$$

$$\sum_{i=1}^{n-1} k_i(a^i b - a^{n-i} b) + \sum_{j=1}^{n-1} l_j(a^j - a^{n-j}) \;=\; 0 \Longleftrightarrow$$

$$\sum_{i=1}^{\frac{n-1}{2}} (k_i - k_{n-i})a^i b + \sum_{j=1}^{\frac{n-1}{2}} (l_j - l_{n-j})a^j \;=\; 0 \Longleftrightarrow$$

$$\forall i, j \in \overline{\frac{n-1}{2}} : k_i = k_{n-i} \wedge l_j = l_{n-j} \qquad .$$

(iii)(d) Sei $\frac{n}{2}$ eine p-Potenz, etwa $n = 2p^r$, und es gelte $char(K) = p$. $G' = \langle a^2 \rangle$ ist die p-Sylow-Untergruppe von G mit Komplement $H := \{1, b, a^{p^r}, a^{p^r}b\}$. KH ist ein Radikalkomplement in KG mit K-Basis H, und die Menge $\{a^{2s} - 1, b(a^{2s} - 1), a^{p^r}a^{2s} - 1, a^{p^r}ba^{2s} - 1 \mid s \in \underline{p^r - 1}\}$ ist eine K-Basis des Radikals. Die Cartan-Teilalgebren sind die unter $1 + rad(KG)$ Konjugierten von $C_{KG}(KH) = C_{rad(KG)}(KH) \oplus KH$. Wir berechnen den Zentralisator von KH in $rad(KG)$ und zeigen, dass er $(n-2)$-dimensional ist. Damit besitzen alle Cartan-Teilalgebren von $(KG)^\circ$ die Dimension $n + 2$.

Sei $x \in rad(KG)$, etwa

$$x = \sum_{i=1}^{p^r-1} l_i(a^{2i} - 1) + \sum_{i=1}^{p^r-1} m_i b(a^{2i} - 1)$$
$$+ \sum_{i=1}^{p^r-1} r_i a^{p^r}(a^{2i} - 1) + \sum_{i=1}^{p^r-1} s_i a^{p^r} b(a^{2i} - 1).$$

x zentralisiert KH genau dann, wenn $x \circ b = 0 = x \circ a^{p^r}$ gilt.
Es gilt

$$x \circ a^{p^r} = \sum_{i=1}^{p^r-1} m_i(ba^{2i}a^{p^r} - a^{p^r}ba^{2i} - ba^{p^r} + a^{p^r}b)$$
$$+ \sum_{i=1}^{p^r-1} s_i(a^{p^r}ba^{2i}a^{p^r} - ba^{p^r} - a^{p^r}ba^{p^r} + b)$$
$$= 0,$$

da a^{p^r} eine Involution ist.
Zudem gilt

$$x \circ b = \sum_{i=1}^{p^r-1} l_i(a^{2i}b - ba^{2i}) + \sum_{i=1}^{p^r-1} m_i(ba^{2i}b - a^{2i})$$
$$+ \sum_{i=1}^{p^r-1} r_i(a^{p^r}a^{2i}b - ba^{p^r}a^{2i} - a^{p^r}b + ba^{p^r})$$
$$+ \sum_{i=1}^{p^r-1} s_i(a^{p^r}ba^{2i}b - ba^{p^r}ba^{2i} - a^{p^r}bb + ba^{p^r}b)$$
$$= \sum_{i=1}^{p^r-1} l_i(a^{2i} - a^{-2i})b + \sum_{i=1}^{p^r-1} (-m_i)(a^{2i} - a^{-2i})$$
$$+ \sum_{i=1}^{p^r-1} r_i(a^{2i} - a^{-2i})a^{p^r}b + \sum_{i=1}^{p^r-1} (-s_i)(a^{2i} - a^{-2i})a^{p^r}$$
$$= \sum_{i=1}^{\frac{p^r-1}{2}} (l_i - l_{p^r-i})a^{2i}b + \sum_{i=1}^{\frac{p^r-1}{2}} (m_{p^r-i} - m_i)a^{2i}$$
$$+ \sum_{i=1}^{\frac{p^r-1}{2}} (r_i - r_{p^r-i})a^{2i}a^{p^r}b + \sum_{i=1}^{\frac{p^r-1}{2}} (s_{p^r-i} - s_i)a^{2i}a^{p^r}.$$

Somit zentralisiert x genau dann b, wenn für alle $i \in \overline{\frac{p^r-1}{2}}$ die Beziehungen
$l_i = l_{p^r-i}$, $m_i = m_{p^r-i}$, $r_i = r_{p^r-i}$ und $s_i = s_{p^r-i}$ gelten.$\diamond$

5.5.5 Auflösbare Gruppenalgebren zu Quaternionengruppen

(i) Seien G eine Gruppe, $n \in \mathbb{N}_{\geq 2}$ und $a, b \in G$, so dass $o(a) = 2n$, $o(b) = 4$, $G = \langle a, b \rangle$, $a^b = a^{-1}z$ und $z = a^n = b^2$ gelten. Dann ist G eine Quaternionengruppe der Ordnung $4n$, in Zeichen Q_{4n}. Es lässt sich leicht einsehen, dass die Ableitung zyklisch von der Ordnung n ist, nämlich das Erzeugnis von a^2. Die Kommutatorfaktorgruppe hat demnach die Ordnung 4.

(ii) Sei zusätzlich K ein Körper. Nach 3.2.20 in [65] ist KG genau dann auflösbar, wenn entweder G abelsch ist oder $char(K) = p$ gilt und G' eine p-Gruppe ist. Mit Hilfe von (i) ergeben sich daraus die folgenden Möglichkeiten für die Auflösbarkeit von $(KG)^\circ$, wobei p eine Primzahl ungleich 2 ist:

(a) G ist abelsch
(b) G ist eine 2-Gruppe, $char(K) = 2$
(c) n ist eine p-Potenz, $char(K) = p$.

Wir beschreiben nun die Cartan-Teilalgebren von $(KG)^\circ$ in diesen drei Fällen. Dabei greifen wir auf die Analyse aus dem Abschnitt 5.5.3 zurück.

(iii)(a) Sei G abelsch. Dieser Fall tritt nicht auf.

(iii)(b) Sei G eine 2-Gruppe, und es gelte $char(K) = 2$. Nach einem Satz von Wallace ist das Augmentationsideal nilpotent, und es gilt $KG = Aug(KG) \oplus K1_G$. Aus der assoziativen Nilpotenz von $Aug(KG)$ ergibt sich die Nilpotenz von $Aug(KG)^\circ$. Da $K1_G$ zentral ist, erhalten wir die Nilpotenz von $(KG)^\circ$.

(iii)(c) Sei n eine p-Potenz, und es gelte $char(K) = p$. $G' = \langle a^2 \rangle$ ist die p-Sylow-Untergruppe von G mit Komplement $\langle b \rangle$. $K\langle b \rangle$ ist das Radikalkomplement in KG mit K-Basis $\{1, b, b^2, b^3\}$, und die Menge $\{a^s - 1, (a^s - 1)b, (a^s - 1)b^2, (a^s - 1)b^3 \mid s \in \underline{n}\}$ ist eine K-Basis des Radikals. Die Cartan-Teilalgebren sind die unter $1 + rad(KG)$ Konjugierten von $C_{KG}(K\langle b \rangle) = C_{rad(KG)}(K\langle b \rangle) \oplus K\langle b \rangle$. Wir berechnen den Zentralisator von $K\langle b \rangle$ in $rad(KG)$ und zeigen, dass er $2(n-1)$-dimensional ist. Damit besitzen alle Cartan-Teilalgebren von $(KG)^\circ$ die Dimension $2n + 2$.
Sei $z \in rad(KG)$, etwa

$$z = \sum_{i=1}^{n} k_i(a^{2i} - 1) + \sum_{i=1}^{n} l_i(a^{2i} - 1)b + \sum_{i=1}^{n} m_i(a^{2i} - 1)b^2 + \sum_{i=1}^{n} r_i(a^{2i} - 1)b^3.$$

z ist genau dann mit allen Elementen von $K\langle b\rangle$ vertauschbar, wenn es mit b vertauscht. Dies ist genau dann der Fall, wenn

$$\sum_{i=1}^{n} k_i(a^{2i} - a^{-2i})b + \sum_{i=1}^{n} l_i(a^{2i} - a^{-2i})b^2 \ +$$
$$\sum_{i=1}^{n} m_i(a^{2i} - a^{-2i})b^3 + \sum_{i=1}^{n} r_i(a^{2i} - a^{-2i})1 \ = \ 0$$

gilt. Also ist der angesprochene Zentralisator von der Dimension

$$4 \cdot \tfrac{n-1}{2} = 2(n-1). \diamond$$

5.5.6 Auflösbare zerfallende Algebren

Lemma 5 *Seien K ein Körper, A eine assoziative endlich-dimensionale K-Algebra, und seien $e_1, \cdots, e_n$ paarweise orthogonale Idempotente von A, so dass $T := \langle e_1, \cdots, e_n\rangle_K$ ein Komplement von $rad(A)$ in A ist. Dann gelten:*

(i) K ist ein Zerfällungskörper für A. Insbesondere ist A auflösbar und $A/rad(A)$ separabel.

(ii) $\sum_{i=1}^{n} e_i$ ist ein Einselement von T. Insbesondere ist T unitär.

(iii) Ist A unitär, so gilt $1_A = 1_T$. Insbesondere ist dann T unital.

(iv) $T \subseteq C_A(T)$

(v) Ist A unitär, so gilt $C_A(T) = \bigoplus_{i=1}^{n} e_i A e_i$.

(vi) Ist A unitär, so ist T genau dann selbstzentral, wenn für alle $i \subset \underline{n}$ die Pierce-Komponente $e_i A e_i$ in T enthalten ist.

(vii) Ist A unitär und T selbstzentral, so gelten:

(a) $A = \bigoplus_{i,j=1}^{n} e_i A e_j$

(b) $rad(A) = \bigoplus_{i \neq j=1}^{n} e_i A e_j$

(c) $T = \bigoplus_{i=1}^{n} e_i A e_i$

(d) $\forall i \in \underline{n} : e_i A e_i = \langle e_i\rangle_K$

(viii) Ist A unitär, so ist T genau dann selbstzentral, wenn für alle $i \in \underline{n}$ die Pierce-Komponente $e_i A e_i$ eindimensional (also $= \langle e_i\rangle_K$) ist.

108

(ix) Ist A unitär, so ist T genau dann selbstzentral, wenn $T = \bigoplus_{i=1}^{n} e_i A e_i$ gilt.

Beweis: ad(i)+(ii): Bekanntlich ist T zu K^n isomorph und $\sum_{i=1}^{n} e_i$ ein Einselement von T.

ad(iii): Diese Aussage folgt aus Bemerkung 1.10.1 in [65].

ad(iv): Diese Aussage folgt aus der Kommutativität von T (siehe (i)).

ad(v): Da $e_1, \cdots, e_n$ idempotent und zueinander orthogonal sind, gilt $\bigoplus_{i=1}^{n} e_i A e_i \leq C_A(T)$. Sei $a \in C_A(T)$. Wegen (iii) gilt $A = \bigoplus_{i,j=1}^{n} e_i A e_j$, und wir erhalten für alle $i,j \in \underline{n}$ Elemente $a_{i,j} \in A$, so dass $a = \sum_{i,j=1}^{n} e_i a_{i,j} e_j$ gilt. Sei $r \in \underline{n}$. Es gelten $a e_r = \sum_{i=1}^{n} e_i a_{i,r} e_r$ und $e_r a = \sum_{i=1}^{n} e_r a_{i,r} e_i$. Wegen $a \circ e_r = 0$ und $A = \bigoplus_{i,j=1}^{n} e_i A e_j$ erhalten wir $e_i a_{i,r} e_r = 0 = e_r a_{r,i} e_i$. Also gilt (v).

ad(vi): Diese Aussage folgt direkt aus (iv) und (v).

ad(vii): Der Teil (a) ist die zweiseitige Pierce-Zerlegung und folgt daher aus (ii), der Teil (b) folgt direkt aus (v). Teil (d) folgt aus Teil (c) sowie aus Dimensionsgründen. Für alle $i \neq j \in \underline{n}$ gilt $(e_i A e_j)(e_i A e_j) = 0$. Daher ist die Pierce-Komponente $e_i A e_j$ nilpotent. Wegen der Auflösbarkeit von A (siehe (i)) liegt daher $e_i A e_j$ nach Proposition 5 in [67] im Radikal von A. Die Gleichheit folgt nun aus (a), (c) sowie aus Dimensionsgründen.

ad(viii): Diese Aussage folgt direkt aus (v) und (vi).

ad(ix): Diese Aussage folgt direkt aus (v) und (vi). $\diamond$

Als Folgerung erhalten wir hieraus sowie aus den Sätzen 23 und 24:

Satz 26 *Seien K ein Körper, A eine assoziative endlich-dimensionale K-Algebra, und seien $e_1, \cdots, e_n$ paarweise orthogonale Idempotente von A, so dass $T := \langle e_1, \cdots, e_n \rangle_K$ ein Komplement von $\operatorname{rad}(A)$ in A ist. Dann gelten:*

(i) Die maximalen Tori von A° sind die Konjugierten von T unter $1 + \operatorname{rad}(A)$.

(ii) Die Cartan-Teilalgebren von A° die Konjugierten von $C_A(T) = \bigoplus_{i=1}^{n} e_i A e_i$

unter $1 + rad(A)$. ◇

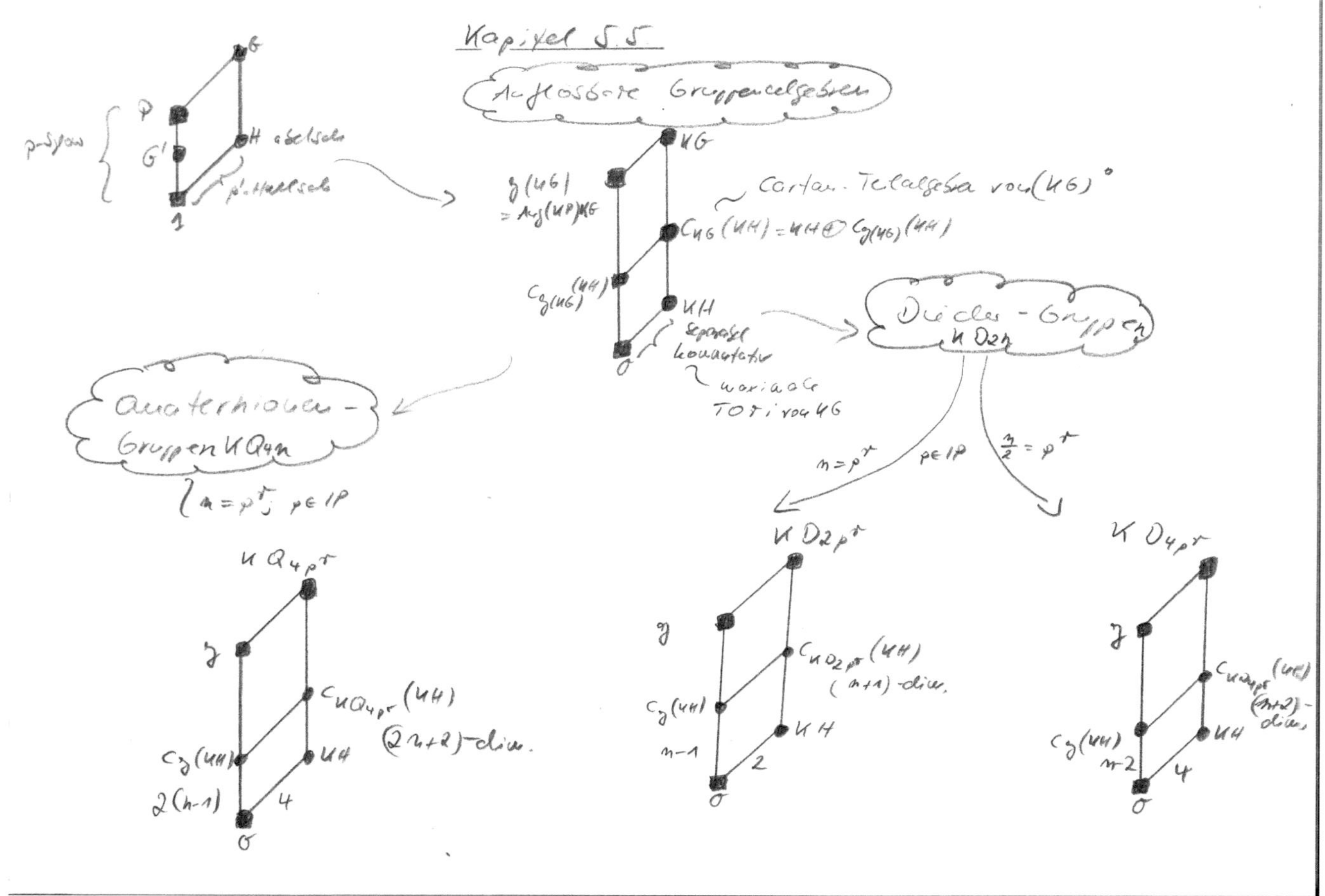

Kapitel 5.5
Auflösbare Gruppenalgebren
p-Sylow
P
G'
H abelsch
p-Halbsch
1
KG
J(KG) = Aug(KP)KG
Cartan-Teilalgebra von (KG)°
C_{KG}(KH) = KH ⊕ C_{J(KG)}(KH)
C_{J(KG)}(KH)
KH
separabel
kommutativ
maximale
Torus von KG
Quaternionen-Gruppen K Q_{4n}
n = p^t, p ∈ P
Diäder-Gruppen K D_{2n}
n = p^t   p ∈ P   n/2 = p^t
K Q_{4p^t}
J
C_{KQ_{4p^t}}(KH)
(2n+2)-dim.
C_J(KH)
KH
2(n-1)
4
σ
K D_{2p^t}
J
C_{KD_{2p^t}}(KH)
(n+1)-dim.
C_J(KH)
KH
n-1
2
σ
K D_{4p^t}
J
C_{KD_{4p^t}}(KH)
(n+2)-dim.
C_J(KH)
KH
n-2
4
σ

5.5.7 Offene Fragen und Übungsaufgaben

Offene Fragen 5 *Gibt es eine Beschreibung der maximalen Tori für eine auflösbare Algebra ohne der Zusatzvoraussetzung der Separabilität der Radikalfaktorstruktur?*

Übungsaufgabe 116 *Wann ist KS_n eine auflösbare Algebra?*

Übungsaufgabe 117 *Seien K ein Körper und $n \in \mathbb{N}$. Wann ist $K^{n \times n}$ auflösbar?*

Übungsaufgabe 118 *Seien K ein Körper und $n \in \mathbb{N}$. Dann sind die Teilalgebren der unteren und oberen Dreiecksmatrizen unitale auflösbare assoziative Teilalgebren von $K^{n \times n}$. Welche Dimension besitzen sie? Sind sie isomorph? Sind sie antiisomorph? Was ist das assoziative Radikal? Gibt es Radikalkomplemente? Wie lassen sich alle Radikalkomplemente beschreiben? (Hinweis: siehe [65])*

Übungsaufgabe 119 *Seien K ein Körper und $n \in \mathbb{N}$. Man bestimme die maximalen Tori und die Cartan-Teilalgebren der assoziierten Lie-Algebra der unteren Dreiecksmatrizen!*

Übungsaufgabe 120 *Seien A, B assoziative unitäre K-Algebren. Wie verhalten sich maximale Tori und Cartan-Teilalgebren von $A°$ unter Isomorphismen und Anti-Isomomorphismen zwischen A und B?*

Übungsaufgabe 121 *Seien K ein Körper und $n \in \mathbb{N}$. Man bestimme die maximalen Tori und die Cartan-Teilalgebren der assoziierten Lie-Algebra der oberen Dreiecksmatrizen!*

Übungsaufgabe 122 *Man beweise Proposition 13!*

Übungsaufgabe 123 *Man beweise Definition und Bemerkung 3!*

Übungsaufgabe 124 *Man beweise Definition und Bemerkung 2!*

Übungsaufgabe 125 *Seien K ein Körper, G eine endliche Gruppe und N ein Normalteiler von G. Dann gibt es zu dem Epimorphismus von G auf G/N eine K-lineare Erweiterung von KG auf $K(G/N)$. Diese Erweiterung ist ein Algebrenepimorphismus, und sein Kern gegeben durch $KG\operatorname{Aug}(KN) = \operatorname{Aug}(KN)KG$. Was ist eine Basis dieses Kernes?*

Übungsaufgabe 126 *Seien A eine assoziative (unitäre) Algebra und r ein nilpotentes Element von A. Dann sind $1 + r$ invertierbar bzgl. $\cdot$ und r invertierbar bzgl. $\star$, und es gilt $(1 + r)^{-1} = 1 + r^{(-1)}$. Man beweise zusätzlich, dass $1 + \operatorname{rad}(A)$ bzw. $\operatorname{rad}(A)$ ein Normalteiler bzgl. $\cdot$ bzw. $\star$ ist!*

112

Übungsaufgabe 127 *Man beweise die Aussagen aus Teil (iii) von Beispiel 1! Was sind die maximalen Tori und die Cartan-Teilalgebren der assoziierten Lie-Algebra der Ausgangsalgebra und der Adjunktion mit Eins? Welcher Zusammenhang gilt zwischen ihnen?*

Übungsaufgabe 128 *Im Falle einer auflösbaren Gruppenalgebra KG und einer Untergruppe H von G zerlege man die Bahnensummen der Operation von H per Konjgation auf G in einen nilpotenten und vollseparablen Teil (Sie müssen nicht notwendigerweise kommutieren.).*

Übungsaufgabe 129 *(eAe) Seien K ein Körper, A eine assoziative endlich-dimensionale assoziative unitäre K-Algebra mit separabler Radikalfaktorstruktur, T ein Radikalkomplement von $rad(A)$ in A und e ein Idempotent von A. Man beweise folgende Aussagen:*

(i) e ist diagonalisierbar und daher separabel.

(ii) Die von $\{1, e\}$ K-erzeugte K-Teilalgebra ist separabel und liegt daher nach einer Erweiterung der Konjugiertheitsaussage des Satzes von Wedderburn-Malcev in einem Radikalkomplement konjugiert zu T mittels $1 + r$ mit $r \in rad(A)$.

(iii) Man schlage das Resultat nach, dass $e\,rad(A)\,e$ das assoziative Radikal von eAe ist.

(iv) Aus $A = rad(A) \oplus T^{1+r}$ folgere man, dass $eAe = e\,rad(A)\,e \oplus eT^{1+r}e$ gilt, und $eT^{1+r}e$ ein separables Radikalkomplement ist. Hierzu benutze man, dass jede Teilalgebra einer kommutativen separablen Algebra wieder separabel und kommutativ ist. eAe ist also auch eine assoziative endlich-dimensionale assoziative unitäre K-Algebra mit separabler Radikalfaktorstruktur. Was ist das Einselement?

(v) Aus den Hauptergebnissen über auflösbare Algebren zeige man nun, dass die maximalen Tori von A die Konjugierten unter $1 + rad(A)$ von T^{1+r} sind.

(vi) Wiederum aus den Hauptergebnissen schliesse man, dass die maximalen Tori von (eAe) die Konjugierten unter $e + e\,rad(A)\,e$ von $eT^{1+r}e$ sind.

(vii) Wie können also mittels Zentralisatoren die Cartan-Teilalgebren von A° und $(eAe)^\circ$ beschrieben werden?

(viii) Im Falle eines zentralen Idempotents e zeige man zudem, dass $C_{eAe}(eT^{1+r}e) = eC_A(T^{1+r})e$ gilt!

(ix) Was ist das Nilradikal von $(eAe)^\circ$?

Diese Übung betrachtet die Algebra eAe unter geeigneten Zusatzbedingungen an A und e. Eine interessante Frage ist es, wie die Ergebnisse ohne diese Zusatzbedingungen aussehen. Dies ist noch ungeklärt und daher eine weitere offene Frage. Dieselbe Frage ist auch für das Nilradikal von $(eAe)^\circ$ ungeklärt!

Übungsaufgabe 130 *(Zero-Erweiterung) Man betrachte erneut die Übungsaufgabe 37 zur Zero-Erweiterung. Wann ist die konstruierte Algebra auflösbar und wann sogar zerfallend? In beiden Fällen bestimme man die maximalen Tori und Cartan-Teilalgebren! Was haben sie mit den entsprechenden der Ausgangsalgebra gemeinsam?*

5.6 Lie-nilpotente assoziative Algebren

Wie wir durch Proposition 8 erfahren haben, sind Cartan-Teilalgebren in Lie-Algebren assoziiert zu assoziativen Algebren wieder assoziative Teilalgebren. Daher untersuchen wir in diesem Abschnitt die assoziative Struktur dieser Teilalgebren. Insbesondere klären wir, wann eine assoziative Algebra Lie-nilpotent ist. Eng verknüpft damit ist – wie wir sehen werden – die Frage, wann die Einheitengruppe einer assoziativen Algebra nilpotent ist. An der Gruppenalgebra illustrieren wir beide Ergebnisse.

5.6.1 Lie-Nilpotenz

Eine erste Antwort erhalten wir durch unseren Hauptsatz 1:

Korollar 1 *Sei A eine endlich-dimensionale assoziative untäre K-Algebra. Dann ist A° genau dann nilpotent, wenn jedes vollseparable Element von A zentral ist.*

Beweis: Aus den Hauptsatz erhalten wir, dass A° genau dann nilpotent ist, wenn jeder maximale Torus von A zentral ist. Ist a ein separables Element von a, so ist $K[a]$ ein Torus (siehe Lemma 5.2.5 in [65]), also in einem maximalen Torus von A enthalten.$\diamond$

Wir erweitern dieses Korollar zu folgendem Satz:

Satz 27 *Sei A eine endlich-dimensionale assoziative untäre K-Algebra. Dann sind äquivalent:*

(i) A° ist nilpotent.

(ii) Jedes vollseparable Element von A zentral ist.

(iii) Es gibt genau eine maximale separable Teilalgebra, welche zudem zentral ist.

(iv) Die Menge der vollseparablen Elemente bildet eine zentrale Teilalgebra.

Beweis. Nach Korollar 1 sind (i) und (ii) äquivalent. Nach [65] bildet die Menge der vollseparablen Elemente in kommutativen Algebren eine Teilalgebra. Daher folgt (iv) aus (ii). Da die Elemente einer separablen kommutativen Algebra vollseparabel sind (wieder [65]) folgt (iii) aus (iv). Ist t ein vollseparables Element, so ist das Algebrenerzeugnis von t eine separable Teilalgebra nach [65]. Daher folgt (ii) aus (iii). $\diamond$

Bemerkung 10 (i) Sei A eine endlich-dimensionale assoziative K-Algebra mit zentralem Radikalkomplement. Für alle $n \in \mathbb{N}$ gilt dann $\underbrace{A \circ \cdots \circ A}_{n-mal} = \underbrace{rad(A) \circ \cdots \circ rad(A)}_{n-mal}$. Aus der assoziativen Nilpotenz von $rad(A)$ ergibt sich die von $rad(A)^\circ$. Somit ist A° nilpotent.

(ii) Wir betrachten die Algebra aus dem Abschnitt 5.4.4. Aus der Multiplikationstafel ergibt sich leicht, dass $i \circ j = i$ gilt. Also gilt für alle $n \in \mathbb{N}$ $i \, ad(j)^n = i$, und damit ist die Quaternionenalgebra in Charakteristik zwei nicht Lie-nilpotent.$\diamond$

Eine genauere Beschreibung der assoziativen Struktur zeigt der folgende Satz. Dabei sei angemerkt, dass für nicht notwendig unitäre K-Algebren ein Element vollseparabel über K ist, wenn es in um eine Eins adjungierten Algebra vollseparabel über K ist.

Satz 28 *Sei A eine endlich-dimensionale assoziative K-Algebra mit separabler Radikalfaktorstruktur. Es sind äquivalent:*

(i) A° ist nilpotent.

(ii) A besitzt (genau) ein zentrales Radikalkomplement.

(iii) A ist auflösbar und besitzt genau ein Radikalkomplement.

(iv) A ist auflösbar und die Menge der vollseparablen Elemente ist ein Radikalkomplement.

(v) A ist auflösbar und die Menge der vollseparablen Elemente ist ein K-Teilraum.

Beweis: (ii) $\rightarrow$ (i): siehe Bemerkung 10

(i) $\rightarrow$ (ii): Sei A° nilpotent. Also ist A nach Lemma 2 auflösbar. Sei T ein Radikalkomplement (siehe 2.2.4 in [65]) von A. Nach Satz 25 gilt dann $C_A(T) = A$, also ist T zentral in A. Aus Korollar 2.3.7 in [65] erhalten wir (ii).

(ii) → (iii): Da das Radikalkomplement zentral ist, ist es einerseits kommutativ und damit A auflösbar. Andererseits besitzt A nach 2.3.7 in [65] genau ein Radikalkomplement von A .

(iii) → (ii): Sei A auflösbar, und es existiere genau ein Radikalkomplement von A. Nach Korollar 5.1.5 in [65] ist der Schnitt aller Radikalkomplemente zentral.

(iv) → (iii): Da die Menge der vollseparablen Elemente von A unter Konjugation mit der Sterngruppe invariant ist (siehe 2.3.6 in [65]), folgt (iii) aus (iv).

(iii) → (iv): Sei T das Radikalkomplement von A und A auflösbar. Dann ist T eine kommutative separable Teilalgebra von A. Nach Satz 5.6.11 in [65] ist jedes Element von T separabel über K. Ist umgekehrt a ein separables Element von A, so ist $K[a]$ nach Satz 5.6.11 eine separable Teilalgebra von A. Diese liegt nach Korollar 2.3.7 in [65] in einem Radikalkomplement von A, also in T.

(iv) → (v): Diese Aussage ist offenbar wahr.

(v) → (iv): Sei T ein Radikalkomplement von A. Dann ist T kommutativ und separabel. Aus Satz 5.6.11 in [65] erhalten wir, dass jedes Element von T separabel über K ist. Offenbar liegt die Menge der vollseparablen Elemente direkt zum Radikal. Aus Dimensionsgründen erhalten wir, dass T die Menge der vollseparablen Elemente von A ist.◊

Als Korollar erhalten wir eine Verallgemeinerung von Bemerkung 8:

Korollar 2 *Seien A, B endlich-dimensionale assoziative K-Algebren mit separablen Radikalfaktorstrukturen. Mit A° und B° ist auch $(A \otimes B)^\circ$ nilpotent, und $A \otimes B$ besitzt eine separable Radikalfaktorstruktur.*

<u>Beweis:</u> Seien A, B als Lie-Algebren nilpotent. Ist T bzw. S ein Radikalkomplement von A bzw. B, so sind diese Komplemente nach Satz 28 zentral. Aus Satz 2.2.9 in [65] erhalten wir, dass $T \otimes S$ ein separables Radikalkomplement von $A \otimes B$ ist. Wegen $Z(A \otimes B) = Z(A) \otimes Z(B)$ ist dieses Radikalkomplement zentral, und daher $A \otimes B$ nach Satz 28 Lie-nilpotent.◊

5.6.2 Nilpotente Einheitengruppen

Proposition 14 *Sei A eine endlich-dimensionale assoziative unitäre K-Algebra.*

(i) Besitzt $rad(A)$ ein zentrales Radikalkomplement, so ist $E(A)$ nilpotent.

(ii) Ist T ein Radikalkomplement von A, so gilt $1_A \in T$.

(iii) Ist T ein Radikalkomplement von A und $E(T)$ zentral in A, so ist $E(A)$ das direkte Produkt des nilpotenten Normalteilers $1_A + rad(A)$ und des zentralen Normalteilers $E(T)$. Insbesondere ist $E(A)$ nilpotent.

Beweis: ad(i): siehe 1.1.8 in [66]

ad(ii): siehe 1.10.1 in [65]

ad(iii): siehe 1.1.8 in [66].$\diamond$

Lemma 6 *Sei A eine endlich-dimensionale assoziative unitäre K-Algebra. Ist $E(A)$ nilpotent, so ist A auflösbar.*

Beweis: Nach Lemma A.1.1 in [65] gilt $E(A/rad(A)) = E(A)/(1+rad(A))$, und mit $E(A)$ ist auch diese Faktorgruppe nilpotent. Seien $D_1, \cdots, D_r$ K-Divisionsalgebren und $n_1, \cdots, n_r \in \mathbb{N}$, so dass $A/rad(A)$ zu $D_1^{n_1 \times n_1} \times \cdots \times D_r^{n_1 \times n_r}$ isomorph ist. Induktiv erhalten wir aus 1.1.8 in [66], dass $E(A)/(1+rad(A))$ zu $E(D_1^{n_1 \times n_1}) \times \cdots \times E(D_r^{n_1 \times n_r})$ isomorph ist. Insbesondere ist für jedes $i \in \underline{r}$ die Gruppe $E(D_i)$ nilpotent. Nach einem Satz von Scott (siehe Satz 8) ist für jedes $i \in \underline{r}$ der Schiefkörper D_i schon ein Körper. Zusätzlich gilt, dass für alle $i \in \underline{r}$ die Gruppen $GL(n_i, K)$ nach Voraussetzung nilpotent sind. Ausser in den Fällen $GL(2,2)$ und $GL(2,3)$ sind diese Gruppen für $n_i \geq 2$ nach Seite 181 in [24] nicht einmal auflösbar. Nach Seite 183 in [24] ist $GL(2,2)$ bzw. $PSL(2,3)$ zu der Gruppe S_3 bzw. A_4 isomorph, die jeweils nicht nilpotent sind. Insgesamt erhalten wir $n_i = 1$ für alle $i \in \underline{r}$. $\diamond$

Satz 29 *Seien K ein Körper mit mindestens drei Elementen und A eine assoziative endlich-dimensionale unitäre K-Algebra mit separabler Radikalfaktorstruktur. Es sind äquivalent:*

(i) $E(A)$ ist nilpotent.

(ii) A besitzt ein zentrales Radikalkomplement.

(iii) A° ist nilpotent.

Beweis: (ii) $\leftrightarrow$ (iii): siehe Satz 28

(ii) $\rightarrow$ (i): siehe Proposition 14

(i) $\rightarrow$ (ii): Sei $E(A)$ nilpotent. Dann ist A nach Lemma 6 auflösbar. Sei T ein Radikalkomplement von A (Wedderburn-Malcev). Nach Satz 5.16

und Korollar 5.18 in [4] ist $E(C_A(T))$ eine Carter-Untergruppe von $E(A)$. Aus der maximalen Nilpotenz der Carter-Untergruppe erhalten wir $E(A) = E(C_A(T))$, und damit insbesondere $1 + rad(A) \subseteq E(C_A(T)) \subseteq C_A(T)$. Also zentralisiert $1_A + rad(A)$ das Radikalkomplement T. Aus dem Satz von Wedderburn-Malcev erhalten wir, dass A genau ein Radikalkomplement besitzt. Nach Korollar 5.1.5 in [65] ist der Schnitt aller Radikalkomplemente von A – hier also T – zentral.$\diamond$

Wir haben an dieser Stelle einen Satz von Thorsten Bauer über die Carter-Untergruppen in auflösbaren Algebren benutzt. Diesen stellen wir ausführlich in Band II dar.

Satz 30 *Sei A eine assoziative endlich-dimensionale unitäre K-Algebra mit separabler Radikalfaktorstruktur. Genau dann ist $E(A)$ nilpotent, wenn für ein (dann auch für jedes) Radikalkomplement T von A die Gruppe $E(T)$ zentral ist. In diesem Fall ist $E(A)$ das direkte Produkt des nilpotenten Normalteilers $1 + rad(A)$ und des zentralen Normalteilers $E(T)$. Hinreichend für die Nilpotenz von $E(A)$ ist die von A°.*

Beweis: Die eine Implikation steht in Proposition 14. Sei nun $E(A)$ nilpotent. Dann ist A nach Lemma 6 auflösbar. Ist T ein Radikalkomplement von A, so ist $C_{E(A)}(E(T))$ nach Satz 5.16 in [4] eine Carter-Untergruppe von $E(A)$. Aus der maximalen Nilpotenz erhalten wir $E(A) = C_{E(A)}(E(T))$, und damit ist $E(T)$ zentral. Nun folgt die Behauptung aus 1.1.8 in [66] und Satz 28.$\diamond$

Abspiel 1 Seien K ein Körper mit zwei Elementen und $n \in \mathbb{N}_{\geq 2}$. Wir betrachten die Algebra A der unteren Dreiecksmatrizen. Die Cartan-Teilalgebren von A° sind genau die unter $1 + rad(A)$ Konjugierten der Teilalgebra der Diagonalmatrizen. Insbesondere ist A nicht Lie-nilpotent. Die Einheitengruppe von A stimmt mit dem Normalteiler $1 + rad(A)$ überein und ist daher nilpotent.$\diamond$

Mit Hilfe der Adjunktion einer Eins können wir die Sätze 29 und 30 auf nicht notwendig unitäre Algebren übertragen. Auf Beweise verzichten wir an dieser Stelle und überlassen sie dem Leser:

Satz 31 *Seien K ein Körper mit mindestens drei Elementen und A eine assoziative endlich-dimensionale K-Algebra mit separabler Radikalfaktorstruktur. Es sind äquivalent:*

(i) $Q(A)$ ist nilpotent.

(ii) A besitzt ein zentrales Radikalkomplement.

(iii) A° ist nilpotent.$\diamond$

118

Satz 32 *Sei A eine assoziative endlich-dimensionale K-Algebra mit separabler Radikalfaktorstruktur. Genau dann ist $Q(A)$ nilpotent, wenn für ein (dann auch jedes) Radikalkomplement T von A die Gruppe $Q(T)$ zentral ist. In diesem Fall ist $Q(A)$ das direkte Produkt des nilpotenten Normalteilers $rad(A)$ und des zentralen Normalteilers $Q(T)$.*◇

5.6.3 Gruppenalgebren und Lie-Nilpotenz

Seien K ein Körper und G eine endliche Gruppe. Die Autoren von [11] und [34] beweisen, dass KG genau dann Lie-nilpotent ist, wenn $E(KG)$ nilpotent ist. Dies ist genau dann der Fall, wenn – im Fall $char(K) = 0$ – G abelsch ist oder – im Fall $char(K) = p$ – G' eine p-Untergruppe der nilpotenten Gruppe G ist und $char(K) = p$ gilt.

Hinsichtlich der Sätze 29 und 30 fragen wir uns in dem interessanten modularen Fall, ob KG eine separable Radikalfaktorstruktur und ein zentrales Radikalkomplement besitzt.

Sei also $char(K) = p$ und G' eine p-Untergruppe der nilpotenten Gruppe G. Sei P die normale p-Sylow-Untergruppe von G mit normalem Komplement N. Wegen $G' \leq P$ ist N zentral in G. Ist α die Linearisierung des kanonischen Gruppenepimorphismus von G auf die Faktorgruppe G/P, so gilt bekanntlich $Kern\,\alpha = KG\,Aug(KP) = Aug(KP)KG$, wobei $Aug(KP)$ das Augmentationsideal von KP ist. Da nach einem Satz von Wallace $Aug(KP)$ nilpotent ist, erhalten wir die Nilpotenz von $Kern\,\alpha$. Die Faktorstruktur von KG modulo $Kern\,\alpha$ ist zu $K(G/P)$ und damit zu KN isomorph. KN ist nach dem Satz von Maschke halbeinfach und damit sogar nach 1.9.4 in [65] separabel. Wir erhalten $rad(KG) = KG\,Aug(KP)$, und KN ist ein separables Radikalkomplement in KG. Da N zentral in G ist, ist KN ein zentrales Radikalkomplement von KG.◇

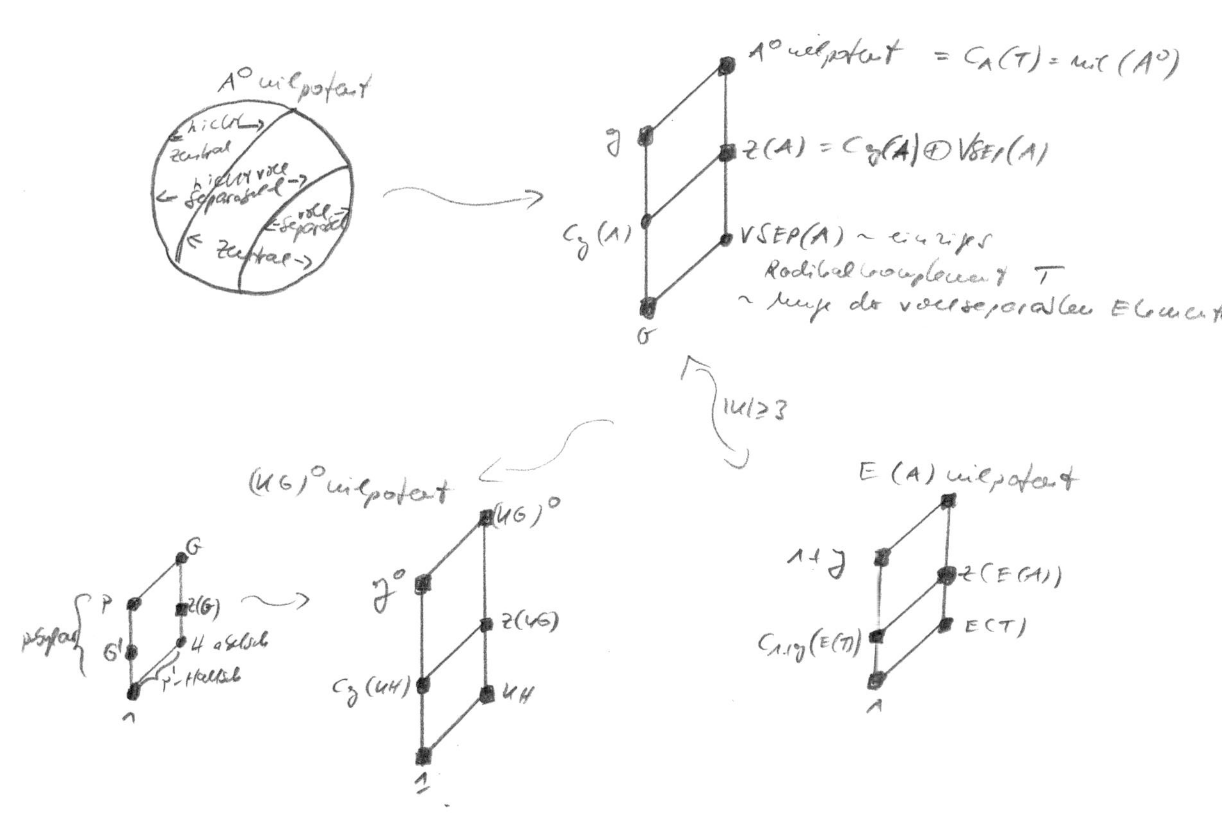

A^0 nilpotent
hierbei zentral
hierbei voll-separabel
voll-separabel
zentral
A^0 nilpotent $= C_A(T) = \mathrm{nil}(A^0)$
$Z(A) = C_g(A) \oplus VSEP(A)$
$C_g(A)$
$VSEP(A) \sim$ einziges
Radikalkomplement T
$\sim$ Menge der voll separablen Elemente
g
G
$|u| \geq 3$
$(uG)^0$ nilpotent
$(uG)^0$
g^0
$Z(uG)$
$C_g(uH)$
uH
1
G
P
$Z(G)$
G'
u abel'sch
r'-Halbsb
γ-Halbsb
1
$E(A)$ nilpotent
$1 + g$
$Z(E(A))$
$C_{1+g}(E(T))$
$E(T)$
1

5.6.4 Übungsaufgaben

Übungsaufgabe 131 *Seien K ein Körper, $n \in \mathbb{N}$ und A eine endliche dimensionale unitäre assoziative K-Algebra mit separabler Radikalfaktorstruktur. In den folgenden Fällen überlege man, wann A°, $E(A)$ und A auflösbar bzw. nilpotent sind und bestimme die Cartan-Teilalgebren von A°:*

(i) $A = K\Pi_n$ die Solomon-Tits-Algebra (siehe z.B. [67])

(ii) $A = D_n$ die Solomon-Algebra im Falle $char(K) = 0$ (siehe z.B. [4])

(iii) $A = $ Die Algebra der unteren Dreiecksmatrizen von $K^{n \times n}$

(iv) $A = $ Die Algebra der oberen Dreiecksmatrizen von $K^{n \times n}$

Übungsaufgabe 132 *Ist eine kommutative assoziative Algebra Lie-nilpotent? Wann ist sie es?*

Übungsaufgabe 133 *Ist jede auflösbare assoziative Algebra stets Lie-nilpotent? Wann ist sie es?*

Übungsaufgabe 134 *Man beweise Bemerkung 10!*

Übungsaufgabe 135 *Ist die Quaternionenalgebra in ungerader Charakteristik Lie-nilpotent? Wann ist sie es? Wann ihre Einheitengruppe?*

Übungsaufgabe 136 *Ist die Quaternionenalgebra in gerader Charakteristik Lie-nilpotent? Wann ist sie es? Wann ihre Einheitengruppe?*

Übungsaufgabe 137 *Bzgl. Korollar 2 ermittle man durch ein Studium des Beweises die Dimensionen von $A \otimes B$, ihres Radikals und ihres Radikalkomplementes!*

Übungsaufgabe 138 *Sind A, B assoziative unitäre Algebren, so gilt $Z(A \otimes B) = Z(A) \otimes Z(B)$!*

Übungsaufgabe 139 *Seien $n \in \mathbb{N}$, K ein Körper und A, B die Algebren der unteren und oberen Dreiecksmatrizen von $K^{n \times n}$. Durch ein Studium des Beweises von Korollar 2 ermittle man die Dimensionen der Algebren $A \otimes A$, $A \otimes B$, $B \otimes A$ und $B \otimes B$ sowie die ihrer Radikale und Radikalfaktorstrukturen!*

Übungsaufgabe 140 *Man führe den Beweis von Proposition 14 genau aus!*

Übungsaufgabe 141 *Sei A eine endlich-dimensional assoziative unitäre auflösbare K-Algebra. Dann sind A° und $E(A)$ auflösbar. Gelten auch die Umkehrungen dieser Aussagen? (Tip: [65])*

Übungsaufgabe 142 *Man beweise Abspiel 1!*

Übungsaufgabe 143 *Man beweise Satz 31!*

Übungsaufgabe 144 *Man beweise Satz 32!*

Übungsaufgabe 145 *Sei A eine assoziative unitäre K-Algebra. Dann ist $1+rad(A)$ ein Normalteiler von $E(A)$, und es gilt $E(A/rad(A)) = E(A)/(1+rad(A))$.*

Übungsaufgabe 146 *Seien K ein Körper und $n \in \mathbb{N}$. Wann sind $(KS_n)^\circ$, KS_n und $E(KS_n)$ auflösbar oder nilpotent? Im nilpotenten Fall gebe man ggfs. ein zentrales Radikalkomplement an!*

Übungsaufgabe 147 *Seien K ein Körper und $n \in \mathbb{N}$. Wann sind $(KA_n)^\circ$, KA_n und $E(KA_n)$ auflösbar oder nilpotent? Im nilpotenten Fall gebe man ggfs. ein zentrales Radikalkomplement an!*

Übungsaufgabe 148 *Seien K ein Körper und $n \in \mathbb{N}$. Wann sind $(KD_{2n})^\circ$, KD_{2n} und $E(KD_{2n})$ auflösbar oder nilpotent? Im nilpotenten Fall gebe man ggfs. ein zentrales Radikalkomplement an!*

Übungsaufgabe 149 *Seien K ein Körper und $n \in \mathbb{N}$. Wann sind $(KQ_{4n})^\circ$, KQ_{4n} und $E(KQ_{4n})$ auflösbar oder nilpotent? Im nilpotenten Fall gebe man ggfs. ein zentrales Radikalkomplement an!*

Übungsaufgabe 150 *Man zeige: Nach Seite 183 in [24] ist $GL(2,2)$ bzw. $PSL(2,3)$ zu der Gruppe S_3 bzw. A_4 isomorph, die jeweils nicht nilpotent sind.*

Übungsaufgabe 151 *(Zero-Erweiterung) Im Rahmen der Übungsaufgabe 37 prüfe man, wann die Zero-Erweiterung als assoziative Algebra nilpotent ist, wann sie Lie-nilpotent ist bzw. wann ihre Einheitengruppe nilpotent ist. Ggfs. mache man eine geeignete Zusatzvoraussetzung (separable Radikalfaktorstruktur oder perfekter Körper), um die Analyse zu vereinfachen. Wie hängen die Ergebnisse mit der Ausgangsalgebra zusammen? Kann man ggfs. die Berechnung der Nilpotenzklasse auf die für die Ausgangsalgebra reduzieren? Gibt es ein zentrales Radikalkomplement im Lie-nilpotenten Fall?*

Übungsaufgabe 152 *(eAe) Im Rahmen der Übungsaufgabe 129 prüfe man, wann eAe als assoziative Algebra nilpotent ist, wann sie Lie-nilpotent ist bzw. wann ihre Einheitengruppe nilpotent ist. Ggfs. mache man eine geeignete Zusatzvoraussetzung (zentrales Idempotent, separable Radikalfaktorstruktur oder perfekter Körper), um die Analyse zu vereinfachen. Wie hängen die Ergebnisse mit der Ausgangsalgebra zusammen? Kann man ggfs. die Berechnung der Nilpotenzklasse auf die für die Ausgangsalgebra reduzieren? Gibt es ein zentrales Radikalkomplement im Lie-nilpotenten Fall?*

5.7 Einfache, halbeinfache und separable Algebren

Wir analysieren die Cartan-Teilalgebren von Lie-Algebren assoziiert zu einfachen endlich-dimensionalen assoziativen K-Algebren und reduzieren die Analyse bzgl. halbeinfacher auf die die Algebra direkt-zerlegenden einfachen Ideale.

5.7.1 Zentral-einfache Algebren

Der Beweis des folgenden Lemmas geht auf Salvatore Sicilino zurück (siehe [51]):

Lemma 7 *Sei A eine zentral-einfache endlich-dimensionale assoziative K-Algebra. Ist H eine Cartan-Teilalgebra von A°, so ist H ein selbstzentralisierender Torus der Dimension $\mathrm{ind}(A)$ von A. Insbesondere ist H eine maximal kommutative Teilalgebra von A.*

Beweis: Nach Proposition 8 und Lemma 2 ist H eine auflösbare unitäre Teilalgebra von A. Sei $n := \mathrm{ind}(A)$. Ist T ein maximaler Teilkörper von A, so ist $A \otimes T$ zu $T^{n \times n}$ isomorph. Ist nun F ein algebraisch abgeschlossener Oberkörper von T, so gilt $A \otimes F \cong F^{n \times n}$, und daraus erhalten wir $n^2 = dim_K(A) = dim_F(A \otimes F)$. Nach [27] ist $H \otimes F$ eine Cartan-Teilalgebra der F-Algebra $(A \otimes F)^\circ$, die zu $gl(n, F)$ isomorph ist. Wiederum nach [27] sind die Cartan-Teilalgebren von $(F^{n \times n})^\circ$ die unter $GL(n, F)$ Konjugierten der Teilalgebra $D(n, F)$ der Diagonalmatrizen. Also ist jedes Element der F-Algebra $H \otimes F$ diagonalisierbar. Per Definition ist daher jedes Element von H separabel über K. Insbesondere erhalten wir die Halbeinfachheit von H, da kein nilpotentes Element ausser dem Nullelement vollseparabel über K ist. Aufgrund der Auflösbarkeit von H ist H ein Torus. H ist selbstzentral, da H kommutativ und selbstnormal ist: $H \subseteq C_A(H) = C_{A^\circ}(H) \subseteq N_{A^\circ}(H) = H$. Schliesslich gilt für jede H enthaltene kommutative Teilalgebra C von A die Aussage $C \subseteq C_A(C) \subseteq C_A(H) = H$. $\diamond$

Satz 33 *Sei A eine zentral-einfache endlich-dimensionale assoziative K-Algebra. Es gelten folgende Aussagen:*

(i) Die maximalen Tori von A sind genau die selbstzentralisierenden Tori von A. Insbesondere ist jeder maximale Torus von A eine maximal kommutative, separable Teilalgebra von A.

(ii) Die Cartan-Teilalgebren von A° entsprechen den maximalen Tori von A.

(iii) Jede Cartan-Teilalgebra von A° ist $\mathrm{ind}(A)$-dimensional.

(iv) Die Cartan-Teilalgebren von A° sind isomorph.

Beweis: ad(i): Sei T ein maximaler Torus von A. Dann ist nach Theorem 1 in [51] $C_A(T)$ eine Cartan-Teilalgebra von A°. Diese ist nach Lemma 7 selbst ein Torus, woraus wir mit Hilfe der Kommutativität von T schon $T = C_A(T)$ erhalten. Ist C eine kommutative Teilalgebra von A, die T enthält, so gilt: $C \subseteq C_A(C) \subseteq C_A(T) = T$. Die Separabilität von T folgt aus Lemma 4.

ad(ii): Dies folgt aus (i) und Theorem 1 in [51].

ad(iii): siehe Lemma 7.

ad(iv): Alle Cartan-Teilalgebren von A° sind nach (ii) abelsch und besitzen nach (iii) diegleiche K-Dimension. $\diamond$

Beispiele 2 (i) Sei A eine zentral-einfache endlich-dimensionale assoziative K-Algebra. Dann ist jeder strikt maximale Teilkörper[5] von A, der separabel über K ist, eine Cartan-Teilalgebra von A°, denn: Offenbar liegt ein Torus vor, der in einem maximalen Torus enthalten ist. Aus Dimensionsgründen (siehe Satz 33) folgt dann, dass dieser Torus maximal ist.

(ii) Sei K ein Körper und $n \in \mathbb{N}$. Dann ist die Menge der Diagonalmatrizen $D(n, K)$ eine Cartan-Teilalgebra von $gl(n, K)$. Im Beweis von Lemma 7 haben wir benutzt, dass für algebraisch abgeschlossenes K die unter $GL(n, K)$ Konjugierten von $D(n, K)$ genau die Cartan-Teilalgebren von $gl(n, K)$ sind.

(iii) Sei $A := \mathbb{R}^{2 \times 2}$. Nach Satz 33 müssen wir selbstzentrale Teilalgebren bestimmen, die zu $\mathbb{C}$ oder zu $\mathbb{R} \times \mathbb{R}$ isomorph sind.
Zu $\mathbb{C}$ isomorphe Teilalgebren sind strikt maximal, also nach (i) Cartan-Teilalgebren von A°. Sei also $M \in A$, etwa $\begin{pmatrix} a_1 & a_2 \\ a_3 & a_4 \end{pmatrix}$, mit $M^2 = -1$. Aus $M^2 = -1$ ergeben sich die Bedingungen

$$
\begin{aligned}
a_1^2 + a_2 a_3 &= -1 \ (1) \\
a_2(a_1 + a_4) &= 0 \ (2) \\
a_3(a_1 + a_4) &= 0 \ (3) \\
a_4^2 + a_2 a_3 &= -1 \ (4).
\end{aligned}
$$

Da Quadrate nicht negativ sein können, müssen a_2 und a_3 nach (4) beide ungleich Null sein. Für beliebiges a_1 und $a_2 \neq 0$ ergeben die Gleichungen (2) und (3) die Bedingungen $a_3 = \frac{-(1+a_1^2)}{a_2}$ und $a_4 = -a_1$. Umgekehrt bestätigt man leicht, dass das Quadrat der Matrix $\begin{pmatrix} a_1 & a_2 \\ \frac{-(1+a_1^2)}{a_2} & -a_2 \end{pmatrix}$ genau -1 ist. Teilalgebren, die zu $\mathbb{R} \times \mathbb{R}$ isomorph sind, sind von der Form $\mathbb{R}[t]$, wobei t

---

[5]Das sind solche Teilkörper, deren Dimension genau der Index ist.

idempotent ist. Idempotente sind diagonalisierbar. Folglich gibt es ein $g \in E(A)$ mit $t^g \in D(2, \mathbb{R})$. Das bedeutet aber schon, dass derartige Teilalgebren zu der Teilalgebra der Diagonalmatrizen konjugiert sind. Diese sind nach (ii) Cartan-Teilalgebren von A. $\diamond$

Beispiel 4 *(zyklische Algebren)* Wir beschäftigen uns in diesem Beispiel mit sog. zyklischen Algebren, die zu der Klasse der zentral-einfachen assoziativen Algebren gehören und als eine Verallgemeinerung der bereits betrachteten Quaternionenalgebren angesehen werden können. Eine ausführlichere Betrachtung (inkl. Beweisen) findet sich in [37].
Sei dazu $(K; L)$ eine galoische Körpererweiterung vom Grade n mit zyklischer Galois-Gruppe erzeugt von σ.
Wir definieren auf der additiven Trägergruppe des Polynomrings $L[t]$ eine neue Verknüpfung durch $at^i \Delta bt^j := a(b\sigma^i)t^{i+j}$ für alle $a, b \in L$ und $i, j \in \mathbb{N}_0$ und distributive Fortsetzung auf ganz $L[t]$. Weil K im Fixkörper von σ liegt, entsteht dadurch eine K-Algebren-Multiplikation, die assoziativ ist. Wir bezeichnen diese K-Algebra mit $L[t, \sigma]$.

Für ein Element $z \in K$ mit $b \neq 0$ sei $L_{\sigma, z}$ definiert durch die Faktoralgebra nach dem zweiseitigen Ideal erzeugt von $t^n - z$ in $L[t, \sigma]$, und jede zu solch einer Faktoralgebra isomorphen Algebra nennen wir zyklische Algebra.

Zyklische Algebren haben die Dimension n^2 und sind zentral einfache assoziative Algebren. Man kann beweisen, dass der (eingebettete) Erweiterungskörper L selbstzentral in der zyklischen Algebra ist. Da er die Dimension n — also genau von der Dimension des Indexes ist — besitzt, ist er ein strikt maximaler separabler Teilkörper der zyklischen Algebra. Aus den Beispielen 2, Teil (i), folgt nun, dass er eine Cartan-Teilalgebra und gleichzeitig ein maximaler Torus der zyklischen Algebra ist.

Zyklische Algebren führen u.a. auch zu Divisionsalgebren jenseits der bekannten Quaternionenalgebren. Hierzu wird in [37] eine hinreichende Bedingung angegeben. Ist nämlich n eine Primzahl und die zyklische Algebra nicht zu $K^{n \times n}$ isomorph, so ist sie eine zentrale Divisionsalgebra. Die Bedingung, nicht zu $K^{n \times n}$ isomorph zu sein, wird ebenfalls durch ein Kriterium geklärt: Genau dann ist eine zyklische Algebra zu $K^{n \times n}$ ismorph, wenn es ein Element $b \in L$ gibt, so dass $z = \prod_{i=0}^{n-1} (b\sigma)^i$ gilt. $\diamond$

5.7.2 Einfache Algebren

Eine einfache endlich-dimensionale assoziative Algebra A ist als $Z(A)$-Algebra zentral. Jede Cartan-Teilalgebra von A° enthält das Zentrum von A und ist daher nach Proposition 8 eine $Z(A)$-Teilalgebra von A. Daher erhalten wir aus Satz 33:

Satz 34 *Sei A eine einfache endlich-dimensionale assoziative K-Algebra. Die Cartan-Teilalgebren von A° entsprechen den unitären kommutativen Teilalgebren von A, die maximal mit der Eigenschaft sind, dass jedes Element vollseparabel über dem Zentrum von A ist. Diese Teilalgebren sind selbstzentral und maximal kommutativ.*

Insbesondere ist jede Cartan-Teilalgebra T von A° eine direkte Summe von Körpern und von der Dimension $\dim_K(Z(A)) \cdot \mathrm{ind}_{Z(A)}(A)$. Je zwei Cartan-Teilalgebren von A° sind isomorph.◇

Aus den Sätzen 33 und 34 folgt leicht für separable einfache Algebren:

Korollar 3 *Sei A eine einfache endlich-dimensionale assoziative K-Algebra, deren Zentrum separabel über K ist.*

(i) *Die maximalen Tori von A sind genau die selbstzentralisierenden Tori von A. Insbesondere ist jeder maximale Torus von A eine maximal kommutative, separable Teilalgebra von A.*

(ii) *Die Cartan-Teilalgebren von A° entsprechen den maximalen Tori von A.*

(iii) *Jede Cartan-Teilalgebra T von A° ist von der Dimension $\dim_K(Z(A)) \cdot \mathrm{ind}_{Z(A)}(A)$.*

(iv) *Die Cartan-Teilalgebren von A° sind isomorph.◇*

5.7.3 Halbeinfache und separable Algebren

Wir reduzieren nun die Analyse der Cartan-Teilalgebren halbeinfacher assoziativer Algebren auf die ihrer einfachen Bestandteile.

Sind A, B assoziative K-Algebren, so gilt für alle $a_1, a_2 \in A$ und $b_1, b_2 \in B$ die Rechenregel $(a_1; b_1) \circ (a_2; b_2) = (a_1 \circ a_2; b_1 \circ b_2)$.[6] Daraus erhalten wir leicht für $T \subseteq A$ und $S \subseteq B$ die Gleichung $N_{(A \times B)^\circ}(T \times S) = N_{A^\circ}(T) \times N_{B^\circ}(S)$, und es folgt nun leicht:

Bemerkung 11 (i) Sind $n \in \mathbb{N}$, $A_1, \cdots, A_n$ assoziative K-Algebren und $C_1, \cdots, C_n$ Cartan-Teilalgebren von $(A_1)^\circ, \cdots, (A_n)^\circ$, so ist $C_1 \times \cdots \times C_n$ eine Cartan-Teilalgebra von $(A_1 \times \cdots \times A_n)^\circ$.

(ii) Seien A, B assoziative endlich-dimensionale K-Algebren und C eine Cartan-Teilalgebra von $(A \times B)^\circ$. Dann definieren wir $T := \{a \mid a \in A, \exists b \in B : (a, b) \in C\}$ und $S := \{b \mid b \in B, \exists a \in A : (a, b) \in C\}$. T bzw. S ist eine

---

[6]Hierbei ist $\circ$ im direkten Produkt komponentenweise anzuwenden.

126

nilpotente Teilalgebra von A° bzw. B°. Insbesondere ist dann auch $T \times S$ eine nilpotente Teilalgebra von $(A \times B)^\circ$, die per Definition C als Teilalgebra enthält. Da C maximal nilpotent ist, ergibt sich $C = T \times S$. Wegen $T \times S = C = N_{(A \times B)^\circ}(C) = N_{(A \times B)^\circ}(S \times T) = N_{A^\circ}(T) \times N_{B^\circ}(T)$ erhalten wir, dass T bzw. S eine Cartan-Teilalgebra von A° bzw. B° ist.$\diamond$

Wir erhalten hieraus folgende Reduktion:

Satz 35 *Sind* $n \in \mathbb{N}$, $A_1, \cdots, A_n$ *endlich-dimensionale assoziative K-Algebren. Dann sind die Cartan-Teilalgebren von $(A_1 \times \cdots \times A_n)^\circ$ genau die Teilalgebren $C_1 \times \cdots \times C_n$, wobei für jedes $i \in \underline{n}$ die Menge C_i eine Cartan-Teilalgebra von $(A_i)^\circ$ ist.*$\diamond$

Speziell erhalten wir aus Korollar 3, Satz 35 und Theorem 1 in [51]:

Satz 36 *Sei A eine endlich-dimensionale assoziative separable K-Algebra.*

(i) *Jeder maximale Tori von A ist direkte Summe maximaler Tori der A direkt-zerlegenden einfachen Ideale von A.*

(ii) *Die maximalen Tori von A sind genau die selbstzentralisierenden Tori von A. Insbesondere ist jeder maximale Tori eine maximal kommutative, separable Teilalgebra von A.*

(iii) *Die Cartan-Teilalgebren von A° entsprechen den maximalen Tori von A.*

(iv) *Die Cartan-Teilalgebren von A° sind isomorph.*

(v) *Die Dimension der Cartan-Teilalgebren von A° ist die Summe der Dimensionen der Cartan-Teilalgebren der Lie-Algebren der A direkt-zerlegenden einfachen Ideale von A.*$\diamond$

Zentral-einfache

$J_A = C_{A^0}$

maximale Tori
"
selbst zentralisierende Tori
"
Cartan-Teilalgebra

- ind(A)-dim.
- separabel
- maximal kommutativ

einfache

$J_A = C_{A^0}$

maximale Tori
"
selbst zentralisierende Tori
"
Cartan-Teilalgebra

- $\mathrm{ind}_{z(A)}(0) \cdot \dim_K (z(A))$-dim.
- maximal kommutativ
- separabel

halbeinfach + separabel

$J_A = C_{A^0}$

direkte Produkte der Faktoren
keine Diagonalen
maximale Tori
"
Cartan-Teilalgebra

5.7.4 Offene Fragen und Übungsaufgaben

Offene Fragen 6 *(i) Seien $n \in \mathbb{N}$ und K ein Körper. Im allgemeinen Fall von K bzw. in den Spezialfällen K endlich oder $K \in \{\mathbb{Q}, \mathbb{R}\}$ bestimme man die Cartan-Teilalgebren und maximalen Tori von $gl(n, K)$.*

(ii) Was sind die maximalen Tori (= Cartan-Teilalgebren) von zyklischen Algebren?

(iii) Was die von $D^{n \times n}$ für eine Divisionsalgebra D?

Übungsaufgabe 153 *Man zeige, dass eine maximal kommutative Teilalgebra selbstzentral ist.*

Übungsaufgabe 154 *Was sind die maximal kommutativen Teilalgebren einer endlich-dimensionalen Divisionsalgebra? Welche Dimension haben sie? Welche, wenn die Algebra zentral ist?*

Übungsaufgabe 155 *Man beweise erneut, dass in einer assoziativen einfachen Algebra endlicher Dimension die Cartan-Teilalgebren der assoziierten Lie-Algebra maximal kommutative Teilalgebren sind!*

Übungsaufgabe 156 *Man studiere den Artikel von N. Jacobson [28]! Dadurch beweise man, dass für einen Körper K und eine natürliche Zahl n die maximale Dimension $N(n)$ der kommutativen Teilalgebren von $K^{n \times n}$ gegeben ist durch: Ist n gerade, etwa $n = 2g$, so gilt $N(n) = g^2 + 1$. Ist n ungerade, etwa $n = 2u + 1$, so gilt $N(n) = u(u - 1) + 1$. Inwiefern liefern Cartan-Teilalgebren hierfür eine untere Schranke? Welche? Wann stimmt diese untere Schranke mit $N(n)$ überein? Man gebe alle Zahlen für $n \leq 20$ tabellarisch an!*

Übungsaufgabe 157 *Seien K ein Körper und $n \in \mathbb{N}$. Ist die Dimension aller maximalen kommutativen Teilalgebren von $K^{n \times n}$ gleich? (Tip: vorherige Übungsaufgabe 156)*

Übungsaufgabe 158 *Wahr oder falsch: Die maximale Dimension der kommutativen Teilalgebren ist die maximal Dimension der maximal kommutativen Teilalgebren einer Algebra.*

Übungsaufgabe 159 *Seien $n \in \mathbb{N}$ und D eine endlich-dimensionale assoziative zentrale K-Divisionsalgebra. Man benutze im Folgenden, dass für einen maximalen Teilkörper T von D das Tensorprodukt $D \otimes T$ zu $T^{r \times r}$ als T-Algebren isomorph ist. Dabei ist r der Index von D – in Zeichen $ind_K(D)$ – der mit der Wurzel aus $dim_K(D)$ überinstimmt. Ist nun A eine (maximal) kommutative Teilalgebra von $D^{n \times n}$, so gilt mit den Bezeichnungen von Übungsaufgabe 156 die Abschätzung $dim_K(A) \leq N(n \cdot ind_K(D))$. (zusätzlicher Tip: Übungsaufgabe 156 und T ist auch ein Zerfällungskörper für $D^{n \times n}$)*

Übungsaufgabe 160 *Im Rahmen der oberen Übungsaufgaben 156 und 159 untersuche man unter Zuhilfenahme des Artikels von N. Jacobson [28], ob die angebene obere Schranke auch angenommen wird. Was liefert eine Cartan-Teilalgebra als untere Schranke und warum?*

Übungsaufgabe 161 *Sei in den Übungsaufgaben 159 und 160 nun D nicht notwendig zentral. Man betrachte daher D als Algebra über dem Körper $Z(D)$. Dann ist D zentral und wir können beide Übungsaufgaben anwenden, da jede maximale kommutative Teilalgebra auch das Zentrum enthält (Warum?). Man erhält dann als obere Schranke den Wert $\dim_K(Z(D)) \cdot N(n \cdot \operatorname{ind}_{Z(D)}(D))$. Wird diese Schranke angenommen? Dazu schaue man wiederum den Artikel von Jacobson an ([28]).*

Übungsaufgabe 162 *Man führe eine Literaturrecherche durch, um einen Artikel von Malcev zu finden, der das Ergebnis von Jacobson [28] auf kommutative Teilalgebren von einfachen komplexen Lie-Algebren erweitert (Tip: commutative subalgebras of semi-simple Lie algebras). Wie lauten die Ergebnisse für die Klassen von einfachen komplexen Lie-Algebren? Man stelle diese tabellarisch da (Tip: Am Ende des russischen Artikels ist eine englische Zusammenfassung!).*

Übungsaufgabe 163 *Was gilt noch in Satz 36, wenn man separabel durch halbeinfach ersetzt? Man beweise die entsprechenden Aussagen!*

Übungsaufgabe 164 *Ist jede Quaternionenalgebra eine zyklische Algebra? Gilt die Umkehrung dieser Aussage?*

Übungsaufgabe 165 *Die reelle Quaternionenalgebra ist eine zyklische Algebra vermöge Komplex-Konjugation und $z = -1$ (siehe auch [37])!*

Übungsaufgabe 166 *Durch ein Studium von [37] beweise man alle Aussagen des Beispieles 4!*

Übungsaufgabe 167 *Mit Hilfe der Ergebnisse, die in Beispiel 4 genannt werden, zeige man: Ist L der Zerfällungskörper des Polynoms $t^3 + t^2 - 2t - 1 \in \mathbb{Q}[t]$ in $\mathbb{C}$, $b \in L$ eine Nullstelle dieses Polynoms, so ist die Galois-Gruppe von $(\mathbb{Q}, L)$ zyklisch und erzeugt von einem Automorphismus σ mit $b\sigma = b^2 - 2$ der Ordnung 3. Weiter zeige man, daß es kein $b \in L$ gibt mit $\prod_{i=0}^{3-1}(b\sigma)^i = 2$. Man folgere, dass $L_{\sigma,2}$ eine zentrale Divisionsalgebra von der Dimension 9 über $\mathbb{Q}$ ist (siehe auch [37]).*

Übungsaufgabe 168 *Man bestimme die Cartan-Teilalgebren und maximalen Tori von $gl(3, \mathbb{R})$!*

130

Übungsaufgabe 169 *Sei $n \in \mathbb{N}$. Man bestimme die Cartan-Teilalgebren und maximalen Tori von $gl(n, \mathbb{C})$!*

Übungsaufgabe 170 *Man bestimme die Cartan-Teilalgebren und maximalen Tori von $gl(2, \mathbb{Q})$!*

Übungsaufgabe 171 *Sei K ein endlicher Körper mit p Elementen. Was sind die Cartan-Teilalgebren und maximalen Tori von $gl(2, K)$?*

Übungsaufgabe 172 *Sei $n \in \mathbb{N}$. In den folgenden Fällen bestimme man die maximalen Tori und die Cartan-Teilalgebren von A°:*

(i) $A = \mathbb{R} \times \mathbb{C}$ als $\mathbb{R}$-Algebra

(ii) $A = \mathbb{R}^{2 \times 2} \times \mathbb{R}$ als $\mathbb{R}$-Algebra

(iii) $A = \mathbb{R}^{2 \times 2} \times \mathbb{C}$ als $\mathbb{R}$-Algebra

(iv) $A = \mathbb{C}^{n \times n} \times \mathbb{C}$ als $\mathbb{C}$-Algebra

Übungsaufgabe 173 *Man konstruiere eine nicht-zyklische Divisions-Algebra! (Tip: [73])*

Übungsaufgabe 174 *Wann stimmen in einer einfachen bzw. halbeinfachen Algebra die maximalen Tori mit den Cartan-Teilalgebren überein?*

Übungsaufgabe 175 *Man untersuche, wie man die Ermittlung maximal nilpotenter Lie-Teilalgebren direkter Produkte auf die Faktoren reduzieren kann!*

Übungsaufgabe 176 *In Kapitel 1 von [65] werden zwei Algebren angegeben, die keine separable Radikalfaktorstruktur besitzen. Man ermittle die maximalen Tori und Cartan-Teilalgebren der halbeinfachen Radikalfaktorstruktur. Sind diese beiden Mengen identisch?*

Übungsaufgabe 177 *(Zero-Erweiterung) Man untersuche in Übungsaufgabe 37, wann die Zero-Erweiterung modulo ihrem Radikal einfach, halbeinfach, separabel oder zentral-einfach ist. Wann ist es die ganze Algebra? Was lässt sich über die maximalen Tori und Cartan-Teilalgebren in beiden Fällen aussagen? Inwiefern hängen diese beiden Mengen mit der Ausgangsalgebra zusammen? (Falls die Aufgabe zu komplex ist, reduziere man sie durch geeignete Zusatzbedingungen an die Ausgangsalgebra oder an den Körper!)*

Übungsaufgabe 178 *(eAe) Man untersuche in Übungsaufgabe 129, wann die Algebra eAe modulo ihrem Radikal einfach, halbeinfach, separabel oder zentral-einfach ist. Wann ist es die ganze Algebra? Was lässt sich über die* *maximalen Tori und Cartan-Teilalgebren in beiden Fällen aussagen? Inwiefern hängen diese beiden Mengen mit der Ausgangsalgebra zusammen? (Falls die Aufgabe zu komplex ist, reduziere man sie durch geeignete Zusatzbedingungen an die Ausgangsalgebra oder an den Körper oder an das Idempotent e!)*

5.8 Reduzierte Algebren

Im Falle reduzierter endlich-dimensionaler assoziativer Algebren können wir das Studium der Cartan-Teilalgebren auf spezielle auflösbare Teilalgebren reduzieren. Wir beenden diesen Abschnitt mit einer Kennzeichung reduzierter Algebren mit Hilfe maximal nilpotenter Teilalgebren. Als Beispiel untersuchen wir die Gruppenalgebra auf Reduziertheit und bestimmen in diesem Fall die Dimension ihrer Cartan-Teilalgebren.

5.8.1 Reduziertheit

Definition und Bemerkung 4 Ist A eine assoziative K-Algebra, so sei $nil(A)$ die Menge der nilpotenten Elemente von A. Das Nilradikal von A ist stets eine Teilmenge von $nil(A)$. Eine assoziative K-Algebra heisst reduziert, wenn $rad(A) = nil(A)$ gilt.⬦

Proposition 15 *Sei A eine endlich-dimensionale assoziative K-Algebra. Es sind äquivalent:*

(i) A ist reduziert.

(ii) $A/rad(A)$ ist reduziert.

(iii) $A/rad(A)$ ist direkte Summe von K-Divisionsalgebren.
  Insbesondere ist A reduziert, wenn A kommutativ oder auflösbar ist.

(iv) Für jede Teilalgebra T von A gilt $rad(T) = rad(A) \cap T$.

(v) Jede Teilalgebra von A ist reduziert.

(vi) Für jedes Ideal I von A ist A/I reduziert.

Beweis: Wir bemerken zunächst folgende Aussage an:
(*) Ist $n \in \mathbb{N}$ und D eine Divisionsalgebra, so enthält $D^{n \times n}$ genau dann nilpotente Elemente ungleich Null, wenn $n \geq 2$ gilt.

(i) $\to$ (ii): Sei $a \in A$, so dass $a + rad(A)$ nilpotent ist. Dann gibt es ein $n \in \mathbb{N}$ mit $a^n \in rad(A)$. Also ist a nilpotent. Wegen (i) gilt daher $a \in rad(A)$ und somit $a + rad(A) = 0 + rad(A)$.

(ii) $\to$ (iii): Dies folgt direkt aus (*).

(iii) $\to$ (i): Sei a ein nilpotentes Element von A. Dann ist $a + rad(A)$ nilpotent. Mit (*) erhalten wir $a + rad(A) = 0 + rad(A)$.

(i) $\to$ (iv): Sei T eine Teilalgebra von A. Es gilt wegen (i): $rad(T) \subseteq nil(T) \subseteq nil(A) = rad(A)$, also $rad(T) \subseteq rad(A) \cap T$. Da $rad(A) \cap T$ ein nilpotentes Ideal von T ist, erhalten wir (iv).

(iv) $\to$ (v): Seien T eine Teilalgebra von A und $t \in nil(T)$. Wir definieren die kommutative Teilalgebra $S := K[t]$ von T. Aus der Äquivalenz von (iii) und (i) folgt, dass S reduziert ist. Es gilt also $rad(S) = nil(S)$. Wir erhalten mit (iv): $t \in nil(S) = rad(S) = rad(A) \cap S \subseteq rad(A) \cap T \subseteq rad(T)$.

(v) $\to$ (i): Diese Aussage ist offenbar wahr.

(vi) $\to$ (i): Diese Aussage ist ebenfalls offensichtlich.

(i) $\to$ (vi): Seien I ein Ideal von A und A reduziert. Das Radikal von A/I ist bekanntlich $(rad(A) + I)/I$. Die Faktorstruktur ist damit isomorph zu $A/(rad(A)+I)$, was wiederum isomorph zu einer Faktorstruktur der halbeinfachen reduzierten Algebra $A/rad(A)$ ist. Da es sich um eine halbeinfache Algebra handelt, gibt es ein Idealkomplement. Somit ist die zu untersuchende Struktur isomorph zu einem Ideal einer halbeinfachen reduzierten Algebra. Mit der Äquivalenz von (v) und (i) folgt dann die Behauptung.$\diamond$

5.8.2 Maximal auflösbare Teilalgebren

Aus Lemma 4 erhalten wir leicht:

Bemerkung 12 Seien A eine endlich-dimensionale assoziative unitäre K-Algebra, T ein Torus von A und $S := T \oplus rad(A)$.
Dann ist T ein separables Radikalkomplement von $rad(S) = rad(A)$ in S und S eine auflösbare Teilalgebra von A.$\diamond$

Lemma 8 *Sei A eine assoziative endlich-dimensionale unitäre reduzierte K-Algebra. Unter den Teilalgebren mit separabler Radikalfaktorstruktur von A sind die maximal auflösbaren genau die von der Form $rad(A) \oplus T$, wobei T ein maximaler Torus von A ist.*

Beweis: Sei T ein maximaler Torus von A und $S := rad(A) \oplus T$. Wegen Bemerkung 12 ist S eine auflösbare Teilalgebra von A mit separabler Radikalfaktorstruktur. Sei nun B eine auflösbare Teilalgebra von A, die eine separable Radikalfaktorstruktur besitzt und $rad(A) \oplus T$ enthält. Da A reduziert ist, folgt aus Proposition 15 schon $rad(B) \subseteq rad(A)$. Als Torus ist

T nach Lemma 4 eine separable Teilalgebra von B, liegt also nach Korollar 2.3.7 in [65] ein einem Radikalkomplement X von B. X ist nach Lemma 4 auch ein Torus von A, und wir erhalten $T = X$ aus der Maximalität von T. Dies zeigt $B = rad(A) \oplus T$.

Seien nun B unter den auflösbaren Teilalgebren mit separabler Radikalfaktorstruktur von A ein maximales Element bzgl. Inklusion und T ein Radikalkomplement von B. Dann ist T nach Lemma 4 ein Torus von A, und wegen Proposition 15 gilt $rad(B) \subseteq rad(A)$. Wir definieren $S := rad(A) \oplus T$. Mit Bemerkung 12 und der Maximalität von B erhalten wir $B = S$ und $rad(B) = rad(A)$. Wäre R ein T echt enthaltener Torus, so würde die Teilalgebra $rad(A) \oplus R$ echt oberhalb von B liegen. Mit Bemerkung 12 erhielten wir einen Widerspruch zur Maximalität von B.◇

Aus Lemma 8 folgt direkt:

Korollar 4 *Sei A eine assoziative endlich-dimensionale unitäre reduzierte K-Algebra. Ist K perfekt, so sind die maximal auflösbaren Teilalgebren von A alle von der Form $T \oplus rad(A)$, wobei T ein maximaler Torus von A ist.*◇

Abspiel 2 Ist K ein Körper und $n \in \mathbb{N}$, so ist die Algebra der unteren Dreiecksmatrizen eine auflösbare, nicht kommutative Teilalgebra der halbeinfachen Algebra $K^{n \times n}$.◇

5.8.3 Cartan-Teilalgebren

Bemerkung 13 Seien A eine assoziative K-Algebra, I ein Ideal und T eine Teilalgebra von A, so dass A die innere direkte Summe von I und T ist.
Für jede Teilmenge X von T gilt dann $C_A(X) = C_I(X) \oplus C_T(X)$.◇

Satz 37 *Seien A eine endlich dimensionale assoziative unitäre reduzierte K-Algebra mit separabler Radikalfaktorstruktur und $\mathcal{S}(A)$ die Menge der auflösbaren Teilalgebren mit separabler Radikalfaktorstruktur von A.*
Die Cartan-Teilalgebren von A° entsprechen den Cartan-Teilalgebren von Lie-Algebren assoziiert zu maximalen Elementen der Menge $\mathcal{S}(A)$.

Beweis: Sei H eine Cartan-Teilalgebra von A°. Dann gibt es nach Theorem 1 in [51] einen maximalen Torus T von A, so dass $H = C_A(T)$ gilt. Wir definieren $S := rad(A) \oplus T$. Nach Lemma 8 ist S ein maximales Element von $\mathcal{S}(A)$. Nach 2.3.7 in [65] und Lemma 4 gibt es ein Radikalkomplement C von A, das T enthält. Dann ist T auch ein maximaler Torus von C, welcher nach Satz 36 in C selbstzentral ist. Mit Bemerkung 13 ergibt sich $H = C_A(T) = C_{rad(A)}(T) \oplus T$. Sicherlich ist T auch ein maximaler Torus von S. Nach Hauptsatz 1 ist $C_S(T)$ eine Cartan-Teilalgebra von S°. Da T kommutativ ist, erhalten wir aus Bemerkung 13

134

nun $C_S(T) = C_{rad(A)}(T) \oplus T = C_A(T) = H$. Also ist H eine Cartan-Teilalgebra von S.

Sei S ein maximales Element von $\mathcal{S}(A)$. Aus Lemma 8 erhalten wir, dass es einen maximalen Torus T von A gibt, so dass $S = rad(A) \oplus T$ gilt. Jede Cartan-Teilalgebra von S ist nach Satz 24 der Zentralisator eines Radikalkomplementes von S. Diese sind nach dem Satz von Malcev die Konjugierten von T unter $1 + rad(S) = 1 + rad(A)$. Ist nun H eine Cartan-Teilalgebra von S, so können wir o.B.d.A. annehmen, dass $H = C_S(T)$ gilt. Mit Bemerkung 13 erhalten wir aus der Kommutativität von T nun $H = C_S(T) = C_{rad(A)}(T) \oplus T$. Nach Hauptsatz 1 ist $C_A(T)$ eine Cartan-Teilalgebra von A°. Sei C ein Radikalkomplement von A, das T enthält (siehe 2.3.7 in [65] und Lemma 4). Nach Bemerkung 13 und Satz 36 gilt nun
$$C_A(T) = C_{rad(A)}(T) \oplus C_C(T) = C_{rad(A)}(T) \oplus T = C_S(T) = H.\diamond$$

Aus Satz 37 ergibt sich unmittelbar:

Korollar 5 *Sei A eine assoziative endlich-dimensionale unitäre reduzierte K-Algebra. Ist K perfekt, so entsprechen die Cartan-Teilalgebren von A° den Cartan-Teilalgebren von Lie-Algebren assoziiert zu maximal auflösbaren Teilalgebren von A.$\diamond$*

Bemerkung 14 Sei A eine endlich-dimensionale assoziative unitäre reduzierte K-Algebra mit separabler Radikalfaktorstruktur. In Hinblick auf Satz 37 wäre es wünschenswert, wenn jede auflösbare Teilalgebra eine separable Radikalfaktorstruktur hätte. Im Falle einer separablen K-Divisionsalgebra würde dies aber bedeuten, dass jeder Teilkörper schon separabel wäre. In dem Abschnitt 5.4.1 **Quaternionenalgebren in Charakteristik 2** haben wir jedoch gesehen, dass diese separablen (da zentral-einfachen) Algebren nicht-separable maximale Teilkörper besitzen.$\diamond$

5.8.4 Maximal nilpotente Teilalgebren

Proposition 16 *Seien D ein Schiefkörper und $n \in \mathbb{N}_{\geq 2}$. Dann gibt es ein Idempotent $\neq 0$ in $D^{n \times n}$ das Summe zweier nilpotenter Elemente $\neq 0$ ist.*

Beweis. Wir betrachten die Matrizen $A := (a_{i,j})$, $B := (b_{i,j})$ und $C := (c_{i,j})$, wobei A, B nur für $a_{1,2} = b_{2,1} = 1$ Einträge ungleich Null besitzen. Dann sind A, B nilpotent ungleich Null sowie $C := A + B$ ein Idempotent ungleich Null von $D^{n \times n}$.$\diamond$

Proposition 17 *Sei A eine assoziative endlich-dimensionale Algebra mit genau einer maximal nilpotenten Teilalgebra T. Dann ist $(T + rad(A))/rad(A)$ die einzige maximal nilpotente Teilalgebra von $A/rad(A)$.*

Beweis. Da T nilpotent ist, erhalten wir die Nilpotenz von $(T + rad(A))/rad(A)$. Sei nun X eine nilpotente Teilalgebra, die die Faktoralgebra $(T + rad(A))/rad(A)$ enthält. Sei M eine Teilalgebra von A, so dass $X = M/rad(A)$ gilt. Da $M/rad(A)$ nilpotent ist, erhalten wir, dass eine Potenz von M in $rad(A)$ enthalten ist. Aus der Nilpotenz von $rad(A)$ ergibt sich die von M. Somit folgt aus der Eindeutigkeit von T nun $M \subseteq T$, woraus wir $(T + rad(A))/rad(A) = X$ erhalten. $\diamond$

Satz 38 *Sei A eine endlich-dimensionale assoziative Algebra. Genau dann ist A reduziert, wenn A genau eine maximal nilpotente Teilalgebra besitzt. In diesem Fall ist $rad(A) = nil(A)$ die einzige maximal nilpotente Teilalgebra.*

Beweis. Sei zunächst A reduziert. Per Definition gilt dann $rad(A) = nil(A)$. Das Radikal enthält also jedes nilpotente Element, also insbesondere jede nilpotente Teilalgebra. Da das Radikal selbst nilpotent ist, ist es in diesem Fall die einzig maximal nilpotente Teilalgebra.
Sei nun T die einzige maximal nilpotente Teilalgebra von A. Dann besitzt $A/rad(A)$ nach Proposition 17 auch genau eine maximal nilpotente Teilalgebra, und zwar ist dies $(T + rad(A))/rad(A)$. Diese nilpotente Teilalgebra enthält jedes nilpotente Element, denn jedes nilpotente Element erzeugt eine nilpotente Teilalgebra. Wäre $A/rad(A)$ keine direkte Summe von Divisionsalgebren, so enthielte $A/rad(A)$ nach Proposition 16 ein Idempotent ungleich Null, was die Summe zweier nilpotenten Elemente ungleich Null ist. Diese Summe wäre also in der maximal nilpotenten Teilalgebra enthalten, die nun ein Idempotent ungleich Null enthielte. Das Idempotent wäre zugleich nilpotent und damit Null, was ein Widerspruch ist. Damit ist A reduziert.$\diamond$

Wir beantworten in dem nächsten Abschnitt die folgende Frage: Wann ist die Gruppenalgebra KG reduziert und was läßt sich in diesem Fall über die maximalen Tori und Cartan-Teilalgebren von KG aussagen?

5.8.5 Reduzierte Gruppenalgebren: der halbeinfache Fall

Aus den bisherigen Ergebnissen wissen wir, dass die maximalen Tori (= Cartan-Teilalgebren, denn eine halbeinfache Gruppenalgebra ist stets separabel) sowie auch das Nilradikal direkte Summe der entsprechenden Tori und Nilradikale der KG zerlegenden Ideale ist. In diesem Fall sind die Ideale bei Reduziertheit sogar Divisionsalgebren. Wir untersuchen, welche Divisionsalgebren hier eine Rolle spielen.

Proposition 18 *Seien G eine endliche Gruppe, N eine Untergruppe von G, K ein Körper, dessen Charakteristik nicht die Ordnung von G teilt, $\overline{N} := \sum\limits_{n \in N} n$ und $e_N := \frac{1}{|N|_K} \cdot \overline{N}$. Dann ist e_N ein Idempotent von KG, welches genau dann zentral ist, wenn N ein Normalteiler von G ist.*

136

Beweis. Da N eine Untergruppe ist, gilt $NN = N$. Daraus folgt leicht, dass e_N ein Idempotent ist. Ferner ist leicht einzusehen, dass die Normalität von N, also $N^g = N$ für alle $g \in G$, äquivalent zur Zentralität von e_N ist. $\diamond$

Folgerung 18 *Seien G eine endliche Gruppe und K ein Körper, so dass KG halbeinfach und reduziert ist. Dann ist G hamiltonsch.*[7]

---

[7]Hamiltonsche Gruppen sind Gruppen, in der jede Untergruppe ein Normalteiler ist. Sir William Rowan Hamilton (geboren 4. August 1805 in Dublin; gestorben 2. September 1865 in Dunsink bei Dublin) war ein irischer Mathematiker und Physiker, der vor allem für seine Beiträge zur Mechanik und für seine Einführung und Untersuchung der Quaternionen bekannt ist. Hamilton studierte in Dublin Mathematik und wurde bereits 1827 vor Ende seines Studiums Professor für Astronomie sowie königlicher Astronom (Royal Astronomer) für Irland. In frühen Jahren beschäftigte sich Hamilton mit Strahlensystemen und der geometrischen Optik. Daraus entwickelte er in mehreren Veröffentlichungen in den Jahren 1834 und 1835 die Formulierung der Mechanik, die heute seinen Namen trägt (siehe hamiltonsche Mechanik). Später konzentrierte er seine Untersuchungen auf Quaternionen (hyperkomplexe Zahlen), die heutzutage beispielsweise Anwendung in der Computergrafik finden. Hamilton wurde in Dublin in der Dominick Street 36 als Sohn des Anwalts Archibald Hamilton geboren. Seine Vorfahren kamen von Killyleagh Castle, County Down; sein Großvater war Archibald Hamilton Rowan. Er wurde von seinem Onkel, dem anglikanischen Priester und Linguisten James Hamilton erzogen und erwies sich bald als Wunderkind. Mit fünf Jahren hatte er Kenntnisse im Lateinischen, Griechischen sowie Hebräischen und beherrschte vor dem 13. Geburtstag bereits zwölf Sprachen, darunter außer den klassischen und modernen europäischen Sprachen auch Persisch, Arabisch, Hindi, Sanskrit und Malaiisch. Bis zum Ende seines Lebens las er oft persische und arabische Texte zur Entspannung. Hamiltons mathematische Entwicklung scheint völlig ohne Beteiligung anderer zustande gekommen zu sein, so dass man seine späteren Schriften keiner bestimmten Schule zuordnen kann, allenfalls einer eigenen 'Hamilton-Schule'. Der junge Hamilton war nicht nur ein ausgezeichneter Kopfrechner, sondern schien auch gelegentlich besonderen Spaß daran zu finden, komplizierte Formeln bis auf die letzte Nachkommastelle genau auszurechnen. Im Alter von zwölf Jahren forderte er Zerah Colburn, einen Jungen mit Rechengenie, der in Dublin auftrat, heraus, gegen den er allerdings unterlag. Das soll sein Interesse für Mathematik geweckt haben. Mit zehn Jahren verschlang er eine lateinische Ausgabe von Euklid, und mit zwölf griff er zu Newtons Arithmetica universalis als Einführung in die moderne Analysis. Später las er Clairauts Algebra, Newtons Principia und die umfangreiche Himmelsmechanik von Pierre Simon de Laplace, in der er im Februar 1822 einen Fehler entdeckte, was die Aufmerksamkeit des Royal Astronomer of Ireland John Brinkley auf ihn lenkte, der ihm eine große Zukunft als Mathematiker vorhersagte. Hamiltons Laufbahn am Trinity College (Dublin) war beispiellos. Unter den überdurchschnittlichen Mitbewerbern war er der erste in jedem Fach und in jeder Prüfung. Er zählte zu den wenigen, die sowohl in den klassischen Sprachen Griechisch und Latein als auch in den Naturwissenschaften Bestnoten (ein 'Optime' in beiden Fächern im ersten Jahr 1823 sowie 1826) erreichten. Noch vor seinem Abschluss veröffentlichte er 1824 seine Arbeit On Caustics, in der er seine charakteristische Funktion (später von Heinrich Bruns Eikonal genannt) in die Optik einführte, gefolgt vom ersten Teil seiner bahnbrechenden Arbeit Theory of Systems of Rays. 1827 wurde er noch vor seinen Abschlussprüfungen zum Professor für Astronomie am Trinity College ernannt, was mit der Nachfolge von Brinkley, welcher später Bischof wurde, als Royal Astronomer of Irland verbunden war. Sein Dienstsitz war das Observatorium in Dunsink. Von der praktischen Seite der Astronomie hatte er wenig Ahnung und hegte auch kein Interesse für diese Wissenschaft. Andererseits wurde von ihm auch nur erwartet, seine Zeit so nützlich wie möglich in den Dienst des wissenschaftlichen Fortschritts zu stellen, ohne Festlegungen etwa auf praktische Beobach-

Beweis. Aus der Voraussetzung ergibt sich, dass KG eine direkte Summe von Divionsalgebren ist, etwa $D_1 \times \cdots \times D_n$. Sei nun N eine Untergruppe von G. Wir betrachten das Idempotent e_N von Proposition 18. Dann gibt es zu jedem $i \in \underline{n}$ ein $d_i \in D_i$ mit $e_N = (d_1, \cdots, d_n)$. Da e_N idempotent ist, sind es auch sämtliche d_i mit $i \in \underline{n}$. Somit sind alle $d_i \in \{1, 0\}$, da alle D_i Schiefkörper sind. Dann sind aber alle $d_i \in Z(D_i)$, und damit ist e_N zentral in KG. Aus Proposition 18 folgt nun die Behauptung. $\diamond$

---

tungstätigkeit am Teleskop. Auf einer Kavaliersreise, die er vor Antritt seines Postens in das Vereinigte Königreich unternahm, lernte er den Dichter William Wordsworth kennen, der ihm in seinem Observatorium auch einen Gegenbesuch abstattete, dem sich als Hobby-Poeten versuchenden Hamilton aber eher zur Verfolgung einer wissenschaftlichen Karriere riet; die Gedichte von Hamiltons Schwester Eliza fand er weit überzeugender. Nachdem seine Jugendliebe Catherine Disney eine finanziell vorteilhaftere Partie gemacht hatte, heiratete Hamilton Helen Maria Bayley, die von einem dem Observatorium benachbarten Gut stammte. Die Ehe, aus der drei Kinder hervorgingen, war jedoch unglücklich, und die Eheleute lebten über lange Jahre getrennt. Persönliche Probleme aus seiner Ehe und der immer wieder aufgenommene, frustrierende Kontakt zu seiner Jugendliebe führten auch zu zunehmenden Alkoholproblemen Hamiltons, die bei einem Bankett 1845 auch öffentlich deutlich wurden. In der Folge versuchte er eine Weile enthaltsam zu bleiben, was ihm aber nur zwei Jahre gelang. 1834 übertrug er seine charakteristische Funktion als Wirkfunktion in die Dynamik und legte mit 'On a General Method in Dynamics' neue Grundlagen in der theoretischen Mechanik, welche später als hamiltonsche Theorie bekannt wurden. 1835 war er Sekretär der British Association for the Advancement of Science und wurde geadelt. Größere Ehren folgten schnell. Im gleichen Jahr erhielt er von der Royal Society die Royal Medal. 1837 wurde er zum Präsidenten der Royal Irish Academy und korrespondierenden Mitglied der Akademie von Sankt Petersburg gewählt. Nachdem er schon 1833 die komplexen Zahlen als geordnete Paare zweier reeller Zahlen gedeutet hatte, suchte er nach einer Verallgemeinerung auf drei 'Dimensionen', was durchaus wörtlich zu verstehen ist, da er der Algebra eine philosophische bzw. geometrische Dimension beimaß. Beeinflusst durch Immanuel Kant schrieb er 1838 Algebra, the Science of Pure Time. Die gesuchte Erweiterung - allerdings nicht auf drei, sondern auf vier Dimensionen, konnte er aber erst 1843 finden, als er auf einem Spaziergang am 16. Oktober längs des Royal Canal die Quaternionen erfand. Spontan ritzte er ihre Definition über die Multiplikationsregeln ihrer Einheiten 1, i, j und k in die Broome Bridge oder Brougham Bridge, was 1958 durch die Royal Irish Academy mit einer Plakette an der Brücke geehrt wurde. Nach eigenen Worten kam ihm die Idee, als er, statt an eine Erweiterung auf drei Dimensionen zu denken, erkannte, dass vier Dimensionen notwendig waren. Hamilton sah in den Quaternionen eine Revolution der theoretischen Physik und Mathematik und versuchte den Rest seines Lebens, ihre Verwendung zu propagieren, wobei er in der zweiten Hälfte des 19. Jahrhunderts von anderen britischen Mathematikern wie Peter Guthrie Tait unterstützt wurde. Nach seinem Tod hinterließ er ein unvollendetes zweibändiges, mit den Elementen Euklids im Hinterkopf geschriebenes Werk über Quaternionen. Schließlich setzte sich aber die Vektorrechnung und Vektoranalysis als Beschreibungssprache etwa vertreten von Hermann Graßmann, Josiah Willard Gibbs und Oliver Heaviside durch. Lord Kelvin schrieb dazu: Quaternionen erfand Hamilton, nachdem seine wirklich bedeutenden Arbeiten abgeschlossen waren. Sie sind, obwohl schön und genialen Ursprungs, für jeden, der in irgendeiner Weise mit ihnen in Berührung kam, ein Fluch gewesen. In seinen eigenen Büchern vermied Kelvin sowohl Quaternionen als auch Vektoren. Später stellte sich heraus, dass auch Olinde Rodrigues schon 1840 die Quaternionen fand. Hamilton starb 1865 an den Folgen eines Gichtanfalls. Er wurde im Friedhof Mount Jerome in Dublin beigesetzt. Der Mondkrater Hamilton ist nach ihm benannt.

138

Jede abelsche Gruppe ist hamiltonsch. Die nicht-abelschen hamiltonschen
Gruppen sind von Richard Dedekind[8] klassifiziert worden (siehe [13]): $Q_8 \times$

---

[8] Julius Wilhelm Richard Dedekind (geboren 6. Oktober 1831 in Braunschweig; gestorben 12. Februar 1916 ebenda) war ein deutscher Mathematiker. Der Sohn des Braunschweiger Juristen und Hochschullehrers Julius Dedekind besuchte das Martino-Katharineum
Braunschweig und studierte ab 1848 Mathematik am dortigen Collegium Carolinum. Das
Studium setzte er ab 1850 in Göttingen fort, wo er 1852 bei Carl Friedrich Gauß als dessen
letzter Schüler über die Theorie Eulerscher Integrale nach nur vier Semestern promovierte. Mathematik hörte er aber vor allem bei Moritz Abraham Stern und Georg Ulrich
an dem gerade neu von Stern eingerichteten mathematisch-physikalischen Seminar und
Physik bei Wilhelm Weber und Johann Benedict Listing. Bei Gauß hörte er im Winter-
semester 1850/51 über die Methode der kleinsten Quadrate (die Dedekind als eine der
schönsten Vorlesungen in Erinnerung behielt, die er je hörte) und im folgenden Semester
über höhere Geodäsie[1]. Seit 1850 gehörte Dedekind der Burschenschaft Brunsviga an[2]
und bekleidete dort im Sommersemester 1852 das Amt des Schriftführers und Kassenwar-
tes. 1854 habilitierte er sich ebenfalls in Göttingen, kurz nach Bernhard Riemann, mit
dem er befreundet war. Nach dem Tode von Gauß wurde 1855 Peter Gustav Dirichlet
dessen Nachfolger und freundete sich mit Dedekind an. Dedekind wurde 1858 Ordinarius
am Polytechnikum Zürich und war von 1862 bis zu seiner Emeritierung im Jahre 1894
Professor für Mathematik in Braunschweig an der dortigen Technischen Hochschule. 1872
bis 1875 war er deren Direktor. Er erhielt zwar mehrere Rufe an angesehene Universitäten,
zog es aber vor, in seiner Heimatstadt Braunschweig zu bleiben. Ein Hauptgrund war die
enge Verbundenheit mit seiner Familie (er hatte einen Bruder und eine Schwester, war
aber nicht verheiratet). Auch nach seiner Emeritierung 1894 hielt er noch gelegentlich
Vorlesungen. 1859 besuchte er mit Riemann Berlin, wo er auch Leopold Kronecker, Ernst
Eduard Kummer und Karl Weierstraß traf. 1878 besuchte er Paris anlässlich der Weltaus-
stellung. Dedekind war seit 1862 korrespondierendes Mitglied der Göttinger Akademie der
Wissenschaften, ab 1880 Mitglied der Berliner Akademie der Wissenschaften, ab 1900 kor-
respondierendes Mitglied und ab 1910 auswärtiges Mitglied der Academie des Sciences in
Paris. Er war Mitglied der Leopoldina und der Akademie in Rom. Er war Ehrendoktor in
Oslo, Zürich und Braunschweig. Dedekind starb am 12. Februar 1916 und wurde auf dem
Braunschweiger Hauptfriedhof beigesetzt. Dedekind spielte sehr gut Cello und Klavier und
komponierte eine Kammeroper, zu der sein Bruder das Libretto schrieb. Richard Dedekind
gab 1888 in der Schrift 'Was sind und was sollen die Zahlen?' die erste exakte Einführung
der natürlichen Zahlen durch Axiome. In seiner Schrift Stetigkeit und Irrationalzahlen von
1872 gab er die erste exakte Definition der reellen Zahlen mit Hilfe der Dedekindschen
Schnitte. Im Anhang der Zahlentheorie seines Lehrers Dirichlet stellte er seinen Aufbau der
Idealtheorie dar, die damals in Konkurrenz zu der von Leopold Kronecker stand. Das war
das berühmte Supplement X in der Auflage von Dirichlets Zahlentheorie von 1871, später
Supplement XI genannt. Nach ihm benannt sind hier die Dedekindringe und ferner die
dedekindsche ?-Funktion in der Theorie der Modulformen, die dedekindsche Eta-Funktion
eines algebraischen Zahlkörpers, der Dedekindsche Komplementärmodul, Dedekindsche
Summen sowie die Begriffe 'Dedekind-unendlich' und 'Dedekind-endlich'. Dedekind spielte eine wesentliche Rolle bei der Herausarbeitung der abstrakten Algebra. Der algebraische
Begriff Ring wurde von Dedekind eingeführt ebenso wie Einheit und der Körperbegriff.
Dedekind war darüber hinaus ein Pionier der Gruppentheorie: in seinen Vorlesungen 1855
und 56 gab er die erste moderne Darstellung der Galois-Theorie (die neben Transformationsgruppen in der Geometrie und neben der Zahlentheorie als dritte Wurzel für die
Herausbildung des Gruppenbegriffs im 19. Jahrhundert wichtig war) mit Einführung des
abstrakten Gruppenbegriffs als Automorphismengruppe von Körpererweiterungen. 1897
führte er unabhängig von George Abram Miller Kommutatoren und Kommutatorgruppen

$A \times (Z_2)^n$, wobei A eine abelsche Gruppe ungerader Ordnung (auch gleich Eins) ist und $n \in \mathbb{N}_0$ gilt. Uns interessieren nur die nicht-abelschen hamiltonschen Gruppen, da ansonsten die Gruppenalgebra kommutativ und damit die assoziierte Lie-Algebra nilpotent ist. In diesem Fall sind dann die Cartan-Teilalgebren und das Nilradikal die ganze Algebra.

Wir untersuchen nun die Gruppenalgebra für nicht-abelsche hamiltonsche Gruppen im halbeinfachen Fall auf Reduzierbarkeit. Dabei greifen wir in dem nächsten Lemma auf diverse bekannte Tatsachen zurück:

Lemma 9 *Seien K ein Körper, F ein Oberkörper von K, Q eine Quaternionenalgebra über K, H eine nicht-abelsche hamiltonsche Gruppe, $n \in \mathbb{N}_0$, G, M endliche Gruppen, A eine endliche abelsche Gruppe der Ordnung r, zu jedem Teiler d von r sei ω_d eine primitive d-te Einheitswurzel und $a_d := \frac{|\{a|a \in A, o(a)=d\}|}{dim_K(K(\omega_d))}$. Dann gelten folgende Aussagen:*

(i) *Ist $char(K) \neq 2$, so gilt $K(Z_2)^n \cong K^{2^n}$.*

(ii) *Ist KA halbeinfach, so gilt $KA \cong \bigoplus_{d|r} K(\omega_d)^{a_d}$.*

(iii) *Sei KQ_8 halbeinfach. Ist K ein Zerfällungskörper für Q_8, so gilt $KQ_8 \cong K^4 \oplus K^{2 \times 2}$.*

(iv) *Sei KQ_8 halbeinfach. Ist K kein Zerfällungskörper für KQ_8, so gibt es eine Quaternionenalgebra B über K, die ein Schiefkörper ist, so dass $KQ_8 \cong K^4 \oplus B$ gilt.*

(v) *Sei KQ_8 halbeinfach. Genau dann ist K kein Zerfällungskörper für KQ_8, wenn die Gleichung $a^2 + b^2 + 1 = 0$ keine Lösung über K besitzt.*

(vi) *Ist KH halbeinfach, so gilt $char(K) \neq 2$.*

(vii) *$B \otimes F$ ist eine Quaternionenalgebra über F.*

---

ein. Der Begriff des Verbandes geht ebenfalls auf Dedekind (11. Supplement von Dirichlets Zahlentheorie 1894) und Ernst Schröder Ende des 19. Jahrhunderts zurück, blieb aber zunächst unbeachtet. Er stand mit Georg Cantor in den 1870er Jahren in Briefwechsel, der für die frühe Geschichte der Cantorschen Mengenlehre von Bedeutung ist.[7] Beispielsweise entwickelte Cantor im Rahmen dieses Briefwechsels seinen Beweis der Überabzählbarkeit der reellen Zahlen (Brief vom 7. Dezember 1873). Beide hatten sich zufällig 1872 in der Schweiz kennengelernt. Ihre Freundschaft endete aber, nachdem sich Dedekind weigerte zu Cantor an die Universität Halle zu wechseln. Dedekind hatte schon in den 1860er Jahren in seinen algebraischen Arbeiten mit Mengen gerechnet, ohne dies explizit zu erwähnen und verwendete Mengenlehre bei der Entwicklung seines Konzepts des Dedekind-Schnitts (herausgearbeitet schon 1858 in Vorlesungen über Analysis in Zürich). Die abgebildete Briefmarke erinnert an seinen Satz von der eindeutigen Zerlegbarkeit der Ideale in Primideale im Ring der ganzen Zahlen eines algebraischen Zahlkörpers. Er gab sowohl die nachgelassenen Schriften seines Lehrers Dirichlet heraus als auch die seines Freundes Bernhard Riemann, für dessen Gesammelte Werke er auch eine Biographie schrieb. Auch an der Herausgabe der Werke von Carl Friedrich Gauß war er beteiligt.

140

(viii) $K(G \times M) \cong KG \otimes KM$

Beweis. ad(i): Jedes Element der Gruppe ist diagonalisierbar, denn es gilt $x^2 = 1$, und somit ist das Minimalpolynom $(t + 1)(t - 1)$. Die Behauptung folgt nun aus [65].

ad(ii): siehe [42]

ad(iii)-(v): siehe z.B. [37]

ad(vi): Dies folgt aus dem Satz von Maschke.

ad(vii): siehe z.B. [43]

ad(viii): eine leichte Rechenübung, die dem Leser überlassen wird.$\diamond$

Satz 39 *Seien K ein Körper und G eine endliche nicht-abelsche hamiltonsche Gruppe, so dass KG halbeinfach ist. Dann gibt es eine endliche abelsche Gruppe A ungerader Ordnung r und ein $n \in \mathbb{N}_0$, so dass $G \cong Q_8 \times A \times (Z_2)^n$ gilt. Genau dann ist KG reduziert, wenn die Gleichung $a^2 + b^2 + 1 = 0$ keine Lösung in jeder Körpererweiterung $(K; K(\omega_d))$ für $d \mid r$ und primitive d-te Einheitswurzeln besitzt. Notwendig dafür ist, dass $char(K) = 0$ gilt.*

Beweis. Wir benutzen im Folgenden, dass das Tensorprodukt und die äussere direkte Summe distributiv verträglich sind sowie das Tensorieren mit dem Grundkörper bis auf Isomoprhie keine Änderung nach sich zieht. Des Weiteren werden wir die Aussagen aus Lemma 9 benutzen. Das Ziel ist es, die halbeinfache Gruppenalgebra in ihre einfachen Bestandteile zu zerlegen. Seien dazu $\mid A \mid = r$, zu jedem Teiler d von r sei ω_d eine primitive d-te Einheitswurzel und $a_d := \frac{|\{a|a \in A, o(a)=d\}|}{dim_K(K(\omega_d))}$. Zunächst einmal ist KG isomorph zu dem Tensorproduk $K(Q_8) \otimes KA \otimes K(Z_2)^n$. Somit gibt es eine Quaternionenalgebra Q_K über K, so dass KG zu $(K^4 \oplus Q_K) \otimes (\bigoplus_{d|r} K(\omega_d)^{a_d}) \otimes (Z_2)^n$ isomorph ist. Für alle $d \mid r$ sei Q_{K_d} eine Quaternionenalgebra über dem Erweiterungskörper $K(\omega_d)$. Dann ist KG isomorph zu $(K^4 \oplus KA) \otimes (\bigoplus_{d|r} Q_{K_d}{}^{a_d}) \otimes Z_2{}^n$. Daraus erhalten wir die Isomorphie zu $\bigoplus_{d|r} K(\omega_d)^{4 \cdot a_d \cdot 2^n} \oplus \bigoplus_{d|r} Q_{K_d}{}^{2^n \cdot a_d}$. Somit zerfällt KG genau dann in Divisionsalgebren, wenn die Gleichung $a^2 + b^2 + 1 = 0$ keine Lösung in jeder Körpererweiterung $(K; K(\omega_d))$ für $d \mid \mid A \mid$ und primitive d-te Einheitswurzeln besitzt.

(Zwei-Quadrate-Satz) Wir nehmen an, dass $char(K) = p > 0$ gilt. Dann ist der Primkörper von K zu $P := GF(p)$ isomorph, also ein endlicher Körper. Sei P^2 die Menge der Quadrate von Elementen von P ungleich 0. Dann ist

$\mid P^2 \mid >= \frac{|P|-1}{2}$. Sei F die Menge der Elemente von P, die Summe zweier Quadrate ist, und sei $F^* := F \setminus \{0\}$. Wir wollen also $F = K$ zeigen. Wegen $(a^2 + b^2)(c^2 + d^2) = (ac - bd)^2 + (ad + bc)^2$ ist F^* eine Untergruppe der multiplikativen Gruppe von P. F^* enthält außerdem die multiplikative Gruppe P^2, welche den Index $<= 2$ in P^* hat. Somit ist entweder $F^* = P^*$ (und der Beweis ist beendet), oder es gilt $F^* = P^2$. Letzteres bedeutet: die Summe zweier Quadrate ist wieder ein Quadrat (Dies gilt auch dann, wenn eines der Quadrate 0 ist.). Somit ist F eine Untergruppe der additiven Gruppe von P. Da $\mid F \mid = \mid F^* \mid +1 >= \frac{|P|+1}{2} > \frac{|P|}{2}$ ist, muss, wieder nach dem Satz von Lagrange, aber doch $F = P$ sein.$\diamond$

Definition 2 Eine K-Algebra A heisst reversibel, wenn für alle $a, b \in A$ aus $ab = 0$ schon $ba = 0$ folgt.$\diamond$

Satz 40 *Seien K ein Körper und G eine endliche Gruppe, so dass KG halbeinfach ist. Genau dann ist KG reduziert, wenn KG reversibel ist.*

Beweis. Sei zunächst KG reduziert. Dann ist KG direkte Summe von Divisionsalgebren $D_1 \times \cdots \times D_n$. Seien $(d_1, ..., d_n), (e_1, ..., e_n)$ zwei Elemente aus KG deren Produkt $(d_1, ..., d_n)(e_1, ..., e_n)$ gleich Null ist. Somit ist $d_i e_i = 0$ für alle $i \in \underline{n}$. Aus der Nullteilerfreiheit folgt nun $d_i = 0$ oder $e_i = 0$ und daher auch $e_i d_i = 0$ für alle $i \in \underline{n}$. Somit ist auch das Produkt $(e_1, ..., e_n)(d_1, ..., d_n)$ gleich Null, und damit ist KG reversibel.

Wir müssen nun noch einsehen, dass reversible Gruppenalgebren auch reduziert sind. KG ist direkte Summe von vollen Matrixringen zu Divisionsalgebren $D_1^{n_1 \times n_1} \times \cdots \times D_r^{n_r \times n_r}$. Mit KG ist auch jeder dieser vollen Matrixringe reversibel. Es reicht also zu zeigen, dass für eine Divisionsalgebra S und ein $n \in \mathbb{N}$ die Algebra $D^{n \times n}$ aus der Reversibilität schon die Reduziertheit folgt. Das bedeutet, wir müssen $n = 1$ zeigen. Wir nehmen $n \geq 2$ an, und betrachten die Matrizen A und B, für die sämtliche Einträge gleich Null sind bis auf $a_{21} = 1 = b_{22}$. Dann gilt zwar $AB = 0$, aber es ist $BA = A \neq 0$.$\diamond$

Bemerkung 15 In dem Artikel [15] untersuchen und klassifizieren die Autoren reversible Gruppenringe. Zudem wird dort analysiert, wann die Gruppenalgebra (auch in endlicher Charakteristik) symmetrisch ist, d.h.: für alle $a, b, c \in KG$ folgt aus $abc = 0$ schon $acb = 0$.$\diamond$

Folgerung 19 *Seien K ein Körper und G eine endliche nicht-abelsche hamiltonsche Gruppe, so dass KG halbeinfach ist. Dann gibt es eine endliche abelsche Gruppe A ungerader Ordnung r und ein $n \in \mathbb{N}_0$, so dass $G \cong Q_8 \times A \times (Z_2)^n$ gilt. Dann besitzt jede Cartan-Teilalgebra (= maximaler Torus) genau die Dimension $6 \cdot r \cdot 2^n$.*

Beweis. Wir benutzen an dieser Stelle Aussagen, die wir später mittels der Charaktertheorie herleiten. Die Behauptung folgt aus den Folgerungen 36, 33 und 29.$\diamond$

142

5.8.6 Reduzierte Gruppenalgebren: der modulare Fall

In [54] wird von Benjamin Steinberg folgendes Ergebnis bewiesen, dessen Beweis wir hier nochmal aufführen.

Lemma 10 *Seien G eine endliche Gruppe und K ein Körper der Charakteristik $p > 0$. Dann ist die halbeinfache Algebra $KG/rad(KG)$ direkte Summe von vollen Matrixringen über Erweiterungskörpern zu K.*

Zusatz: Ist L ein anderer Körper der Charakteristik p und F_p der Körper mit p Elementen, so gilt

$$LG/rad(LG) \cong KG/rad(KG) \cong K \otimes_{F_p} (F_pG/rad(F_pG)).$$

Beweis. Sei F_p der Körper mit p Elementen. Dann ist $F_pG/rad(F_pG)$ eine separable Algebra, denn F_p is perfekt. Wir wollen einsehen, dass

$$KG/rad(KG) \cong K \otimes_{F_p} (F_pG/rad(F_pG))$$

gilt. Es gilt

$$K \otimes_{F_p} (F_pG/rad(F_pG)) = KG/(K \otimes_{F_p} rad(F_pG)).$$

Da $F_pG/rad(F_pG)$ separabel ist, leiten wir ab, dass $K \otimes_{F_p} (F_pG/rad(F_pG))$ halbeinfach ist. Weil $K \otimes_{F_p} rad(F_pG)$ ein nilpotentes Ideal ist, ist es folglich $rad(KG)$.

Da endliche Divisionsalgebren Körper sind (Satz von Wedderburn 2) und F_p perfekt ist, haben wir

$$F_pG/rad(F_pG) \cong \prod_{i=1}^{m} M_{n_i}(L_i),$$

wobei die L_i endliche separable Körpererweiterungen von F_p sind. Somit gilt nun

$$KG/rad(KG) = K \otimes_{F_p} (F_pG/rad(F_pG)) = \prod_{i=1}^{m} M_{n_i}(K \otimes_{F_p} L_i).$$

Da die L_i endliche separable Körperweiterungen sind, ist jedes $K \otimes_{F_p} L_i$ ein endliches Produkt von separablen Erweiterungen von K.

Wenn L_i eine endliche separable Erweiterung von F und K irgendeine Erweiterung von F sind, dann gilt nach dem Satz vom primitiven Element $L_i \cong F[t]/(p(t)F[t])$, wobei $p(t)$ in verschiedene Linearfaktoren in einem algebraischen Abschluss von F zerfällt. Dann gilt $K \otimes L_i \cong K[t]/(p(t)K[t])$, und $p(t)$ zerfällt immer noch in verschiedene Linearfaktoren in einem algebraischen Abschluss von K (welcher den von F einschliesst). Der allgemeine Fall folgt aus der Tatsache, dass eine separable Erweiterung ein direkter Limes von endlichen separablen Erweiterungen ist.◇

Aus diesem Ergebnis leiten wir nun direkt ab:

Satz 41 *Seien G eine endliche Gruppe und K ein Körper der Charakteristik $p > 0$. Genau dann ist KG reduziert, wenn KG auflösbar ist. Im halbeinfachen Fall von KG ist sogar KG genau dann reduziert, wenn G abelsch ist.*◇

5.8.7 Ein Beispiel von Benjamin Steinberg

Die folgenden Aussagen gelten nach einer Korrespondenz mit Benjamin Steinberg, die noch nicht veröffentlich sind. Ich möchte mich an dieser Stelle ganz herzlich für seine Anregungen und Kommentare zu diesem Beispiel bedanken.

Seien dazu K ein Körper der Charakteristik Null und G eine endliche Gruppe. Wir betrachten dass Potenzmengenmonoid zu G mit dem Komplexprodukt und die zugehörige Monoidalgebra dieses Potenzmengenmonoids. Da K perfekt ist, wissen wir nach dem Satz von Wedderburn-Malcev, dass das Radikal von $KP(G)$ ein Algebrenkomplement hat. Dieses ist nach der Korrespondenz mit Benjamin Steinberg isomorph zu dem direkten Produkt der Gruppenalgebren $K(G/N)$, wobei N ein Normalteiler von G ist. Also liegt hier die Reduziertheit vor, wenn alle $K(G/N)$ reduziert sind. Insbesondere ist also KG reduziert. Nach Lemma 18 ist damit G hamiltonsch, also jede Untergruppe ein Normalteiler von G. Das Komplement ist also zu dem direkten Produkt $K(G/N)$ aller Untergruppen $=$ Normalteiler N von G isomorph. Jedes $K(G/N)$ ist ein epimorphes Bild von KG. Man überlege sich, dass eine Algebra A genau dann reduziert ist, wenn jede Faktoralgebra von A reduziert ist. Insgesamt folgt daraus, dass $KP(G)$ genau dann reduziert ist, wenn KG reduziert ist. Dafür haben wir in diesem Kapitel entsprechende Beschreibungen angegeben. Offen bleibt die Frage, wie die maximalen Tori und Cartan-Teilalgebren zu berechnen sind – auch ohne weitere Bedingungen an die Monoidalgebra wie Reduziertheit.◇

Kapitel 5.8.

Reduzierte Algebren

S maximal auflösbare Teilalgebra

$T \oplus \mathrm{rad}(A)$

J maximale Tori' T

C (T), $T \oplus \mathrm{rad}(A)$, $C'_A(T)$

C Cartan-Teilalgebren von A, Cartan-Teilalgebra maximal auflösbarer Teilalgebren

Reduzierte Gruppenalgebren

modular → Reduziertheit " Auflösbarkeit

denn: KG/grad ist im modularen Fall eine direkte Summe von Matrixalgebra zu "Körpern"

Character-Theorie → dim CTA " $6 \cdot |A| \cdot 2^n$ ($|A|$ ungerade, A abelsch)

halbeinfach = separabel $J = e$

G hamiltonsch: $Q_8 \times A \times Z_2^u$ und $a^2 + b^2 + 1 = 0$ nicht lösbar in $(u, U(wd))$, wobei wd primitive E-te Wurzel und $d \mid |A|$ s.z. ($\Rightarrow$ KG zerlegbar $\Rightarrow$ KG spaltbar)

5.8.8 Offene Fragen und Übungsaufgaben

Offene Fragen 7 *(i) Gibt es andere prominente reduzierte Algebren und was sind die Cartan-Teilalgebren und maximalen Tori der assozierten Lie-Algebra?*

(ii) Was sind die Cartan-Teilalgebren der Monoidalgebra basierend auf dem Potenzmengenmonoid einer Gruppe oder allgemeiner eines Monoids? Was gilt im Falle der Reduziertheit? Was im Falle der Auflösbarkeit?

(iii) Wann stimmen die Mengen der maximalen Tori und die der Cartan-Teilalgebren überein?

Übungsaufgabe 179 *Wann ist in dem Beispiel 5.8.7 die Monoidalgebra auflösbar?*

Übungsaufgabe 180 *Sei K ein endlicher Körper. Man beweise den Zwei-Quadrate-Satz: Jedes Element ist Summe von 2 Quadraten. Gilt etwas Spezielleres in dem Fall $\mathrm{char}(K) = 2$? Gilt der Zwei-Quadrate-Satz auch im Falles eines beliebigen Körpers positiver Charakteristik? Was gilt hinsichtlich des Zwei-Quadrate-Satze im Falle von $\mathbb{Q}, \mathbb{R}, \mathbb{C}$ und $\mathbb{H}$?*

Übungsaufgabe 181 *Man überlege sich, dass man aus jeder assoziativen rechtsartinschen K-Algebra eine reduzierte Algebra konstruieren kann. Entstehen alle rechtsartinschen assoziativen reduzierten Algebren so? (Tip: Man benutze die Aussage 2.4 in [37] und betrachte die dort konstruierten Idempotenten $e_1, ..., e_n$. Nun betrachte man die Rechtsideale $R_i := e_i A$ für alle $i \in \underline{n}$. Man nehme eine maximale Teilmenge X von $\underline{n}$, so dass alle R_x paarweise nicht isomorph sind und betrachte die innere Summe der $R_x, x \in X$.)*

Übungsaufgabe 182 *Gilt Satz 40 für beliebige halbeinfache assoziative Algebren?*

Übungsaufgabe 183 *Man zeige, dass Teilalgebren reversibler Algebren wieder reversibel sind. Gilt dies auch für Faktoralgebren?*

Übungsaufgabe 184 *Man beweise (auch unter Zuhilfename der zitierten Literatur) das Lemma 9.*

Übungsaufgabe 185 *Man untersuche die Beziehungen zwischen den Bedingungen reduziert, reversibel und symmetrisch im halbeinfachen und allgemeinen Fall! Dabei benutze man den hier zitierten Artikel zu symmetrsichen Gruppenalgebren!*

Übungsaufgabe 186 *Seien p eine Primzahl, K ein Körper und G eine endliche nicht-abelsche hamiltonsche Gruppe, so dass KG halbeinfach ist. Dann gibt es eine endliche abelsche Gruppe A ungerader Ordnung r und ein $n \in \mathbb{N}_0$, so dass $G \cong Q_8 \times A \times (Z_2)^n$ gilt. In den folgenden Fällen zerlege man KG in einfache Algebren, entscheide, ob KG reduziert bzw. reversibel ist und bestimme die Dimension eines maximalen Torus und einer Cartan-Teilalgebra:*

(i) $n = 0$, $A = 1$, $K = \mathbb{Q}$

(ii) $n = 0$, $A = 1$, $K = \mathbb{R}$

(iii) $n = 0$, $A = 1$, $K = \mathbb{C}$

(iv) $n = 0$, $A = 1$, $K = \mathbb{Q}(i)$

(v) $n = 0$, $A = 1$, $K = \mathbb{Q}(\sqrt{2})$

(vi) K ein endlicher Körper

(vii) K ein Körper positiver Charakteristik

(viii) $K = \mathbb{Q}(1 + i)$

(ix) $K = \mathbb{Q}(i + \sqrt{2})$

(x) $K = \mathbb{Q}(i + \sqrt{p})$

(xi) $K = \mathbb{Q}(1 + \sqrt{p}i)$

(xii) $K = \mathbb{Q}(i, \sqrt{2})$

(xiii) $K = \mathbb{Q}(i, \sqrt{p})$

(xiv) $K = \mathbb{Q}(i + 2^{\frac{2}{3}})$.

Übungsaufgabe 187 *Sei A eine endliche abelsche Gruppe. Man zeige, dass die Ordnung a von A gegeben ist durch $\sum\limits_{d \mid a} \mid \{x \mid o(x) = d\} \mid$.(Hinweis: Lemma 9!) Man gebe die Summanden der Summe für zyklische Gruppen an (Tip: Phi-Funktion!).*

Übungsaufgabe 188 *Ist das Tensorprodukt reduzierter Algebren wieder reduziert? (Tip: $\mathbb{R}$ und $\mathbb{H}$ betrachten!)*

Übungsaufgabe 189 *Seien G eine endliche Gruppe mit genau einem minimalen Normalteiler und K ein Körper der Charakteristik 0. Dann besitzt G eine treue irreduzible Darstellung. (Hinweis: Man betrachte die reguläre Darstellung!). Was bedeutet das für die endliche Gruppe G bzgl. eines geeigneten Schiefkörpers? (Tip: Amitsur)*

Übungsaufgabe 190 *Wahr oder falsch: Eine endliche Gruppe, dessen Ordnung das Produkt zweier (nicht notwendig verschiedener) Primzahlen ist, ist eine abelsche Gruppe.*

Übungsaufgabe 191 *Man beweise oder widerlege für eine Gruppe G und Normalteiler N, M von G:*

(i) Mit N, M ist auch NM nilpotent.

(ii) Mit N, M ist auch NM abelsch.

(iii) Mit N, M ist auch NM einfach.

(iv) Mit N, M ist auch NM auflösbar.

(v) Mit N, M ist auch NM zyklisch.

Übungsaufgabe 192 *Man beweise oder widerlege für eine Gruppe G und Normalteiler N, M von G:*

(i) Mit G/N und G/M ist auch $G/(N \cap M)$ nilpotent.

(ii) Mit G/N und G/M ist auch $G/(N \cap M)$ abelsch.

(iii) Mit G/N und G/M ist auch $G/(N \cap M)$ einfach.

(iv) Mit G/N und G/M ist auch $G/(N \cap M)$ auflösbar.

(v) Mit G/N und G/M ist auch $G/(N \cap M)$ zyklisch.

Übungsaufgabe 193 *Man beweise oder widerlege für eine Gruppe G und Normalteiler N von G: Genau dann sind G/N und N' nilpotent, wenn G nilpotent ist. Was gilt für auflösbar statt nilpotent? Was gilt, wenn man N' durch N ersetzt und dieselben Fragestellungen betrachtet? (Tip: Kennzeichnung endlicher nilpotenter Gruppen)*

Übungsaufgabe 194 *Seien D eine endlich-dimensionale Divisionsalgebra und $n \in \mathbb{N}$. Genau dann besitzt $D^{n \times n}$ nilpotente Elemente ungleich Null, wenn $n \geq 2$ gilt.*

Übungsaufgabe 195 *Sind Faktoralgebren reduzierter Algebren wieder reduziert?*

Übungsaufgabe 196 *Man beweise Bemerkung 12!*

Übungsaufgabe 197 *Man beweise Bemerkung 13!*

Übungsaufgabe 198 *Seien A, B assoziative Algebren. Ist $A \times B$ genau dann reduziert, wenn A, B reduziert sind?*

148

Übungsaufgabe 199 *Seien A, B assoziative Algebren. Sind mit $A \otimes B$ auch A, B reduziert?*

Übungsaufgabe 200 *Seien $n \in \mathbb{N}$ und A eine assoziative Algebren. Ist $A^{n \times n}$ genau dann reduziert, wenn A reduziert ist?*

Übungsaufgabe 201 *Nilpotente und auflösbare Algebren sind reduziert!*

Übungsaufgabe 202 *Ist eine Divisionsalgebra reduziert? Ist ein Körper reduziert?*

Übungsaufgabe 203 *Sind die Algebren der unteren und oberen Dreiecksmatrizen reduziert?*

Übungsaufgabe 204 *Für welche Körper K ist die Gruppenalgebra KS_3 reduziert und was sind in diesem Fall die maximalen Tori und Cartan-Teilalgebren der assoziierten Lie-Algebra?*

Übungsaufgabe 205 *Eine assoziative endlich-dimensionale Algebra über einem algebraisch abgeschlossenen Körper ist genau dann reduziert, wenn sie auflösbar ist.*

Übungsaufgabe 206 *Eine assoziative endlich-dimensionale Algebra über einem endlichen Körper ist genau dann reduziert, wenn sie auflösbar ist. (Hinweis: Satz von Wedderburn über endliche Schiefkörper)*

Übungsaufgabe 207 *Ein idempotentes bzw. nilpotentes Element einer assoziativen Algebra ungleich Null kann nicht zugleich nilpotent bzw. idempotent sein.*

Übungsaufgabe 208 *Ein nilpotentes Element einer assoziativen Algebra erzeugt eine nilpotente Teilalgebra.*

Übungsaufgabe 209 *Wir betrachten die Potenzmenge $P(M)$ einer Menge M mit $\mid M \mid =: n$ Elementen und einen Körper K. Man zeige bzw. analysiere folgende Aussagen und Fragen:*

   (i) $P(M)$ ist bzgl. $\cap$ ein idempotentes kommutatives Monoid.

   (ii) Ist $\emptyset$ oder M neutral?

   (iii) Gilt (i) auch für unendliche Mengen?

   (iv) Was ist die Einheitengruppe von $P(M)$?

   (v) Was ändert sich, wenn M eine Gruppe ist?

(vi) Man zeige, dass die Monoidalgebra zu $P(M)$ zu K^{2^n} isomorph ist. (Tip: [67], Kapitel 1).

Übungsaufgabe 210 *Wir betrachten die Potenzmenge $P(M)$ einer Menge M mit $\mid M \mid =: n$ Elementen und einen Körper K. Man zeige bzw. analysiere folgende Aussagen und Fragen:*

(i) $P(M)$ ist bzgl. $\cup$ ein idempotentes kommutatives Monoid.

(ii) Gilt (i) auch für unendliche Mengen?

(iii) Ist $\emptyset$ oder M neutral?

(iv) Was ist die Einheitengruppe von $P(M)$?

(v) Was ändert sich, wenn M eine Gruppe ist?

(vi) Man zeige, dass die Monoidalgebra zu $P(M)$ zu K^{2^n} isomorph ist. (Tip: [67], Kapitel 1).

Hinweis: Was besagen die Regeln von De Morgan[9] bzgl. dieses Monoids und des auf $P(M)$ bzgl. $\cap$? Man benutze dann die Ergebnisse der vorherigen

---

[9]Augustus De Morgan (geboren 27. Juni 1806 in Madurai, Indien; gestorben 18. März 1871 in London) war ein englischer Mathematiker. Er war Mitbegründer und erster Präsident der London Mathematical Society. Augustus De Morgan wurde als Sohn eines in Indien stationierten Soldaten geboren, seine Familie kehrte aber bald nach England zurück. Er fiel in der Schule kaum auf, interessierte sich jedoch von jeher für merkwürdige Zahlenspiele. 1823 besuchte er das Trinity College in Cambridge, wurde dort unter anderem von George Peacock unterrichtet und schloss es als B.A. ab. Er kehrte 1826 nach London zurück und erhielt dort 1828 am neu gegründeten University College einen Lehrstuhl. De Morgan war ein Freund von Charles Babbage. Auf dessen Anregung hin unterrichtete er Ada Lovelace in Mathematik, damit diese Babbages Entwürfe der Analytical Engine besser verstehen konnte. De Morgan verfasste zahlreiche mathematische Artikel wie Elements of Arithmetic (1830), Trigonometry and Double Algebra (1849), eine geometrische Deutung der komplexen Zahlen und Formal Logic (1847), eine seiner wichtigsten Arbeiten. 1838 verwendete er als erster den Begriff 'mathematische Induktion' innerhalb seiner Veröffentlichung Induction (Mathematics) in Penny Cyclopedia, für die er insgesamt 712 Artikel schrieb. Darin wurde ebenfalls sein berühmtes Werk 'The Differential and Integral Calculus' gedruckt. Am bekanntesten wurde er durch zwei nach ihm benannte Regeln, die De Morgan'schen Gesetze. Sie besagen, dass jede Konjunktion durch eine Disjunktion ausgedrückt werden kann und umgekehrt. Diese Gesetze wurden seither häufig bei mathematischen Beweisen und auch bei der Programmierung verwendet. De Morgan gilt heute gemeinsam mit George Boole als Begründer der formalen Logik. George Boole veröffentlichte 1847 ein kleines Bändchen mit dem Namen 'Mathematical Analysis of Logic'. Anlass, es auszuarbeiten und zu veröffentlichen, bildete der heftige Prioritätenstreit zwischen William Rowan Hamilton und de Morgan über die Quantifizierung von Prädikaten. 1854 erschien Booles zweites Hauptwerk zur Algebra: Laws of Thought. Dazu meinte De Morgan: 'Dass die symbolischen Prozesse der Algebra, ursprünglich zum Zweck numerischer Rechnungen erfunden, fähig sein sollten, jeden Akt des Denkens auszudrücken und Grammatik und Wörterbuch eines allumfassenden Systems der Logik zu liefern, dies hätte niemand geglaubt, bevor es in 'Laws of Thought' bewiesen wurde.' De Morgan war der erste Präsident der London Mathematical Society von 1865 bis 1866. Gleichzeitig war er der

Übungsaufgabe 209! Natürlich könnte man auch erst diese Übungsaufgabe bearbeiten, um anschliessend mit diesen Ergebnissen Übungsaufgabe 209 zu lösen!

Übungsaufgabe 211 *Wir betrachten die Potenzmenge $P(M)$ einer Menge M mit $\mid M \mid =: n$ Elementen und einen Körper K. Man zeige bzw. analysiere folgende Aussagen und Fragen:*

(i) $P(M)$ ist bzgl. der symmetrischen Differenz von Mengen ein kommutatives Monoid.

(ii) Gilt (i) auch für unendliche Mengen?

(iii) Ist $\emptyset$ oder M neutral?

(iv) Was ist die Einheitengruppe von $P(M)$? Man zeige, dass sie elementar-2-abelsch ist.

(v) Was ändert sich, wenn M eine Gruppe ist?

(vi) Man zeige, dass die Monoidalgebra zu $P(M)$ zu K^{2^n} isomorph ist. (Tip: Man löse erst Teil (iv). Dann überlege man sich, wozu die Gruppenalgebra eines direkten Produktes von Gruppen isomorph ist.)

Was gilt für die sog. co-symmetrische Differenz?

Übungsaufgabe 212 *Welche der in den Übungen 211, 209 und 210 betrachteten Monoide bzw. Monoidalgebren sind isomorph? Kann man aus der Isomorphie zweier Monoidalgebren die Isomorphie der zugehörigen Monoide schliessen?*

Übungsaufgabe 213 *Man übersetze den folgenden Text (siehe auch [79]) und beweise ihn ggfs. unter Zuhilfename der dort aufgeführten Literatur:*

> *Carolyn Bean (reference below) proved a number of interesting group-theoretic results related to the symmetric difference operation, a few of which I will state here. Let X be a fixed set and let $P(X)$ be the set of all subsets of X. Bean proved that δ can be characterized as the unique group operation $*$ on $P(X)$ such that $A * B \subseteq A \cup B$ for all $A, B \in P(X)$. Define the co-symmetric difference operation δ_c on $P(X)$ by $A\delta_c B := X \setminus (A\delta B)$ for all*

---

einzige Präsident dieser Gesellschaft, der nicht gleichzeitig Mitglied (Fellow) in der Royal Society of London war, da er diese Mitgliedschaft ablehnte. De Morgan spielt auch für die Quantitative Linguistik und die Quantitative Stilistik eine Rolle, und zwar insofern, als er die Idee entwickelte, dass man das Problem der Identifizierung anonymer Autoren mit statistischen Mitteln lösen könne. So schlug er vor, das Problem der Autorschaft der Paulus-Briefe mit Hilfe von Wortlängenanalysen anzugehen, und vermutete, dass die durchschnittliche Wortlänge dazu aufschlussreich sein könne.

$A, B \in P(X)$. Then one can show that $(P(X), \delta_c)$ is also an abelian group. Bean proved that δ_c can be characterized as the unique group operation $*$ on $P(X)$ such that $A \cap B \subseteq A * B$ for all $A, B \in P(X)$. Bean additionally proved that $(P(X), \delta, \cap)$ and $(P(X), \delta_c, \cup)$ are isomorphic commutative rings with identity. This can be found here: Carolyn Bean, Group operations on the power set, Journal of Undergraduate Mathematics 8.1, March 1976, Pages 13 to 17.

Übungsaufgabe 214 *Seien K ein Körper und G eine endliche Gruppe. Man untersuche die Abbildung von $P(G)$ auf KG definiert durch $T \mapsto \overline{T}$. Wann ist T eine Untergruppe, wann ein Normalteiler? Ist die Bildung mit dem Komplexprodukt verträglich? Man beschreibe diese Abbildung für Q_8 und D_8 auf den Untergruppen!*

Übungsaufgabe 215 *Man wende die Ergebnisse zu reduzierten Algebren erneut auf auflösbare Algebren an!*

Übungsaufgabe 216 *Wann stimmen die Mengen der maximalen Tori und Cartan-Teilalgebren bei reduzierten Algebren überein?*

Übungsaufgabe 217 *(Zero-Erweiterung) Wann ist die Zero-Erweiterung (Übungsaufgabe 37) eine reduzierte Algebra und wie können in diesem Fall die maximalen Tori und Cartan-Teilalgebren mit der Ausgangsalgebra beschrieben werden? Man löse diese Aufgabe ggfs. durch geeignete Zusatzvoraussetzungen!*

Übungsaufgabe 218 *(eAe) Wann ist die Algebra eAe (Übungsaufgabe 129) eine reduzierte Algebra und wie können in diesem Fall die maximalen Tori und Cartan-Teilalgebren mit der Ausgangsalgebra beschrieben werden? Man löse diese Aufgabe ggfs. durch geeignete Zusatzvoraussetzungen!*

Übungsaufgabe 219 *Seien K ein Körper und G eine nicht-abelsche hamiltonsche Gruppe. Man bestimme im reduzierten Fall von KG die Dimension der maximalen Tori, der Cartan-Teilalgebren sowie des Nilradikals!*

5.9 Assoziative Algebren mit separabler Radikalfaktorstruktur

5.9.1 Eine Kennzeichnung mittels Radikalkomplementen

Satz 42 *Seien A eine assoziative endlich-dimensionale unitäre K-Algebra mit separabler Radikalfaktorstruktur und H eine Teilmenge von A. Es sind äquivalent:*

(i) H ist eine Cartan-Teilalgebra von A°.

(ii) Es gibt ein Radikalkomplement C von A und eine Cartan-Teilalgebra T von C°, so dass $H = C_A(T)$ gilt.

Zusatz: Die Cartan-Teilalgebren der Radikalkomplemente sind die maximalen Tori der Radikalkomplemente. Diese entsprechen den maximalen Tori von A.

Beweis: (i) $\to$ (ii): Sei H eine Cartan-Teilalgebra von A°. Nach Theorem 1 gibt es einen maximalen Torus T von A, so dass $H = C_A(T)$ gilt. Nach 2.3.7 in [65] und Lemma 4 liegt T in einem Radikalkomplement C von A. Offenbar ist T auch ein maximaler Torus von C. Nach Satz 36 ist T eine Cartan-Teilalgebra von C°.

(ii) $\to$ (i): Sei C ein Radikalkomplement von A und T eine Cartan-Teilalgebra von C°. Nach Satz 36 ist T ein maximaler Torus von C, und es gilt $T = C_C(T)$. Mit Bemerkung 13 erhalten wir $C_A(T) = C_C(T) \oplus C_{rad(A)}(T) = T \oplus C_{rad(A)}(T)$. Offenbar ist T ein zentrales Radikalkomplement in $C_A(T)$. Nach Bemerkung 10 ist $C_A(T)$ Lie-nilpotent. T liegt in einem maximalen Torus S von A. Theorem 1 ist $C_A(S)$ eine Cartan-Teilalgebra von A°. Diese ist maximal nilpotent und in $C_A(T)$ enthalten. Daraus schliessen wir $C_A(T) = C_A(S)$, und $C_A(T)$ ist eine Cartan-Teilalgebra von A°.

Beweis des Zusatzes: Der erste Teil folgt aus Satz 36. Jeder maximale Torus ist eine separable Teilalgebra, die nach einer Erweiterung der Konjugiertheitsaussage des Satzes von Wedderburn-Malcev in ein Radikalkomplement konjugiert werden kann. Daraus folgt nun der zweite Teil des Zusatzes.◇

5.9.2 Eine Strategie zur Ermittlung von Cartan-Teilalgebren

Die Sätze 36 und 42 zeigen folgende Strategie zur Berechnung der Cartan-Teilalgebren von Lie-Algebren assoziiert zu assoziativen unitären endlich-dimensionalen Algebren mit separabler Radikalfaktorstruktur:

(1) Bestimme die maximalen Tori der Radikalkomplemente. Äquivalent dazu sind die in den Radikalkomplementen selbstzentralisierenden Tori zu bestimmen. Um überhaupt irgendeinen in einem Radikalkomplement C selbstzentralisierenden Torus zu bestimmen, starte man mit einem (möglichst grossen) Torus T. Dann berechne man den Zentralistor dieses Torus im Radikalkomplement C und suche ein vollseparables Element t aus dem Zentralisator, das nicht im Torus T enthalten ist. Die Teilalgebra $K[T, t]$ ist wieder ein Torus, der nun grösser als T ist, falls ein solches Element t gefunden werden kann. Man wiederhole nun das Vorgehen für diesen neuen Torus solange, bis kein derartiges vollseparables Element mehr ermittelbar ist.

(2) Um die Cartan-Teilalgebren von A° zu ermitteln, bestimme man zu jedem in (1) gefundenen maximalen/im Radikalkomplement selbstzentralisierenden Torus T den Zentralisator in A (Satz 42). Dieser ist nach Bemerkung 13 und Satz 36 genau $C_{rad(A)}(T) \oplus T.\diamond$

Dieses Vorgehen demonstrieren wir nun. Zum einen erhalten wir einen weiteren Beweis von Satz 24, zum anderen bestimmen wir eine Cartan-Teilalgebra für $(KD_{2n})^\circ$ unter gewissen Voraussetzungen.

5.9.3 Erneut auflösbare Algebren

Korollar 6 *Sei A eine endlich-dimensionale assoziative unitäre auflösbare K-Algebra mit separabler Radikalfaktorstruktur. Dann sind die Cartan-Teilalgebren von A° genau die Zentralisatoren der Radikalkomplemente von A.*

Beweis: Ist C ein Radikalkomplement in A, so ist C nach Lemma 1 ein Torus. C besitzt also genau einen maximalen Torus, nämlich sich selbst. Die Behauptung folgt nun aus den Sätzen 36 und 42.$\diamond$

5.9.4 Gruppenalgebren zu Diedergruppen

Sei $n \in \mathbb{N}$, $G := D_{2n}$ eine Diedergruppe und K ein Körper mit $char(K) = p$. Dann existieren $a, b \in G$ mit $o(a) = n$, $o(b) = 2$, $G = \langle a, b \rangle$ und $a^b = a^{-1}$. Es gilt $G = \{1, a, ..., a^{n-1}, b, ab, ..., a^{n-1}b\}$. Ist $p > 0$ kein Teiler von n oder $p = 0$, so ist nach dem Satz von Maschke $K\langle a \rangle$ halbeinfach (und kommutativ). Nach 1.9.4.2 in [65] ist $K\langle a \rangle$ sogar separabel über K, und mit Lemma 4 schliessen wir, dass $K\langle a \rangle$ ein Torus von KG ist. Wir untersuchen den Zentralisator von $K\langle a \rangle$ in KG. Es gilt $KG = K\langle a \rangle \oplus \langle b, ab, ..., a^{n-1}b \rangle_K$, und $K\langle a \rangle$ zentralisiert $K\langle a \rangle$. Sei $x \in \langle b, ab, ..., a^{n-1}b \rangle_K$, etwa $x = \sum_{i=0}^{n-1} k_i a^i b$. x zentralisiert $K\langle a \rangle$ genau dann, wenn $\sum_{i=0}^{n-1} k_i a^i b^a = \sum_{i=0}^{n-1} k_i a^i b$ gilt. Dies ist wegen $b^a = a^{-2}b$ genau dann der Fall, wenn $a^{-2}\left(\sum_{i=0}^{n-1} k_i a^i\right) = \sum_{i=0}^{n-1} k_i a^i$ gilt. Ist 2 kein Teiler von n (also $\langle a^{-2} \rangle = \langle a \rangle$), so zentralisiert x genau dann $K\langle a \rangle$, wenn $K\langle a \rangle$ trivial auf $\sum_{i=0}^{n-1} k_i a^i \in K\langle a \rangle$ operiert, also $\sum_{i=0}^{n-1} k_i a^i \in \langle \sum_{i=0}^{n-1} a^i \rangle_K$ gilt. Somit erhalten wir $C_{KG}(K\langle a \rangle) = K\langle a \rangle \oplus \langle b + ab + ... + a^{n-1}b \rangle_K = K\langle a \rangle \oplus \langle \sum_{g \in G} g \rangle_K$.

Ist p ein Teiler der Gruppenordnung von G, also unter unseren Bedingungen $p = 2$, so ist der eindimensionale K-Teilraum $\langle \sum_{g \in G} g \rangle_K$ ein Zero-Ideal,

154

also im Radikal von KG enthalten. Sei nun noch $KG/rad(KG)$ separabel. Dann liegt der Torus $K\langle a\rangle$ nach Lemma 4 und 2.3.7 in [65] in einem Radikalkomplement C. Nach Bemerkung 13 gilt $C_{KG}(K\langle a\rangle) = C_{rad(KG)}(K\langle a\rangle) \oplus C_C(K\langle a\rangle)$. Andererseits gelten $C_{KG}(K\langle a\rangle) = K\langle a\rangle \oplus \langle \sum_{g\in G} g\rangle_K$, und $K\langle a\rangle \subseteq C_C(K\langle a\rangle)$ sowie $\langle \sum_{g\in G} g\rangle_K \subseteq C_{rad(KG)}(K\langle a\rangle)$. Somit erhalten wir, dass $K\langle a\rangle$ selbstzentral in C ist. Wegen der Sätze 36 und 42 ist also $C_{KG}(K\langle a\rangle) = K\langle a\rangle \oplus \langle \sum_{g\in G} g\rangle_K$ eine $(n+1)$-dimensionale Cartan-Teilalgebra von $(KG)^\circ$.

Sei p kein Teiler der Gruppenordnung von G. Das Element $s := \sum_{g\in G} g$ ist wegen $s^2 = |\,G\,|\,s$ diagonalisierbar, also insbesondere separabel über K. Nach unserer Strategie ist daher auch $C_{KG}(K\langle a\rangle)$ ein Torus von A, der offenbar selbstzentral in KG ist. Also ist $C_{KG}(K\langle a\rangle)$ auch in diesem Fall eine Cartan-Teilalgebra von $(KG)^\circ.\diamond$

Kapitel 5.9

exemplarisch
an $K O_{2n}$

Algebra mit Separabler
Radibal Jacitors richter

auflösbare
Fall ist damit
„offensichtli

CTA von A^0

$C_A(T_{2w})$

T Radibal houplement

J_A maximale Tori
von
A

Tuior mar. Taw T = mar Tori A

CTA von T^0

$=$

C_{A^0} Cartan-Teilaegebra von A^0

$C_A(T)$

J_T maximale Tori
Radibal houplemente

vSEP(T)

T

C_{T^0} Cartan-
Teilaegebra
der Radibal-
houplemente

$=$
T separabl

156

5.9.5 Offene Fragen und Übungsaufgaben

Offene Fragen 8 *(i) Für einen beliebigen Körper K und eine endliche Gruppe G bestimme man einen bzw. alle maximalen Torus bzw. Tori und eine bzw. alle Cartan-Teilalgebra/-en der assoziierten Lie-Algebra von KG!*

(ii) Wann stimmen die Mengen der maximalen Tori und die der Cartan-Teilalgebren überein?

Übungsaufgabe 220 *Man untersuche die Schlussweise des Abschnittes über* Gruppenalgebren von Diedergruppen *und versuche, sie auf Gruppenalgebren von Diedergruppen für den Fall* $2 \mid n$ *anzuwenden!*

Übungsaufgabe 221 *Man untersuche die Schlussweise des Abschnittes über* Gruppenalgebren von Diedergruppen *und versuche, sie auf Gruppenalgebren von Quaternionengruppen* Q_{4n} *zu übertragen!*

Übungsaufgabe 222 *Eine assoziative Algebra heisst lokal, wenn sie genau ein maximales Ideal besitzt. Man beweise, dass lokale Algebren reduziert sind. Zusätzlich zeige man, dass die Radikalfaktorstruktur einer lokalen Algebren isomorph zu einem Schiefkörper ist.*

Übungsaufgabe 223 *Man arbeite [74] durch und beweise alle dort angegebeben Aussagen zu lokalen Ringen bzw. Algebren (eventuell mittels Literaturrecherche)!*

Übungsaufgabe 224 *Wann ist eine Gruppenalgebra K für einen Körper K und einer endlichen Gruppe G lokal? Was sind in diesem Fall die Cartan-Teilalgebren von* $(KG)^\circ$*? (Tip: Man produziere mit Untergruppen von G idempotente Elemente und folgere daraus, dass G eine p-Gruppe sein muss und* $\mathrm{char}(K) = p$ *gilt. In diesem Fall ist das Augmentationsideal nilpotent.)*

Übungsaufgabe 225 *Man untersuche, ob die Modulendomorphismenalgebra eines Moduls genau dann lokal ist, wenn der Modul unzerlegbar ist!*

Übungsaufgabe 226 *Sind direkte Produkte reduzierter Algebren wieder reduziert? Was gilt für lokale Algebren? Ist jede reduzierte Algebra direktes Produkt lokaler Algebren? Gilt auch die Umkehrung dieser Aussage?*

Übungsaufgabe 227 *Sei A eine endlich-dimensionale assoziative unitäre lokale Algebra mit separabler Radikalfaktorstruktur. Wie können die Cartan-Teilalgebren von* A° *berechnet werden? Hierzu benutze man die Aussagen aus dem Kapitel für reduzierte Algebren und sowie die Strategie 5.9.2 nebst den Ergebnissen über Divisionsalgebren!*

Übungsaufgabe 228 *Sei im Folgenden $K := \mathbb{Q}$ der Körper der rationalen Zahlen.*

  (i) Man bestimme einen maximalen Torus, eine Cartan-Teilalgebren sowie ihre Dimensionen von KQ_8! Was ändert sich, wenn man statt K den reellen oder komplexen Zahlkörper benutzt? Wie sehen alle maximalen Tori und Cartan-Teilalgebren aus? Ist diese Algebra reduziert?

  (ii) Man bestimme einen maximalen Torus, eine Cartan-Teilalgebren sowie ihre Dimensionen der Algebra der unteren Dreiecksmatrizen von $K^{8\times 8}$! Was ändert sich, wenn man statt K den reellen oder komplexen Zahlkörper benutzt? Ist diese Algebra reduziert?

  (iii) Man betrachte die direkte Summe der Algebren aus (i) und (ii) unter denselben Fragestellungen!

Übungsaufgabe 229 *(Zero-Erweiterung) Man benutze Übungsaufgabe 37 und bestimme möglichst im Falle einer separablen Radikalfaktorstruktur die Cartan-Teilalgebren der Zero-Erweiterung ev. durch Beschreibung der Beziehung zu den Cartan-Teilalgebren der Ausgangsalgebra!*

Übungsaufgabe 230 *(eAe) Man benutze Übungsaufgabe 129 und bestimme möglichst im Falle einer separablen Radikalfaktorstruktur die Cartan-Teilalgebren der Algebra eAe ev. durch Beschreibung der Beziehung zu den Cartan-Teilalgebren der Ausgangsalgebra und durch Einschränkung auf zentrale Idempotente!*

5.10 Natürliche Bildung von Cartan-Teilalgebren

Die Idee für die Untersuchungen in diesem Kapitel ist die folgende: konstruiert man aus Algebren andere Algebren (also z.B. aus zwei Algebren das direkte Produkt), so stellen wir uns die Frage, ob unter dieser Konstruktion die Cartan-Teilalgebren in natürlicher Weise analog ermittelt werden können (also z.B. als direktes Produkt der Cartan-Teilalgebren der Faktoren). Dieser Fragestellung gehen wir an einigen Konstruktionen wie Faktorstrukturen, direkte Produkte, Matrixalgebren etc. nach.

5.10.1 Teil- und Faktorstrukturen

Beispiel 5 Wir betrachten in diesem Beispiel Cartan-Teilalgebren von Teilstrukturen (Teilalgebren, Links- und Rechtsideale). Dabei wollen wir einsehen, dass eine Cartan-Teilalgebra der Teilstruktur nicht durch die natürliche Schnittbildung einer Cartan-Teilalgebra der übergeordneten Struktur mit der Teilstruktur entsteht. Seien dazu $n \in \mathbb{N}$, K ein Körper und $A := K\Pi_n$ die Solomon-Tits-Algebra (siehe z.B. [67]). In [67] wird bewiesen, dass die Radikalkomplemente genau die Cartan-Teilalgebren von A° sind. Diese haben trivialen Schnitt mit dem Radikal. Das Radikal selbst ist aber Lie-nilpotent (Beispiel zu Links- und Rechtsideal sowie zu einer Teilalgebra). Die unitale Teilalgebra $rad(A) \oplus K \cdot 1$ hat nur einen eindimensionalen Schnitt mit jeder Cartan-Teilalgebra, ist aber selbst auch Lie-nilpotent (Beispiel für eine unitale Teilalgebra).$\diamond$

Proposition 19 *Seien A eine K-Algebra, C eine Cartan-Teilalgebra von A° und I ein Ideal von A, dass in C enthalten ist. Dann ist $(C+I/I)^\circ$ eine Cartan-Teilalgebra von $(A/I)^\circ$.*

<u>**Beweis.**</u> Nach Proposition 8 ist C eine Teilalgebra von A. Nach dem Parallelogrammsatz ist $(C+I)/I$ zu $C/C \cap I$ isomorph. Diese Faktoralgebra ist wegen der Lie-Nilpotenz von C selbst Lie-nilpotent. Wir müssen einsehen, dass sie selbstnormal ist. Sei $x \in A$ mit $(x+I) \circ (C+I/I) \subseteq (C+I)/I$. Dann gilt für alle $c \in C$ schon $(x \circ c) + I \in (C+I)/I = C/I$, also $x \circ c \in C+I = C$. Aus der Selbstnormalität von C folgt dann die Behauptung. $\diamond$

Definition und Bemerkung 5 *(Engel-Teilalgebren)* Für einen Vektorraum V endlicher Dimension und einem Endomorphismus f von V schreiben wir $V_0(f)$ für die Fitting-Null-Komponente von V bezgl. f. Ist $\mathcal{L}$ eine Teilmenge von $End_K(V)$, so sei allgemeiner $V_0(\mathcal{L})$ die Fitting-Null-Komponente von V bezgl. $\mathcal{L}$, also:

$$V_0(\mathcal{L}) = \{v \in V \, | \, \forall f \in \mathcal{L} \, \exists n \in \mathbb{N} : \quad vf^n = 0\}.$$

Sei L eine endlich-dimensionale Lie-Algebra. Dann ist bekanntlich eine nilpotente Teilalgebra H von L eine Cartan-Teilalgebra genau dann, wenn $H = L_0(\mathrm{ad}\,H)$ (siehe z.B. [27], Proposition 1, Chapter III,1.) gilt. Ist zudem die Bedingung $dim_K(L) < |\,K\,|$ gegeben, so sind die Cartan-Teilalgebren genau die nilpotenten bzw. minimalen Engel[10]-Teilalgebren.

---

[10]Friedrich Engel (geboren 26. Dezember 1861 in Lugau; gestorben 29. September 1941 in Gießen) war ein deutscher Mathematiker. Engel war der Sohn eines evangelisch-lutherischen Pastors und besuchte das Gymnasium in Greiz. Ab 1879 studierte er an der Universität Leipzig, an der er 1883 bei Adolph Mayer promoviert wurde (Zur Theorie der Berührungstransformationen). Er studierte auch an der Universität Berlin. Einer seiner Lehrer in Leipzig Felix Klein empfahl Engel an seinen Freund Sophus Lie, um diesen bei der Ausarbeitung/Ausformulierung seines Werks über kontinuierliche Transformationsgruppen (heute als Liegruppen bezeichnet) zu unterstützen. Lie selbst hatte stets Schwierigkeiten bei der Ausformulierung seiner intuitiv gefassten geometrischen Ideen in analytischer Form, und beide ergänzten sich gut. Engel arbeitete mit Lie 1884 bis 85 in Oslo (damals Christiania) und kehrte mit ihm 1886 nach Leipzig zurück, wo Lie die Nachfolge von Klein als Professor antrat. Ihr dreibändiges Werk über Transformationsgruppen erschien 1888 bis 1893. Später war Engel Herausgeber der Gesammelten Abhandlungen Lies. 1885 habilitierte sich Engel in Leipzig und wurde dort Privatdozent, 1889 außerordentlicher Professor und 1899 ordentlicher Honorarprofessor. 1904 wurde er als Nachfolger seines Freundes Eduard Study ordentlicher Professor an der Universität Greifswald und 1913 an der Universität Gießen, was er bis zu seiner Emeritierung 1931 blieb. Er war aber

Diese sind von der Form $L_0(ad(x))$ für ein $x \in L$. Engel-Teilalgebren haben die schöne Eigenschaft, dass jede Teilalgebra, in der sie liegen, selbstnormal ist (insbesondere die Engel-Teilalgebra also selbst, siehe z.B. [37]).$\diamond$

Mit Hilfe der Engel-Kennzeichnung können wir nun für die Faktoralgebra die natürliche Bildung einer Cartan-Teilalgebra beweisen (also insbesondere auch für assoziierte Lie-Algebren). Jede Faktoralgebra induziert einen Epimorphismus der Ausgangsalgebra auf die Faktoralgebra.

Folgerung 20 *Seien L, M endlich-dimensionale K-Lie-Algebren, φ ein Epimorphismus von L auf M, C eine Cartan-Teilalgebra von L und $dim_K(L) < \mid K \mid$. Dann ist $C\varphi$ eine Cartan-Teilalgebra von M.*
Insbesondere gilt: Ist I ein Ideal von L, so ist $(C + I)/I$ eine Cartan-Teilalgebra von L/I.

<u>Beweis</u>. Wir benutzen im Folgenden die Aussagen aus Definition und Bemerkung 5. Die Cartan-Teilalgebra C ist eine minimale Engel-Algebra, und jede Teilalgebra oberhalb von C ist selbstnormal. Insbesondere ist $C + Kern\varphi$ also selbstnormal. Als epimorphes Bild ist $C\varphi$ nilpotent. Sei z aus dem Normalisator von $C\varphi$ in M. Dann gibt es ein $x \in A$ mit $z = x\varphi$. Für alle $c \in C$ gilt also $(x\varphi)(c\varphi) \in C\varphi$. Dies bedeutet, dass für alle $c \in C$ die Bedingung $(xc)\varphi \in C\varphi$ gilt. Also existiert für alle $c \in C$ ein $c\prime \in C$, so dass $(xc)\varphi = c\prime\varphi$ gilt. Umformuliert heisst dies, dass für alle $c \in C$ ein $c\prime \in C$ existiert, so dass $(xc - c\prime)\varphi = 0$ gilt. Also gilt für alle $c \in C$, dass $xc \in C + Kern\varphi$ erfüllt ist. Leicht zu sehen ist, dass sogar für alle $c \in C, t \in Kern\varphi$ das Element $x(c + k)$ wieder in $C + Kern\varphi$ liegt. Also normalisiert x ganz $C + Kern\varphi$, und diese Teilalgebra ist nach der Eingangsbemerkung selbstnormal. Somit liegt x in $C + Kern\varphi$, und daraus folgern wir $x\varphi \in C\varphi$.$\diamond$

---

auch danach noch wissenschaftlich aktiv. 1931 veröffentlichte er mit seinem Doktoranden Karl Faber das Buch Die Lieschen partiellen Differentialgleichungen 1. Ordnung (ein Projekt, das Lie plante aber nicht mehr ausführen konnte). Engel verhalf Hermann Graßmann zu Anerkennung, indem er dessen sämtliche Werke herausgab, und machte Nikolai Iwanowitsch Lobatschewski durch die Übersetzung seiner Schriften aus dem Russischen ins Deutsche bekannt. Mit Paul Stäckel schrieb er eine Geschichte der nichteuklidischen Geometrie und veröffentlichte neben den Arbeiten von Lobatschewski auch andere Urkunden zur Nichteuklidischen Geometrie (Teubner, ab 1898) wie von Janos Bolyai und seinem Vater Farkas Bolyai. Engel selbst befasste sich unter anderem mit partiellen Differentialgleichungen erster Ordnung, Berührungstransformationen und endlichen kontinuierlichen Gruppen, dem Pfaffschen Problem (siehe Johann Friedrich Pfaff) und Systemen Pfaffscher Formen, Flächentheorie, Invariantheorie von Differentialgleichungen, Flächentheorie und der allgemeinen Integration des n-Körperproblems in der Mechanik. Er war in Briefwechsel mit Wilhelm Killing und war an der Euler-Gesamtausgabe beteiligt. 1910 war er Präsident der Deutschen Mathematiker-Vereinigung. Der Satz von Engel, der die endlichdimensionalen, nilpotenten Liealgebren charakterisiert, ist mit seinem Namen verbunden. Er war Mitglied der sächsischen, norwegischen, russischen und preußischen Akademie der Wissenschaften, Ehrendoktor in Oslo und Empfänger des der Lobatschewski-Goldmedaille in Kasan.

5.10.2 Direkte Faktoren

Satz 35 klärt bereits die Fragestellung dieses Kapitels für direkte Produkte assoziativer Algebren, denn alle Cartan-Teilalgebren von direkten Produkten entstehen auf natürlichem Weg als direkte Produkte von Cartan-Teilalgebren der direkten Faktoren.⋄

5.10.3 Adjunktion einer Eins

Hier haben wir bereits in Proposition 13 ein natürliches Ergebnis erzielt: Ist (A, K) eine Adjunktion einer K-Algebra A und C eine Cartan-Teilalgebra der Lie-Algebra A°, so ist $(C, K)^\circ$ eine Cartan-Teilalgebra der Lie-Algebra $(A, K)^\circ$.⋄

5.10.4 Zyklische Algebren

Bei zyklischen Algebren, die aus einer Galois-Erweiterung $(K; L)$ mit zyklischer Galois-Gruppe gebildet werden, erhalten wir nach Beispiel 4 auf natürliche Weise durch L selbst eine Cartan-Teilalgebra der zur zyklischen Algebra assoziierten Lie-Algebra.⋄

5.10.5 Tensorprodukte und Grundringerweiterungen

Wir haben an einigen Stellen benutzt, dass für eine Grundringerweiterung $A \otimes L$ einer Algebra A die Grundringerweiterung einer Cartan-Teilalgebra wieder eine Cartan-Teilalgebra ist (siehe auch [27]).

Proposition 20 *Seien A, B endlich-dimensionale assoziative unitäre K-Algebren und C bzw. D eine unitale K-Teilalgebra von A bzw. von B. Dann gilt: $N_{(A\otimes B)^\circ}(C \otimes D) = N_{A^\circ}(C) \otimes N_{B^\circ}(D)$.*

Beweis. Der Beweis möge der Leser als Übungsaufgabe durchführen (siehe Übung 235).⋄

In Korollar 2 haben wir unter gewissen Voraussetzung nachgewiesen, dass sich Lie-Nilpotenz auf Tensorprodukte vererbt. Daraus erhalten wir nun mittels der vorherigen Proposition 20 sowie Proposition 8 das folgende Resultat:

Satz 43 *Seien A, B endlich-dimensionale assoziative unitäre K-Algebren mit separablen Radikalfaktorstrukturen und C bzw. D eine Cartan-Teilalgebra von A° bzw. von B°. Dann ist $C \otimes D$ eine Cartan-Teilalgebra von $(A \otimes B)^\circ$.*
⋄

5.10.6 Matrixalgebren

Bemerkung 16 Seien A eine K-Algebra und $n \in \mathbb{N}$. Eine zunächst natürliche Fragestellung ist die, ob $C^{n \times n}$ für eine Cartan-Teilalgebra C von A° eine Cartan-Teilalgebra von $(A^{n \times n})^\circ$ ist. Allerdings ist nach Bemerkung 9 die Teilalgebra $C^{n \times n}$ für $n \geq 2$ nicht Lie-nilpotent.$\diamond$

An vielen Stellen in diesem Buch haben wir benutzt, dass für einen Körper K und eine natürliche Zahl n die Menge der Diagonalmatrizen eine Cartan-Teilalgebra von $gl(n, K)$ ist, und, dass alle Cartan-Teilalgebren konjugiert sind, wenn K algebraisch abgeschlossenen ist. Dies wird nun in folgender Weise erweitert:

Proposition 21 *Seien A eine assoziative unitäre K-Algebra, $n \in \mathbb{N}$ und C eine Cartan-Teilalgebra von A°. Dann sind die Diagonalmatrizen über C – in Zeichen $D(n, C)$ – von $A^{n \times n}$ eine Cartan-Teilalgebra von $(A^{n \times n})^\circ$.*

<u>Beweis</u>. Zunächst sei angemerkt, dass C nach Proposition 8 eine Teilalgebra von A ist. Daraus folgt leicht, dass die Menge der Diagonalmatrizen über C eine Lie-Teilalgebra von $(A^{n \times n})^\circ$ ist.

Sei X eine Matrix aus dem Lie-Normalisator der Menge der Dreiecksmatrizen über C in $(A^{n \times n})^\circ$ ist. Mit Hilfe der Diagonalmatrizen, die auf der Diagonalen genau einen Eintrag $= 1$ und sonst $= 0$ sind, beweist man zunächst, dass X eine Diagonalmatrix mit Einträgen aus A ist. Sei nun $c \in C$. Dann normalisiert X die Diagonalmatrix, die nur den Eintrag c in der Diagonalen besitzt. Daraus folgt leicht, dass für alle $i \in \underline{n}$ das Element $x_{ii} \circ c$ wieder in C liegt. Also nomalisiert x_{ii} alle Elemente von C. Aus der Selbstnormalität von C folgt damit, dass x_{ii} ein Element von C ist.

Aus der Lie-Nilpotenz von C ergibt sich zudem die der Dreiecksmatrizen über C, denn: ein mehrstelliges Lie-Produkt von Dreiecksmatrizen ist eine Dreiecksmatrix, deren Diagonale genau die mehrstufigen Lie-Produkte der Elemente der Dreicksmatrizen bzgl. derselben Komponente sind. $\diamond$

5.10.7 Gruppenalgebren

Einer dem Wortlaut natürlichen Fragestellung gehen wir in Band II nach: Sind K ein Körper, G eine auflösbare endliche Gruppe und C eine Carter-Untergruppe von G, ist dann KC eine Cartan-Teilalgebra von $(KG)^\circ$? Es stellt sich heraus, dass zwar KC wieder Lie-nilpotent ist, aber fast nie eine selbstnormale Lie-Teilalgebra von $(KG)^\circ$ ist.

Des Weiteren widmen wir uns an vielen Stellen in diesem Buch den Cartan-Teilalgebren der Gruppenalgebren (unter speziellen Bedingungen wie Auflösbarkeit) und erhalten einige Erkenntnisse zu den Cartan-Teilalgebren. Zumindest bei auflösbaren Gruppenalgebren erhalten wir eine recht natürliche Antwort auf unsere Frage (siehe 5.5.3).$\diamond$

Kapitel 5.10

Vertraglichkeiten mit Algebra-Konstruktionen

A-Algebra-B
C-CTA-D

Adjunktionredur F.u.
A# mit CTA CM

Faktoralgebra
A/I mit
CTA C+I/I
(im Engelfall)

direktes Produkt
A × B mit
CTA C × D

Tensorprodukt A ⊗ B
mit CTA   C ⊗ V

zyklische
Algebra mit
Strikt war.
Teilkörper L

unvertraglich
mit Teil-
Strukturen

Matrixalgebra A^{4×4}
mit CTA D(C,n)

5.10.8 Offene Fragen und Übungsaufgaben

Offene Fragen 9   *(i) Es verbleibt die Frage, wie alle bzw. eine Cartan-Teilalgebra der hier betrachteten Algebrenkonstruktionen (auf natürlichem Weg) beschrieben werden können. Insbesondere ist noch ein Beweis oder Gegenbeispiel der Bildung der Cartan-Teilalgebra der Faktoralgebra in dem Fall zu erbringen, dass $dim_K(L) \geq \mid K \mid$ gilt.*

(ii) Ein allgemeines Vorgehen zu Gruppenalgebren ist bis dato auch nicht bekannt.

(iii) Für Tensorprodukte fehlt die Ermittlung sämtlicher Cartan-Teilalgebren (Eine Cartan-Teilalgebra haben wir bereits konstruiert.).

(iv) Wann stimmen die jeweils Mengen der maximalen Tori und die der Cartan-Teilalgebren überein?

Übungsaufgabe 231 *Man untersuche die Fragestellungen dieses Abschnittes für maximale Tori anstelle von Cartan-Teilalgebren!*

Übungsaufgabe 232 *Mit Hilfe der Ergebnisse aus dem Abschnitt 5.10.5 beweise man erneut die Aussage in Proposition 21. (Hinweis: $A^{n \times n} \cong K^{n \times n} \otimes A$)*

Übungsaufgabe 233 *Sei A die reelle Quaternionenalgebra. Man beweise oder widerlege, dass A zu ihrer Invers-Algebra isomorph ist. Was gilt im allgemeinen Fall einer Quaternionenalgebra? Des Weiteren bestimme man eine Cartan-Teilalgebra von $A \otimes A$. Hierzu benutze man, dass $A \otimes A$ zu $\mathbb{C}^{2 \times 2}$ isomorph ist bzw. benutze die Aussagen aus dem Abschnitt 5.10.5!*

Übungsaufgabe 234 *Jedes homomorphe Bild einer nilpotenten Lie-Algebra ist wieder nilpotent. Gilt dies auch für abelsche und auflösbare Lie-Algebren?*

Übungsaufgabe 235 *Man beweise die Aussage aus Proposition 20!*

Übungsaufgabe 236 *Sei A die Algebra der unteren Dreiecksmatrizen (bzgl. einem Körper K und einer natürlichen Zahl n), D die Menge der Diagonalmatrizen und J das Radikal von A. Wahr oder falsch: Für alle $i \in \underline{n}$ ist $(D + J^i)/J^i$ eine Cartan-Teilalgebra von $(A/J^i)^\circ$? Inwiefern könnte hier die Grösse des Körpers interessant sein?*

Übungsaufgabe 237 *Seien K ein Körper, G eine endliche Gruppe und U eine Untergruppe von G. Ist die Dimension einer Cartan-Teilalgebra von KU° stets kleiner oder grösser als die einer von KG°? Entstehen die Cartan-Teilalgebren von KU° durch Schnittbildung einer Cartan-Teilalgebra von KG°? Kann man eine bzw. jede Cartan-Teilalgebra von KU° zu einer von KG°? erweitern?*

164

Übungsaufgabe 238 *(Zero-Erweiterung) Man übertrage die Übung 37 auf die Thematik der Cartan-Teilalgebren! Hierzu untersuche man, wie ein maximaler Torus der Ausgangsalgebra in einem Radikalkomplement auf die neue Algebra übertragen werden kann. Man beginne auch hier mit dem halbeinfachen Fall der Ausgangsalgebra!*

Übungsaufgabe 239 *(eAe) Man übertrage die Übung 129 auf die Thematik der Cartan-Teilalgebren! Hierzu untersuche man, wie ein maximaler Torus der Ausgangsalgebra in einem Radikalkomplement auf die neue Algebra übertragen werden kann. Man beginne auch hier mit dem halbeinfachen Fall der Ausgangsalgebra!*

Übungsaufgabe 240 *Sei L eine endlich-dimensionale Lie-Algebra. Genau dann ist L nilpotent, wenn der Schnitt des Nilradikales mit jeder Teilalgebra das Nilradikal der Teilalgebra ist.*

Übungsaufgabe 241 *Seien L eine endlich-dimensionale Lie-Algebra und C eine Cartan-Teilalgebra von L. Genau dann ist L nilpotent, wenn der Schnitt von C mit jeder Teilalgebra eine Cartan-Teilalgebra der Teilalgebra ist.*

Kapitel 6

Dimensionsformeln maximaler Tori in Gruppenalgebren

In diesem Kapitel leiten wir Dimensionsformeln maximaler Tori in Gruppenalgebren her. Die allgemeinen Resultate dieses Kapitels sind in Anlehnung an den Artikel [51] aufgeschrieben. An dieser Stelle möchte ich mich für die freundliche Unterstützung von Salvatore Siciliano bei der Erstellung dieses Kapitels bedanken.

Auf eine Einführung der Charaktertheorie endlicher Gruppen verzichten wir an dieser Stelle und verweisen den Leser auf die entsprechende Literatur (wie z.B. Isaacs Buch [25]).

6.1   Der halbeinfache Fall

Wir beginnen mit dem halbeinfachen Fall einer Gruppenalgebra und beweisen, dass die Dimension jedes maximalen Torus und jeder Cartan-Teilalgebra von KG° die Summe der Grade der irreduziblen Charaktere von G über $\mathbb{C}$ entspricht. Für eine Darstellung bzw. einen Charakter α sei $deg(\alpha)$ oder auch $grad(\alpha)$ sein Grad, d.h. die Dimension des darauf basierenden KG-Moduls.

Satz 44 *(Erste Summenformel von Siciliano) Seien G eine endliche Gruppe, K ein Körper, dessen Charakteristik nicht die Ordnung von G teilt und seien $\chi_1, \chi_2, \cdots, \chi_{k(G)}$ die irreduziblen Charaktere von G über $\mathbb{C}$. Es gelten:*

(i) Die Cartan-Teilalgebren von $(KG)^\circ$ entsprechen den maximalen Tori von KG.

(ii) Jede Cartan-Teilalgebra H von KG° besitzt die Dimension $\dim_K H = \sum_{i=1}^{k(G)} \deg(\chi_i).$

166

Beweis. Unter den Voraussetzungen ist KG nach Beispiel 1.9.4.2 in [65] eine separable Algebra. Aus Satz 36 ergibt sich nun direkt der Teil (i). Sei F ein algebraisch abgeschlossener Oberkörper von K. Ist H eine K-Cartan-Teilalgebra von KG°, dann ist nach [27] die F-Algebra $H \otimes_K F$ eine Cartan-Teilalgebra der F-Algebra $(KG \otimes_K F)^\circ$. Letzteres Tensorprodukt ist als F-Algebra zu FG isomorph (siehe Übungsaufgabe 287). In dieser Grundringerweiterung gilt bekanntlich (siehe z.B. [43]) die Dimensionsformel $dim_F(H \otimes_K F) = dim_K(H)$. Wir können also o.B.d.A. annehmen, dass K algebraisch abgeschlossen ist. Nach dem Satz von Wedderburn-Artin ist KG isomorph zu einer direkten Summe von vollen Matrizenalgebren $KG \cong K^{n_1 \times n_1} \oplus K^{n_2 \times n_2} \oplus \cdots \oplus K^{n_{k(G)} \times n_{k(G)}}$. Mit Hilfe von Satz 36 erkennen wir, dass H eine direkte Summe von maximalen Tori der KG-direkten Summanden dieser direkten Summe ist. Nach dem bereits früher erwähnten Resultat in [27] ist jeder dieser maximalen Tori zu der Menge der Diagonalmatrizen isomorph. Daher ist die K-Dimension von H genau $\sum\limits_{i=1}^{k(G)} n_i$. Jedes der Zahlen n_i ist der Grad einer irreduziblen KG-Darstellung. Unter der Voraussetzung der Halbeinfachheit von KG stimmt diese Summe mit der angegebenen Summe nach [24], Chapter 5, Theorem 12.11 überein. Damit gilt auch Aussage (ii).$\diamond$

Seien K ein Körper und G eine endliche Gruppe, so dass KG halbeinfach ist. Mit $cta(KG^\circ)$ bezeichnen wir die eindeutig bestimmte Dimension der maximalen Tori = Cartan-Teilalgebren von KG°.

Mit Hilfe von Satz 44 berechnen wir in den nächsten beiden Abschnitten mittels einiger Ergebnisse aus der Charaktertheorie für einige spezielle Gruppen und Gruppenklassen nun diese Dimension und geben obere und untere Schranken an.

6.2   Abschätzungen

Folgerung 21 *(Wurzel-Gruppenordnung) Seien G eine endliche Gruppe und K ein Körper, dessen Charakteristik nicht die Ordnung von G teilt. Dann gilt $\sqrt{|G|} \leq cta(KG^\circ) \leq |G|$.*

Beweis. Da bekanntlich die Summe der Quadrate der Grade der irreduziblen komplexen Charaktere genau die Gruppenordnung ist, folgt die Behauptung direkt aus Satz 44. $\diamond$

Folgerung 22 *(Untergruppen-Schranke) Seien G eine endliche Gruppe, U eine Untergruppe von G, A eine abelsche Untergruppe maximaler Mächtigkeit von G und K ein Körper, dessen Charakteristik nicht die Ordnung von G teilt. Dann gilt $max\{|A|, cta(KU^\circ)\} \leq cta(KG^\circ)$.*

Beweis. Jeder maximaler Torus von KU ist ein Torus von KG. Im abelschen Fall ist sogar KA selbst ein Torus. Daher folgt die Behauptung direkt aus Satz 44.$\diamond$

Die nächsten drei Ungleichungen sind durch einen Hinweis von Geoffrey Robinson in dieses Buch aufgenommen wurden (über das Portal mathoverflow.net). An dieser Stelle möchte ich mich recht herzlich bei Prof. Robinson über den regen Austausch in dem Portal bedanken. Für eine Gruppe G sei $t(G)$ die Anzahl der Involutionen (= Elemente der Ordnung 2) einer endlichen Gruppe G.

Folgerung 23 *(Involutionen-Schranke) Seien G eine endliche Gruppe und K ein Körper, dessen Charakteristik nicht die Ordnung von G teilt. Dann gilt $cta(KG^\circ) \geq 1 + t(G)$.*

Beweis. Nach dem bekannten Satz von Frobenius-Schur ist für alle $n \in \mathbb{N}$ die sog. n-te Wurzelanzahlfunktion eine Klassenfunktion auf G, also Linearkombination von irreduziblen komplexen Charakteren. Speziell gilt nach demselben Satz, dass bei dieser Linearkombination für $n = 2$ nur die Koeffizienten 1, 0 und -1 auftreten. Der Wert der 2-ten Wurzelanzahlfunktion an der Stelle 1 ist gerade $1 + t(G)$. Daher ist die Summe der Grade der irreduziblen Charaktere mindestens so gross wie der Wert an der Stelle 1 der 2-ten Wurzelanzahlfunktion. Mit Satz 44 folgt dann die Behauptung (Die Aussagen über die n-te Wurzelanfunktion können z.B. in [25], Seite 49ff. nachgeschlagen werden). $\diamond$

Folgerung 24 *(Robinson, 2014) Seien G eine nicht-abelsche endliche Gruppe, K ein Körper, dessen Charakteristik nicht die Ordnung von G teilt und $\chi_k(1)$ die maximale Dimension der irreduziblen komplexen Charakteren von G. Dann gilt $cta(KG^\circ) \leq \sqrt{k(G) + 1 - \frac{|G|}{\chi_k(1)}}$.*

Beweis. Die Aussage, dass die Summe der Dimensionen der irreduziblen komplexen Charaktere höchstens die angegebene Schranke annimmt, folgt aus den Hauptergebnissen der Arbeiten von Geoffrey Robinson in [46], [47] und [48]. Mit der Aussage 44 folgt dann die Behauptung. $\diamond$

Folgerung 25 *(Robinson, 2014) Seien G eine nicht-abelsche nilpotente endliche Gruppe, K ein Körper, dessen Charakteristik nicht die Ordnung von G teilt und $\chi_k(1)$ die maximale Dimension der irreduziblen komplexen Charakteren von G. Dann gilt $cta(KG^\circ) \leq \sqrt{(k(G) - 1)\,|\,G\,| + (\chi_k(1))^2}$.$\diamond$*

Beweis. Die Aussage, dass die Summe der Dimensionen der irreduziblen komplexen Charaktere höchstens die angegebene Schranke annimmt, folgt aus den Hauptergebnissen der Arbeiten von Geoffrey Robinson in [46], [47] und [48]. Mit der Aussage 44 folgt dann die Behauptung. $\diamond$

Mit Hilfe des Satzes von Ito und Satz 44 lässt sich weiterhin für metabelsche Gruppen die folgende Abschätzung einsehen. Um diese Schranke möglichst gut zu wählen, sollte man eine maximal abelsche Untergruppe von möglichst grosser Mächtigkeit oberhalb der Ableitung wählen.

Folgerung 26 *(metabelsche Gruppen) Seien G eine metabelsche endliche Gruppe, K ein Körper, dessen Charakteristik nicht die Ordnung von G teilt. Sei N eine abelsche Untergruppe oberhalb der Ableitung von G. Dann gilt $cta(KG^\circ) \leq |\, G/G'\, | + (k(G) - |\, G/G'\, |) \cdot |\, G/N\, |$.*

Beweis. Es gibt bekanntlich genau $|\, G/G'\, |$ eindimensionale Darstellungen. Die restlichen lassen sich vom Grade her nach dem Satz von Ito durch den Index der abelschen Untergruppe abschätzen. Das Ergebnis folgt nun aus Satz 44.$\diamond$

Mit Hilfe der Klassifikation einfacher Gruppen ergibt sich:

Folgerung 27 *(Berkovitch und Mann, 1998) Seien G eine endliche nicht-auflösbare Gruppe und K ein Körper, dessen Charakteristik nicht die Ordnung von G teilt. Dann gilt $cta(KG^\circ) > 2 \cdot |\, G/G'\, |$.*

Beweis. Berkovitch und Mann haben mittels der Klassifikation einfacher Gruppen in [8] gezeigt, dass die Summe der Grade der irreduziblen komplexen Charaktere echt grösser als das Doppelte des Index der Ableitung von G ist. Der Rest folgt nun aus Satz 44.$\diamond$

In der folgenden Schranke sollte man möglichst die maximale p-Potenz wählen, was den Sylow-Untergruppengedanken hier ins Spiel bringt.

Folgerung 28 *(Heffernan und MacHale, 2008) Seien G eine endliche Gruppe, p ein Primteiler von G, $n \in \mathbb{N}$ mit $p^n \,|\,|\, G\, |$, K ein Körper, dessen Charakteristik nicht die Ordnung von G teilt. Dann gilt $cta(KG^\circ) \geq p^{\frac{\lfloor \sqrt{8n+1}-1 \rfloor}{2}}$.*

Beweis. Heffernan und MacHale haben in [17] gezeigt, dass die Summe der Grade der irreduziblen kompexen Charaktere mindestens so gross wie angegeben ist. Der Rest folgt nun aus Satz 44. $\diamond$

6.3 Spezielle Gruppenklassen

Folgerung 29 *(abelsche Gruppen) Seien G eine endliche Gruppe und K ein Körper, so dass KG halbeinfach ist. Genau dann ist G abelsch, wenn die Dimension der Cartan-Teilalgebra von KG° genau $|\, G\, |$ ist (also genau dann, wenn KG Lie-nilpotent ist).*

<u>Beweis</u>. G ist bekanntlich genau dann abelsch, wenn jeder irreduzible komplexe Charakter ein linearer ist. Auf der anderen Seite gilt, dass die Summe der Grade der komplexen irreduziblen Charaktere mit der Summe der Quadrate der Grade der irreduziblen komplexen Charaktere (also $|\,G\,|$) genau dann übereinstimmt, wenn jeder dieser Grade genau Eins ist (Die Grade sind natürliche Zahlen.). Nun folgt leicht die Behauptung mit Satz 44. $\diamond$

Folgerung 30 *(pq-Gruppen) Seien p, q Primzahlen, G eine endliche Gruppe der Ordnung pq und K ein Körper, so dass KG halbeinfach ist. Dann ist entweder G abelsch oder es gilt $p \mid (q-1)$. Im ersten bzw. letzteren Fall ist $cta(KG^\circ) = pq$ bzw. $cta(KG^\circ) = q + p - 1$.*

<u>Beweis</u>. Nach [38] ist entweder G abelsch oder es gilt p teilt $q - 1$. Im letzteren Fall gibt es nach Satz 25.10 in [38] genau q eindimensionale und $\frac{p-1}{q}$ q-dimensionale komplexe irreduzible Charaktere. Die Summe der Grade ist in diesem Fall also $q + p - 1$. Die Behauptung folgt nun aus Folgerung 29 und Satz 44. $\diamond$

Folgerung 31 *(extra-spezielle p-Gruppen) Seien K ein Körper, p eine Primzahl, $n \in \mathbb{N}$ und G eine extra-spezielle p-Gruppe der Ordnung p^{2n+1}, so dass die Charakteristik von K ungleich p ist. Dann gilt $cta(KG^\circ) = p^n(p^n + p - 1)$.*

<u>Beweis</u>. Nach [68] gibt es p^{2n} eindimensionale und $(p-1)$ p-dimensionale irreduzible komplexe Charaktere von G. Mit Satz 44 folgt nun, dass die Dimension jeder Cartan-Teilalgebra von KG° genau $p^{2n} + (p-1)p^n$ ist. Daraus folgt die Behauptung. $\diamond$

Folgerung 32 *(Diedergruppen) Seien $n \in \mathbb{N}$ mit $n \geq 3$, $G = D_{2n}$ die Diedergruppe der Ordnung $2n$ und K ein Körper, dessen Charakteristik ungleich 2 ist und nicht n teilt. Ist n gerade bzw. ungerade, so gilt $cta(KG^\circ) = n + 2$ bzw. $cta(KG^\circ) = n + 3$. Insbesondere durchlaufen diese Dimensionen die geraden natürlichen Zahlen mit 6 beginnend.*

<u>Beweis</u>. Seien dazu $a, b \in G$ mit $o(a) = n$, $o(b) = 2$, so dass G von a, b erzeugt wird und $a^b = a^{-1}$ gilt. Daraus erhalten wir, dass der Kommutator von a, b genau a^{-2} ist. Ist also n ungerade, so hat die Kommutatorgruppe den Index 2, im geraden Fall den Index 4. Demnach gibt es bekanntlich im geraden bzw. ungeraden Fall von n genau 4 bzw. genau 2 lineare komplexe irreduzible Charaktere. Die Konjugiertenklassen von G sind b^G, $(ab)^G$, $\{1\}$ sowie für gerades bzw. ungerades n die Klassen $\{a^{\frac{n}{2}}\}$ und $\{a^r, a^{-r}\}$ für $r \in \frac{n}{2} - 1$ bzw. $\{a^r, a^{-r}\}$ für $r \in \frac{n-1}{2}$. Also ist die Klassenzahl von G für gerades bzw. ungerades n genau $\frac{n}{2} + 3$ bzw. $\frac{n-1}{2} + 3$. Da a einen zyklischen Normalteiler vom Index 2 erzeugt, sind nach einem Satz von Ito sämtliche nicht-lineare komplexe irreduzible Charaktere vom Grad 2. Mit Satz 44 erhalten wir nun also Dimension der Cartan-Teilalgebra von KG° im geraden bzw. ungeraden Fall von n genau $4 \cdot 1 + \left(\frac{n}{2} - 1 + 4 - 4\right) \cdot 2 = n + 2$ bzw. $2 \cdot 1 + \left(\frac{n-1}{2} + 3 - 2\right) \cdot 2 = n + 3$. $\diamond$

Folgerung 33 *(Quaternionengruppen) Seien $n \in \mathbb{N}$ mit $n \geq 2$, $G = Q_{4n}$ die Quaternionengruppe der Ordnung $4n$ und K ein Körper, dessen Charakteristik ungleich 2 ist und nicht n teilt. Dann gilt $cta(KG^\circ) = 2n + 2$.*

Beweis. Seien dazu $a, b \in G$ mit $o(a) = 2n$, $o(b) = 4$, so dass G von a, b erzeugt wird und $a^b = a^{-1}b^2$ gilt. Die Kommutatorgruppe ist von a^2 erzeugt, also gibt es genau 4 lineare irreduzible komplexe Charaktere. Da a einen zyklischen Normalteiler vom Index 2 erzeugt, sind nach einem Satz von Ito sämtliche nicht-lineare komplexe irreduzible Charaktere vom Grad 2. Die Klassenzahl von G ist $k(G) = n + 3$. Mit Satz 44 erhalten wir nun als Dimension der Cartan-Teilalgebren von KG° genau $4 \cdot 1 + (n-1) \cdot 2 = 2n + 2$ ist. $\diamond$

Folgerung 34 *(Semidiedergruppen) Seien $n \in \mathbb{N}$, $G = SD_{2^n}$ die Semi-Diedergruppe der Ordnung 2^n und K ein Körper der Charakteristik ungleich 2. Dann gilt $cta(KG^\circ) = 2^{n-1} + 2 = cta((KQ_{2^n})^\circ) = cta((KD_{2^n})^\circ)$.*

Beweis. Nach Satz 44 müssen wir die Summe der Grade der irreduziblen komplexen Charaktere berechnen. Seien $G := SD_{2^n}$, h ein Element von G mit $o(h) = 2^{n-1}$ und a eine Involution in G, so dass $\langle h, a \rangle_{\mathcal{G}} = G$ und $h^a = h^{-1} \cdot h^{2^{n-2}}$ gelten. Im weiteren Verlauf sei $z := h^{2^{n-2}}$. Die Konjugiertenklassen von G sind die folgenden (siehe Übungsaufgaben): $\{1\}$, $\{z\}$, a^G, $(ha)^G$ und für alle $r \in \underline{2^{n-2} - 1}$ die Klassen $\{h^{-r}, h^{-r}z\}$. Daher ist die Klassenzahl $k(G)$ genau $2^{n-2} + 3$. Da die von h erzeugte zyklische Untergruppe ein Normalteiler vom Index 2 ist, besitzen alle Grade der komplexen irreduziblen Charaktere nach einem Satz von Ito den Wert 1 oder 2. Die Anzahl der irreduziblen komplexen linearen Charaktere (also die vom Grad 1) ist gegeben durch die Mächtigkeit der Kommutatorfaktorgruppe. Man überlegt sich leicht (siehe Übungsaufgaben), dass der Kommutator von G den Index 4 hat. Daher gibt es also insgesamt: 4 irreduzible komplexe Charaktere vom Grad 1 und $k(G) - 4$ irreduzible komplexe Charaktere vom Grad 2. Als Dimension einer Cartan-Teilalgebra ergibt sich somit $4 + (2^{n-2} + 3 - 4) \cdot 2 = 2 + 2^{n-1}$. Der Rest der Behauptung ergibt sich durch Spezialisierung der vorherigen Folgerungen 32 und 33 auf eine 2-Potenz. $\diamond$

Folgerung 35 *(direktes Produkt zweier Faktoren) Seien K ein Körper und G, H endliche Gruppen. Sind KG und KH halbeinfach, so auch $K(G \times H)$, und es gilt $cta(K(G \times H)^\circ) = cta(KG^\circ) \cdot cta(KH^\circ)$.*

Beweis. Da $char(K)$ entweder Null oder eine Primzahl ist, folgt mit dem Satz von Maschke leicht die Halbeinfachheit von $K(G \times H)$. Wir betrachten die Gruppenalgebren für $K = \mathbb{C}$ von G, H und $G \times H$. Seien $\chi_1, \cdots, \chi_r$ und $\psi_1, \cdots, \psi_l$ die komplexen irreduziblen Charaktere von KG und KH mit den Graden $n_1, \cdots, n_r$ und $s_1, \cdots, s_l$. Es ist also KG bzw. KH die direkte Summe der vollen Matrizenalgebren $K^{n_1 \times n_1}, \cdots, K^{n_r \times n_r}$ bzw. $K^{s_1 \times s_1}, \cdots, K^{s_l \times s_l}$. Man überlegt sich leicht, dass $K(G \times H)$ zu dem Tensorprodukt der Algebren KG und KH isomorph ist (siehe auch Übungsaufgaben). Aus der Distributivität des Tensorproduktes und der der direkten Summe ergibt sich, dass $K(G \times H)$ zu einer direkten Summe von Tensorprodukten von vollen Matrizenalgebren $K^{n_i \times n_i}$ und $K^{s_j \times s_j}$ isomorph ist. Für eine beliebige K-Algebra A und ein $n \in \mathbb{N}$ gilt $A^{n \times n} \cong K^{n \times n} \otimes A$ (siehe Übungsaufgaben). Daher ist $K(G \times H)$ zu einer direkten Summe von vollen Matrizenalgebren $(K^{n_i \times n_i})^{s_j \times s_j}$ isomorph. Man überlegt sich leicht (siehe Übungsaufgaben), dass $(K^{n_i \times n_i})^{s_j \times s_j}$ zu $K^{n_i s_j \times n_i s_j}$ isomorph ist. Somit haben wir $K(G \times H)$ in volle Matrizenalgebren über K zerlegt, und zwar mit den Dimensionen $n_i s_j$. Diese entsprechen genau den Graden der irreduziblen Charaktere über K. Als ihre Summe ergibt sich somit $\sum\limits_{i,j} n_i s_j = \sum\limits_i n_i \cdot \sum\limits_j s_j$. $\diamond$

Daraus erhalten wir mit vollständiger Induktion direkt:

Folgerung 36 *(direkte Produkte) Seien $n \in \mathbb{N}$, K ein Körper und G sowie $G_1, \cdots, G_n$ endliche Gruppen.*

(i) Sind $KG_1, \cdots, KG_n$ halbeinfach, so auch $K(G_1 \times \cdots \times G_n)$, und es gilt $cta(K(G_1 \times \cdots \times G_n)^\circ) = \prod\limits_{i=1}^{n} cta(KG_i^\circ)$.

(ii) Ist KG halbeinfach, so auch $K(G^n)$, und es gilt die Identität $cta((KG^n)^\circ) = cta(KG^\circ)^n$.

Für eine endliche Gruppe schreiben wir $Syl(G)$ für die Menge der Sylow-Untergruppen von G. Wir erhalten nun aus Folgerung 36 für endliche nilpotente Gruppen, die ja direktes Produkt ihrer Sylow-Untergruppen sind:

Folgerung 37 *(nilpotente Gruppen) Seien K ein Körper und G eine endliche nilpotente Gruppe, so dass KG halbeinfach ist. Dann ist für jede der normalen Sylow-Untergruppen P von G auch KP halbeinfach, und es gilt $cta(KG^\circ) = \prod\limits_{P \in Syl(G)} cta(KP^\circ)$.$\diamond$*

Folgerung 38 *Seien G eine endliche p-Gruppe und K ein Körper, so dass KG halbeinfach ist. Dann gilt $p \mid cta(KG^\circ)$.*

Beweis. Für abelsche p-Gruppen folgt die Aussage aus Folgerung 29. Sei nun G nicht-abelsch. Die Anzahl der linearen Charaktere ist eine p-Potenz,

172

da sie G/G' ist und G' weder G noch trivial sein kann. Das Zentrum ist ein echter Normalteiler von G. Nach dem Satz von Ito teilt daher der Grad jeder irreduziblen komplexen Darstellung von G die Zentrums-Faktorgruppe, ist also auch eine p-Potenz. Daher ist die Summe der Grade der irreduziblen komplexen Charaktere eine Summe von echten p-Potenzen und somit durch p teilbar. Nun folgt leicht die Behauptung mit Satz 44. $\diamond$

Folgerung 39 *(Slattery-Algorithmus für p-Gruppen)* Wir geben hier den Algorithmus von M.C. Slattery (siehe [53]) wieder, um die irreduziblen komplexen Charaktergrade von p-Gruppen rekursiv zu berechnen. Dabei betrachten wir Folgen von natürlichen Zahlen inklusive Null $(a_n)_{n\in\mathbb{N}_0}$. Die Addition und Multiplikation mit $(b_n)_{n\in\mathbb{N}_0}$ definieren wir komponentenweise. Mit $shift((a_n)_{n\in\mathbb{N}_0})$ bezeichnen wir die Folge $(b_n)_{n\in\mathbb{N}_0}$ mit $b_0 = 0$ und $b_i = a_{i-1}$ für alle $i \geq 1$.

Der folgende Algorithmus berechnet $(c_n)_{n\in\mathbb{N}_0}$, wobei c_i die Anzahl der irreduziblen Darstellungen vom Grad p^i ist für alle $i \in \mathbb{N}_0$. Hiermit kann man dann auch die Summe der Grade berechnen. Die Bedeutung der Summe ergibt sich dann aus Satz 44 für KG als Dimension eines maximalen Torus von KG (= Cartan-Teilalgebra von KG°).

Wir schildern nun den Slattery-Algorithmus: Sei nun p eine Primzahl und G eine endliche p-Gruppe. Wir definieren $(c_n(G))_{n\in\mathbb{N}_0}$ durch

(i) Ist $\mid G \mid \leq p^2$, so sei $(c_n)_{n\in\mathbb{N}_0} = (\mid G \mid, 0, 0, ...)$.

(ii) Seien $\mid G \mid \geq p^3$ und N eine zentrale Untergruppe der Ordnung p. Dann sei $(c_n(G))_{n\in\mathbb{N}_0}$ definiert durch $(c_n(G/N))_{n\in\mathbb{N}_0} + (p-1)(c_n(G,N))_{n\in\mathbb{N}_0}$.

Die Folge $(c_n(G,N))_{n\in\mathbb{N}_0}$ sei dabei folgendermassen definiert:

(i) Ist $\mid G/N \mid \leq p$, so sei $(c_n(G,N))_{n\in\mathbb{N}_0} = (\mid G/N \mid, 0, 0, ...)$.

(ii) Seien $\mid G/N \mid \geq p^2$, M ein Normalteiler von G echt oberhalb von N mit $\mid M/N \mid = p$ und $C := C_G(M)$. Sei zunächst M zyklisch. Ist M zentral, so sei $(c_n(G,N))_{n\in\mathbb{N}_0} = p(c_n(G,M))_{n\in\mathbb{N}_0}$. Im anderen Fall sei $(c_n(G,N))_{n\in\mathbb{N}_0} = (c_n(C,M))_{n\in\mathbb{N}_0}$. Sei nun M nicht zyklisch. Wähle ein $y \in M \setminus N$ der Ordnung p, $x \in N$ der Ordnung p. Sei M zentral. Dann setzen wir $(c_n(G,N))_{n\in\mathbb{N}_0} = \sum_{j=1}^{p} (c_n(G/\langle yx^j\rangle, M/\langle yx^j\rangle))_{n\in\mathbb{N}_0}$. Im anderen Fall sei $(c_n(G,N))_{n\in\mathbb{N}_0} = shift(c_n(C/\langle y\rangle, M/\langle y\rangle))_{n\in\mathbb{N}_0}$. $\diamond$

Sei G eine endliche Gruppe. Mit $Irr(G)$ bezeichnen wir die Menge der komplexen irreduziblen Charaktere von G.

Folgerung 40 *(minimal nicht-abelsche p-Gruppen)* Seien p eine Primzahl, G eine minimal nicht-abelsche p-Gruppe und K ein Körper, so dass KG halbeinfach ist. Nach Lemma 3.2.6.1 in [65] sind die maximalen Untergruppen genau die Zentralisatoren der nicht-zentralen Elemente von G. Da G

nilpotent ist, sind diese maximalen Untergruppen Normalteiler vom Index p. Daher besitzen alle Konjugiertenklassen von nicht-zentralen Elementen von G die Länge p. Somit gilt:

$$\mid G \mid = \mid Z(G) \mid + (k(G) - \mid Z(G) \mid) \cdot p.$$

Also gilt:

$$k(G) = \frac{|G| - |Z(G)|}{p} + \mid Z(G) \mid.$$

Nach einem Satz von Ito (da es ein abelschen Normalteiler vom Index p gibt) hat jede nicht-lineare irreduzible Darstellung den Grad p. Des Weiteren hat nach einem Satz von Knoche (da jede Konjugiertenklasse von nicht-zentralen Elementen von G die Länge p hat) die Ableitung von G die Ordnung p. Nun erhalten wir:

$$\begin{aligned}
cta(KG^{\circ}) &= \\
\sum_{\chi \in Irr(G)} deg(\chi) &= \\
\mid G/G' \mid \cdot 1 + (k(G) - \mid G/G' \mid) \cdot p &= \\
\frac{\mid G \mid}{p} + (\frac{\mid G \mid - \mid Z(G) \mid}{p} + \mid Z(G) \mid - \mid G/G' \mid) \cdot p &= \\
\frac{\mid G \mid}{p} + \mid G \mid - \mid Z(G) \mid + \mid Z(G) \mid \cdot p - \mid G \mid &= \\
\frac{\mid G \mid}{p} + \mid Z(G) \mid (p - 1)& \quad .
\end{aligned}$$

Die minimal nicht-abelschen p-Gruppen sind klassifiziert. Es gibt hier drei Typen (siehe auch z.B. Anmerkung 3.2.6.3 in [65]):

Typ 1:
In diesem Fall gilt $G = Q_8$. Hier ist die Summe also 6.

Typ 2:
G hat Ordnung p^{r+s} (für bestimmte $r, s \in \mathbb{N}$) und das Zentrum die Ordnung $max\{p^{r-1}, p^{s-1}\}$. Als Summe erhalten

$$\begin{aligned}
cta(KG^{\circ}) &= \\
\sum_{\chi \in Irr(G)} deg(\chi) &= \\
\frac{\mid G \mid}{p} + \mid Z(G) \mid (p - 1) &= \\
p^{r+s-1}(p-1)max\{p^{r-1}, p^{s-1}\} &= \\
(p-1)p^{max\{2r-2+s, 2s-2+r\}}.&
\end{aligned}$$

174

Typ 3:

G hat die Ordnung p^{s+r+1} (für bestimmte $r, s \in \mathbb{N}$) und das Zentrum die Ordnung $max\{p, p^{r-1}, p^{s-1}\}$. Als Summe erhalten wir

$$cta(KG^\circ) \;=\;$$
$$\sum_{\chi \in Irr(G)} deg(\chi) \;=\;$$
$$\frac{|G|}{p} + |Z(G)|(p-1) \;=\;$$
$$p^{r+s}(p-1)maxp, p^{r-1}, p^{s-1} \;=\;$$
$$(p-1)p^{max\{2r-1+s,\,2s-1+r,\,r+s+1\}}.$$

Die Bedeutung der Summe ergibt sich dann aus Satz 44 für KG als Dimension eines maximalen Torus von KG ($=$ Cartan-Teilalgebra von KG°). Der Körper K ist also von Charakteristik Null oder ungleich p.$\diamond$

Beispiel 6 *(S_4)* Die symmetrische Gruppe S_4 hat zwei irreduzible komplexe Darstellungen vom Grad 1, eine irreduzible komplexe Darstellung vom Grad 2 und zwei irreduzible komplexe Darstellungen vom Grad 3. Also ergibt sich aus Satz 44, dass die Dimension jeder Cartan-Teilalgebra von KS_4, wobei K ein Körper der Charakteristik ungleich 2 und 3 ist, genau $2 \cdot 1 + 1 \cdot 2 + 2 \cdot 3 = 10$ ist: $cta(KS_4^\circ) = 10$.$\diamond$

Beispiel 7 *(A_4)* Die alternierende Gruppe A_4 hat drei irreduzible komplexe Darstellungen vom Grad 1 und eine irreduzible komplexe Darstellung vom Grad 3. Also ergibt sich aus Satz 44, dass die Dimension jeder Cartan-Teilalgebra von KA_4, wobei K ein Körper der Charakteristik ungleich 2 und 3 ist, genau $3 \cdot 1 + 1 \cdot 3 = 6$ ist: $cta(A_4^\circ) = 6$.$\diamond$

Diese beiden Beispiele zeigen, dass die Dimension der maximalen Tori von $\mathbb{C}A_n$ und $\mathbb{C}S_n$ im Allgemeinen nicht übereinstimmen. Im Falle der symmetrischen und den verallgemeinerten Diedergruppen können wir diese Dimension mit Hilfe der Frobenius-Schur-Theorie nun bestimmen. Eine Gruppe heisst ambivalent, wenn jedes Element zu seinem Inversen konjugiert ist.

Folgerung 41 *(Ambivalente Gruppen) Seien G eine endliche ambivalente Gruppe und K ein Körper, so dass KG halbeinfach ist. Dann gilt $cta(KG^\circ) = 1 + t(G)$.*

<u>**Beweis.**</u> Für ambivalente Gruppen ist der sog. Frobenius-Schur-Indikator genau 1. Daher ist die 2te Wurzelanzahlfunktion genau die Summe der irreduziblen komplexen Charaktere. Ausgewertet an der Stelle 1 ist die 2te Wurzelanzahlfunktion genau $1 + t(G)$, andererseits auch die Summe der Grade

der kompexen irreduziblen Charaktere. Mit Satz 44 folgt nun die Behauptung (siehe auch z.B. Issacs Buch zur Charaktertheorie [25]).$\diamond$

Für die symmetrische Gruppe tauchen nun die sog. Telefon-Zahlen auf (siehe z.B. [68]).

Folgerung 42 *Seien $n \in \mathbb{N}$ und K ein Körper, so dass KS_n halbeinfach ist. Dann gilt*

$$cta(KS_n{}^\circ) = \sum_{k=0}^{\lfloor \frac{n}{2} \rfloor} \frac{n!}{2^k(n-2k)!k!}.$$

Beweis. Wir zeigen zunächst, dass S_n ambivalent ist. Zu jeder Permutation kann man den sog. Zykeltyp bestimmen. Dazu zerlegt man die Permutation (bis auf Reihenfolge eindeutig) in ein Produkt von disjunkten Zykel-Permutationen und sortiere diese nach der Länge des Zyklus absteigend. Die Längen ergeben dann eine Partition von n. Zwei Permutationen sind nun genau dann konjugiert, wenn die dengleichen Zykeltyp besitzen. Man überlegt sich sehr leicht, dass das Inverse einer Permutation den Zykeltyp nicht verändert. Damit ist S_n ambivalent (vgl. auch [6]).
Mit Hilfe von Folgerung 41 und Satz 44 müssen wir also nur noch die Zahl $1 + t(S_n)$ bestimmen. Dieses sind aber genau die sog. Telefon-Zahlen, deren Anzahl bekannt und die Angegebene ist.$\diamond$

Auch die Diedergruppen zählen zu den ambivalenten Gruppen (vgl. Übungsaufgabe). Wir untersuchen hier die etwas allgemeinere Form, nämlich die sog. verallgemeinerten Diedergruppen. Das sind solche Gruppen, die ein semidirektes Produkt eines abelschen Normalteilers und einer Untergruppe erzeugt von einer Involution sind. Dabei agiert die Involution invertierend per Konjugation auf dem abelschen Normalteiler. Wir schreiben für diese Gruppen auch $G = (A, \tau)$.

Ist A eine endliche abelsche Gruppen, so bilden die Involutionen plus 1 eine elementar-2-abelsche Untergruppe. Da jede elementar-2-abelsche Untergruppe aus Elementen der Ordnung ≤ 2 besteht, ist somit die Menge der Involutionen plus 1 die grösste elementar-2-abelsche Untergruppe von A, in Zeichen $\Omega_2(A)$. In den Übungen gehen wir auf die Ermittlung von $\Omega_2(A)$ basierend auf einer direkten Zerlegung von A in zyklische Gruppen ein.

Folgerung 43 *(allgemeine Diedergruppe) Seien $G = (A, \tau)$ eine verallgemeinerte Diedergruppe und K ein Körper, so dass KG halbeinfach ist. Dann gilt $cta(KG^\circ) = |\,\Omega_2(A)\,| + |\,A\,|$.*

Beweis. Wir zeigen zunächst, dass G ambivalent ist. Sei t die Involution, die auf A invertierend per Konjugation operiert. Es gilt wegen des Index 2

176

von A in G, dass G die disjunkte Vereinigung von A und tA ist. Per Definition sind die Elemente in A durch t zu ihrem Inversen konjugiert. Sei a in A. Dann gilt $tata = t^{-1}ata = a^{-1}a = 1$, also sind die Elemente in tA sämtlich Involutionen, also trivialerweise zu ihrem Inversen konjugiert.

Nach Folgerung 23 müssen wir nur noch die Elemente der Ordnung ≤ 2 zählen. Wir haben bereits gezeigt, dass alle Elemente in tA Involutionen sind, und diese Anzahl entspricht der von A. In A selbst sind diese Elemente nach der Vorbemerkung genau von der angegebenen Anzahl.$\diamond$

Wir nutzen nun einige neuere Erkenntnisse der Darstellungstheorie linearer Gruppen, um die Summe der Grade der irreduziblen komplexen Darstellungen zu berechnen bzw. zu beschreiben. Wohingegen das Ergebnis zur symmetrischen Gruppe auf der Theorie des Frobenius-Schur-Indikators fusst, werden die folgenden Ergebnisse mit den sog. verschränkten Frobenius-Schur-Indikatoren und symmetrischen Funktionen hergeleitet.

Seien K ein Körper und $n \in \mathbb{N}$. Die generelle lineare Gruppe vom Grade n über K – in Zeichen $GL(n, K)$ – ist die Menge der invertierbaren $n \times n$-Matrizen über K. Für endliches K, wobei $\mid K \mid$ eine Primzahlpotenz q ist, schreiben wir auch $GL(n, q)$. Sie hat die Ordnung $\prod_{i=0}^{n-1}(q^n - q^i)$. Mit Hilfe von Ergebnissen von Rhodes und Macdonald können wir nun zeigen:

Folgerung 44 *(generelle lineare Gruppe) Seien $n \in \mathbb{N}$, K ein endlicher Körper der Ordnung $q := p^k$, wobei p eine Primzahl ist und $k \in \mathbb{N}$ gilt sowie $G := GL(n, q)$. Sei F ein Körper, so dass FG halbeinfach ist. Die Dimension eines maximalen Torus von FG ist genau die Anzahl der invertierbaren symmetrischen Matrizen von G. Diese Anzahl ist:*

$$cta(KG^\circ) = (p^k)^{\binom{n}{2}} \prod_{i=0}^{\lfloor \frac{n}{2} \rfloor} (1 - (\tfrac{1}{p^k})^{2i-1}).$$

Zusatz: Das angegebene Produkt $\prod_{i=0}^{\lfloor \frac{n}{2} \rfloor} (1 - (\tfrac{1}{p^k})^{2i-1})$ ist dabei die Wahrscheinlichkeit, dass eine symmetrische $n \times n$-Matrix invertierbar ist.

<u>**Beweis.**</u>   Nach einem Satz von I.G. Macdonald mittels symmetrischer Funktionen (siehe [39], Ch. IV.6, Ex. 5) ist die Summe der irreduziblen komplexen Charaktere genau die Anzahl der invertierbaren symmetrischen Matrizen. Diese Summe wird zum Beispiel in [44] berechnet und ist die Angegebene. Mit Satz 44 folgt dann die Behauptung. Der Zusatz gilt auch nach [44].$\diamond$

Seien $n \in \mathbb{N}$ und q eine ungerade Primzahlpotenz, $K := GF(q)$. Die symplektische Gruppe vom Grad $2n$ über K sei durch $SP(2n, q)$ symbolisiert. Für eine genaue Definition siehe z.B. [75]. Mit Hilfe der verschränkten Frobenius-Schur-Indikatoren und Ergebnissen von Vinroot könnnen wir nun folgern:

Folgerung 45 *(symplektische Gruppe) Seien $n \in \mathbb{N}$, K ein endlicher Körper der Ordnung $q := p^k$, wobei p eine ungerade Primzahl ist und $k \in \mathbb{N}$ gilt sowie $G := SP(2n, q)$. Sei F ein Körper, so dass FG halbeinfach ist. Die Dimension eines maximalen Torus von FG ist genau der Index der $GL(n, q)$ in G. Dieser ist genau*

$$cta(KG^\circ) = q^{\frac{1}{2}n(n+1)} \cdot \prod_{i=0}^{n} (q^i + 1).$$

<u>Beweis</u>. Die Summe der irreduziblen komplexen G-Darstellungen wird von Vinroot in [61] (Theorem 1.3, Corollary 6.1) wie angebenen berechnet. Mit Satz 44 folgt dann die Behauptung.⋄

Vinroot zeigt in [61] auch, dass diese Anzahl genau der Anzahl der schief-symplektischen symmetrischen Matrizen in der Gruppe $GSP(2n, q)$ – general similitudes group – ist. Für diese errechnet er auch in [61] die Summe der Grade der irreduziblen komplexen Charaktere. Zusammen mit Satz 44 folgt dann, wobei $U(n, q)$ die unitäre Gruppe ist:

Folgerung 46 *(general similitudes group) Seien $n \in \mathbb{N}$, K ein endlicher Körper der Ordnung $q := p^k$, wobei p eine ungerade Primzahl ist und $k \in \mathbb{N}$ gilt sowie $G := GSP(2n, q)$. Sei F ein Körper, so dass FG halbeinfach ist. Die Dimension eines maximalen Torus von FG ist genau die Anzahl der symmetrischen Matrizen von G. Diese Anzahl ist auch*

$$cta(KG^\circ) = \frac{|G|}{2|GL(n,q)|} + \frac{|G|}{2|U(n,q^2)|}.⋄$$

Vinroot zeigt auch in [61], dass die Beziehung

$$\left(q^{\frac{1}{2}n(n+1)} \cdot \prod_{i=0}^{n}(q^i + 1)\right) \cdot (q-1) \cdot \mid GL(n,q) \mid = \mid GSP(2n,q) \mid$$

gilt. Er hat in den Artikeln [62] und [63] auch die orthogonalen Gruppen betrachtet und entsprechende Summenformeln für die Grade der irreduziblen komplexen Charaktere hergeleitet. Diese führen zu entsprechenden Formeln für die Dimension maximaler Tori. Der Leser soll im Rahmen der Übungsaufgaben diese Artikel durcharbeiten und entsprechende Ergebnisse wie hier dargestellt ableiten.

Beispiel 8 *(ax + b-Gruppe)* Seien K ein endlicher Körper mit mindestens $q \geq 3$ Elementen, p eine Primzahl und $n \in \mathbb{N}$ mit $q = p^n$. Zu jedem $0 \neq a, b \in K$ definieren wir die Abbildung $\tau_{a,b} : x \mapsto ax + b$, und G sei die Menge dieser Abbildungen, die soganannte $ax + b$-Gruppe. Die Menge der Abbildungen $\tau_{1,b}$ ist ein Normalteiler, der gleichzeitig die Ableitung ist. Diese ist zur additiven Gruppe des Körpers isomorph. Weiterhin ist die Menge der Abbildungen $\tau_{a,0}$ ein Komplement zu diesem Normalteiler. Sie ist zur multiplikativen Gruppe des Körpers isomorph. Man rechnet nach, dass die Gruppe genau q Konjugiertenklassen besitzt. Also gibt es genau $q - 1$ eindimensionale Darstellungen und eine andere vom Grad mindestens 2. Da die Summe der Quadrate der Grade genau die Gruppenordnung $q(q - 1)$ ist, gibt es genau eine weitere irreduzible Darstellung vom Grade $q - 1$. Als Summe der Grade erhalten wir also $2q - 2$, was nach Satz 44 die Dimension der maximalen Tori ($=$ Cartan-Teilalgebren) in jeder halbeinfachen Gruppenalgebra der $ax + b$-Gruppe ist: $cta(KG^\circ) = 2q - 2.\diamond$

Die in dem vorherigen Beispiel betrachtete Gruppe ist eine sog. Frobenius-Gruppe. Diese sind definiert dadurch, dass eine echte Untergruppe H von G existiert, so dass für alle $g \in G \setminus H$ der Schnitt von H mit H^g trivial ist. Die Untergruppe wird Frobeniuskomplement genannt. Der sog. Frobeniuskern, welcher zusammen mit dem Komplement die Frobenius-Gruppe als Normalteiler (welches der Satz von Frobenius ist) semidirekt zerlegt, ist definiert als $C = (G \setminus \bigcup_{g \in G} H^g) \cup \{1\}$.

Für Frobenius-Gruppen ist die Darstellungstheorie im halbeinfachen Fall bekannt, so dass wir unser Beispiel verallgemeinern können. Das obige Beispiel erhalten wir dann als ganz einfache Folgerung hieraus (siehe Übungsaufgaben). Der folgende Satz reduziert unsere Fragestellung auf die des Komplementes sowie die des Kernes.

Folgerung 47 *(Frobenius-Gruppen) Seien G eine Frobeniusgruppe mit Frobeniuskern C und Frobeniuskomplement H sowie K ein Körper, so dass KG halbeinfach ist. Dann gilt $cta(KG^\circ) = cta(KH^\circ) + cta(KC^\circ) - 1$.*
Insbesondere gilt: Sind C und H abelsch, so gilt $cta(KG^\circ) = \mid C \mid + \mid H \mid - 1$.

<u>Beweis</u>. Wir verwenden Satz 16.13 über die Charaktertheorie von Frobenius-Gruppen aus [24].
Zunächst gibt es $k(H)$ irreduzible komplexe Charaktere μ_i, die Erweiterung aller irreduzibler komplexer Charaktere von H auf G vermöge $\mu_i(ch) = \mu_i(h)$ für alle $h \in H$ und $c \in C$ sind. Insbesondere bleiben die Grade dieser irreduziblen G-Darstellungen gleich. Die Summe der Grade dieser ist also identisch zu der Summe der ursprünglichen irreduziblen H-Darstellungen.
Die restlichen irreduziblen G-Darstellungen enstehen auf folgende Weise: Zu allen nicht-trivialen $k(C) - 1$ irreduziblen C-Darstellungen ψ bilden wir den induzierten Charakter ψ^G von G, welcher in diesem Fall irreduzibel bleibt. Der Grad des induzierten Charakters ist identisch mit dem Grad des ursprünglichen Charakters multipliziert mit dem Index der Untergruppe, in diesem Fall also der Index von C, welcher mit H identisch ist. Des Weiteren sind die Induzierten genau gleich, wenn die ursprünglichen unter H

konjugiert sind. Zu einem ψ gibt es genau $\mid H \mid$-viele Konjugierte. Alle Konjugierten haben denselben Grad. Als Summe der Grade dieser $\frac{k(C)-1}{\mid H \mid}$-vielen irreduziblen Charaktere ergibt sich deshalb:

$$\sum_{i=1}^{\frac{k(C)-1}{\mid H \mid}} grad((\psi_i)^G)) \;=\;$$

$$\sum_{i=1}^{\frac{k(C)-1}{\mid H \mid}} grad(\psi_i))\cdot \mid G/C \mid \;=\;$$

$$\sum_{i=1}^{\frac{k(C)-1}{\mid H \mid}} grad(\psi_i)\cdot \mid H \mid \;=\;$$

$$\sum_{i=1}^{\frac{k(C)-1}{\mid H \mid}} \sum_{h\in H} grad((\psi_i)^h) \;=\;$$

$$\sum_{i=1}^{k(C)-1} grad(\psi_i) \;=\;$$

$$cta(KC^\circ) - 1 \quad .$$

Hier tritt also die Summe der Grade der irreduziblen komplexen C-Darstellungen bis auf den des Trivialen auf. Der Grad des Trivialen ist bekanntlich 1. (Hierbei seien die irreduziblen so nummeriert, dass der mit dem höchsten Index der Triviale von C ist.) Mit Satz 44 folgt dann insgesamt die Behauptung. Der Zusatz folgt dann aus 29.◇

Wir merken an, dass nach einem Satz von Thompson (siehe z.B. [24]) der Kern stets nilpotent ist. Die Berechnung der Summe der Grade des Kernes können wir also auf direkte Produkte von p-Gruppen und damit nach Folgerung 36 auf p-Gruppen selbst reduzieren. Hierfür kann der Slattery-Algorithmus angewendet werden (siehe Folgerung 39). Auch die Struktur des Komplementes ist für Frobenius-Gruppen eingeschränkt. Für ungerade Ordnung ist das Komplement metazyklisch. Diese Gruppen betrachten wir in Folgerung 49. Der Kern ist dann sogar abelsch. Im geraden Fall der Ordnung von H ist eine Reduktion noch offen.

Frobenius-Gruppen sind spezielle semidirekte Produkte. In einem weiteren Spezialfall semidirekter Produkte ist die Konstruktion irreduzibler Charaktere bekannt, die man dann zur Berechnung der Summe der Grade der irreduziblen Charaktere nutzen kann. Dies führen wir dann in Beispielen durch bzw. überlassen es dem Leser in den Übungsaufgaben. Dabei benutzen wir Aussagen aus dem Buche von Serre ([50], Part II, Section 8.2.). Des Weiteren bedanke ich mich an dieser Stelle für die Mail-Korrespondenz mit Alex Bartel direkt sowie im Forum von Mathstackexchange [76].

Folgerung 48 *(Semidirekte Produkte mit abelschem Normalteiler)* Wir untersuchen die semidirekte Produkte $G = AH$ mit abelschen Normalteiler A und Komplement H. H operiert auf den irreduziblen Charakteren (Man beachte die Parallelität zu den Frobenius-Gruppen an dieser Stelle!) per Konjugation. Sei χ ein irreduzibler Charakter von A, der wegen der Kommutativität von A ein linearer ist. Der Stabilisator von χ in H sei $Stab_H(\chi) := \{h \mid h \in H, \chi^h = \chi\}$. Er ist eine Untergruppe von H. Man betrachte nun das semidirekte Produkt $S_\chi = A \ltimes Stab_H(\chi)$. Man erweitere χ auf S_χ durch $\hat{\chi}(as) := \chi(a)$ für alle $a \in A$ und $s \in Stab_H(\chi)$. Sei nun ρ ein irreduzibler Charakter von $Stab_H(\chi)$. Dann ist $(\hat{\chi} \otimes \rho)^G$ ein irreduzibler Charakter von G. Zusätzlich gilt: alle irreduziblen Charaktere entstehen auf diese Art und Weise. Der Grad ist gegeben durch $\mid H/Stab_H(\chi) \mid grad(\rho)$. Allerdings erzeugt man im allgemeinen durch diese Konstruktion nicht stets inäquivalente Darstellungen. Mit Hilfe der sog. Mackey-Formel kann man zudem einsehen, wann zwei dieser Konstruktionen $(\hat{\chi}_1 \otimes \rho_1)^G$ und $(\hat{\chi}_2 \otimes \rho_2)^G$ äquivalent sind: χ_1 und χ_2 müssen unter H konjugiert sein. Das bedeutet, dass die zugehörigen Stablisatoren $Stab_H(\chi_i)$ und somit auch S_{χ_i} unter H konjugiert sind. Somit gibt es eine Bijektion zwischen den irreduziblen Charakteren von S_{χ_i}. Unter dieser müssen die ρ_i korrespondieren. Dementsprechend kann dann die Summe der Grade der irreduziblen Charaktere berechnet werden. Das führen wir jetzt allgemein aus, und zeigen es danach an einem Beispiel. Weitere Beispiele hierzu sind in den Übungsaufgaben zu finden.

Also seien $B_1, ..., B_l$ die Bahnen von H per Konjugation auf $Irr(A)$, und seien $\chi_i \in B_i$ für $i \in \underline{l}$ ein Vertretersystem dieser Bahnen. l ist also die Anzahl der Bahnen von $Irr(A)$ unter H. Dann sind die irreduziblen Charaktere $\chi_i \in B_i$ für $i \in \underline{l}$ paarweise nicht konjugiert. Sei $i \in \underline{l}$. Sind $\rho_{i_1}, ..., \rho_{i_{r_i}}$ die irreduziblen Charaktere von $Stab_H(\chi_i)$, so sind also $(\hat{\chi}_i \otimes \rho_{i_s})^G$ für $s \in \underline{r_i}$ paarweise verschiedene irreduzible Charaktere von G. Zu jedem anderen $j \in \underline{l}$ ergeben sich immer weitere neue irreduzible Charaktere von G.

Für die Summe der Grade folgt nun:

$$
\begin{aligned}
cta(KG^\circ) &= \\
\sum_{\chi \in Irr(G)} deg(\chi) &= \\
\sum_{i=1}^{l}\sum_{s=1}^{r_i} deg(\hat{\chi}_i \otimes \rho_{i_s})^G &= \\
\sum_{i=1}^{l}\sum_{s=1}^{r_i} \mid H/Stab_H(\chi_i) \mid deg(\rho_{i_s}) &= \\
\sum_{i=1}^{l} \mid H/Stab_H(\chi_i) \mid \sum_{s=1}^{r_i} deg(\rho_{i_s}) & \quad .
\end{aligned}
$$

Somit wird die Grad-Summe auf die der Grad-Summen zu den Stabilisatoren in H reduziert. Diese Summe vereinfacht sich im Falle der Kommutativität von H zu

$$
\begin{aligned}
cta(KG^\circ) &= \\
\sum_{\chi \in Irr(G)} deg(\chi) &= \\
\sum_{i=1}^{l} \mid H/Stab_H(\chi_i) \mid \sum_{s=1}^{r_i} deg(\rho_{i_s}) &= \\
\sum_{i=1}^{l} \mid H/Stab_H(\chi_i) \mid \sum_{s=1}^{r_i} 1 &= \\
\sum_{i=1}^{l} \mid H/Stab_H(\chi_i) \mid\mid Stab_H(\chi_i) &= \\
\sum_{i=1}^{l} \mid H \mid &= \\
l \cdot \mid H \mid & .
\end{aligned}
$$

Diese Zahl ist nach Satz 44 die Dimension eines maximalen Torus (= Cartan-Teilalgebra) von KG für jeden Körper K, so dass KG halbeinfach ist.

Als Beispiel betrachten wir das semidirekte Produkt G von Z_p mit Z_n, wobei $n \mid p-1$ gilt und Z_n treu auf Z_p operiert. In diesem Fall ist wegen der treuen Operation der Stabilisator eines irreduziblen nicht-trivialen Charakters von Z_p unter Z_n stets trivial, wohingegen der des trivialen ganz Z_n ist. Z_p hat p lineare Charaktere und insbesondere $p-1$ nicht-triviale. Jedes der $p-1$ nicht-trivialen hat also die Bahnlänge n unter Z_n. Somit gibt es $1 + \frac{p-1}{n}$ Bahnen unter Z_n. Als Summe der Grade ergibt sich mit obiger Formel also

$$cta(KG^\circ) = \sum_{\chi \in Irr(G)} deg(\chi) = l \cdot \mid H \mid = (1 + \tfrac{p-1}{n}) \cdot n = n + p - 1. \diamond$$

Folgerung 49 *(metazyklische Gruppen)* Wir verweisen für die im Folgenden benutzen Resultate auf die beiden Artikel zu metazyklischen Gruppen [9] und [3]. Sei G eine endliche metazyklische Gruppe, also eine endliche Gruppe, die einen zyklischen Normalteiler mit zyklischer Faktorgruppe besitzt. Zu diesen Gruppen zählen einige interessante Gruppenklassen, wie etwa Gruppen quadratfreier Ordnung oder allgemeiner Z-Gruppen, also Gruppen mit lauter zyklischen Sylow-Untergruppen.

Eine metazyklische Gruppe G kann auf folgende Weise dargestellt werden: Es gibt $n, m, t, r \in \mathbb{N}$ und $a, b \in G$, so dass G von a, b erzeugt wird, von der Ordnung nt ist und folgende Bedingungen gelten:
$o(a) = n$, $o(b) = m$, $a^k = b^t$, $a^b = a^r$, $t \mid m$, $r^t \cong 1 \bmod n$, $kr \cong k \bmod n$ und $ggT(r, n) = 1$.

Auch die Darstellungstheorie ist für metazyklische Gruppen im halbeinfachen Fall bekannt, die wir nun skizzieren.
Seien U_n die Menge der komplexen n-ten Einheitswurzeln, σ das Bilden der r-ten Potenz von U auf U, $t(\alpha)$ die Orbitgrösse von $\alpha \in U_n$ unter $\langle \sigma \rangle$ und $o(\alpha)$ die Ordnung von $\alpha \in U_n$. Nach [3], Seite 15ff. enstehen die irreduziblen komplexen Charaktere nun aus den $\alpha \in U_n$ und speziellen Θ, nennen wir sie $T_{\alpha, \Theta}$. Sie haben alle den Grad $t(\alpha)$. $T_{\alpha, \Theta}$ ist $t(\alpha)$ mal äquivalent, wenn α variiert. Für alle α gibt es $\frac{t}{t(\alpha)}$ verschiedene Θ.
Daraus ergibt sich für die Summe der Grade der irreduziblen komplexen Charaktere:

$$cta(KG^\circ) = \sum_{\chi \in Irr(G)} deg(\chi) = \sum_{\alpha \in U_n} t(\alpha)\tfrac{t}{t(\alpha)^2} = \Big(\sum_{\alpha \in U_n} \tfrac{1}{t(\alpha)} \Big)t.$$

In [3] wird die Summe der $t(\alpha)$ berechnet, was analog auf die Kehrwerte angewendet werden kann. Dafür sei ϕ die Eulersche-Phi-Funktion und $s(d)$ die Ordnung von $r + Zd$ in $E(Z/Zd)$ für alle Teiler d von n. Wir erhalten dann:

$$cta(KG^\circ) = \sum_{\chi \in Irr(G)} deg(\chi) = \Big(\sum_{\alpha \in U_n} \tfrac{1}{t(\alpha)} \Big)t = \Big(\sum_{d \mid n} \tfrac{1}{\phi(d)s(d)} \Big)t.$$

Diese Zahl ist nach Satz 44 die Dimension eines maximalen Torus ($=$ Cartan-Teilalgebra) von KG für jeden Körper K, so dass KG halbeinfach ist.$\diamond$

6.4 Der modulare Fall

Aus Satz 44 können wir auch in einem Spezialfall der modularen Gruppenalgebra ein weiteres Resultat bzgl. der Dimension maximaler Tori ableiten. Dafür benötigen wir zunächst das folgende Lemma:

Lemma 11 *Seien K ein Körper, A eine assoziative endlich-dimensionale unitäre K-Algebra und N ein nilpotentes Ideal von A. Ist T ein maximaler Torus von A, so ist $(T + N)/N$ ein maximaler Torus von A/N.*

Beweis. Da ein Torus ausser dem Nullelement keine nilpotenten Elemente enthält, folgt aus dem Parallelogrammsatz, dass T und $(T+N)/N$ isomorph sind. Sei nun D ein Torus von A/N, der $(T + N)/N$ enthält. Dann gibt es eine Teilalgebra S (oberhalb von N) von A, so dass $D = S/N$ gilt. Die Algebra S ist auflösbar, ihr Radikal stimmt mit N überein (denn N ist nilpotent und S/N ist separabel), und es gibt ein zu D isomorphes separables Radikalkomplement nach dem Satz von Wedderburn-Malcev in S. Dieses Radikalkomplement bezeichnen wir mit X. X ist zu D isomorph, also ein Torus. Da T in S enthalten ist, kann T (als separable Teilalgebra von S) wiederum nach dem Satz von Wedderburn-Malcev in X hineinkonjugiert werden. Da T ein maximaler Torus ist, folgt nun, dass X und T die gleiche Dimension besitzen. Daraus erhalten wir $D = (T + N)/N$. $\diamond$

Satz 45 *(zweite Summenformel von Siciliano) Seien G eine endliche Gruppe, K ein Körper der Charakteristik p, die die Ordnung von G teilt, P eine normale p-Sylow-Untergruppe von G und $\psi_1, \psi_2, \ldots, \psi_t$ die irreduziblen komplexen Charaktere von G, die trivial auf P sind. Die Dimension jedes maximalen Torus von KG ist gegeben durch $\sum_{i=1}^{t} \deg(\psi_i)$. Dies ist die Summe der Grade der irreduziblen komplexen Charaktere von G/P.*

Beweis. Sei T ein maximaler Torus von KG. Nach Lemma 11 ist $(T + rad(KG))/rad(KG)$ ein maximaler Torus von $KG/rad(KG)$. Betrachtet man die Linearisierung des natürlichen Epimorphismus von G auf G/P, so ist bekanntlich (siehe z.B. [43]) der zugehörige Kern gegeben durch $Aug(KP)KG = KGAug(KP)$. Nach einem Satz von Wallace ist $Aug(KP)$ nilpotent, und daher ist es auch der Kern. Die Faktorstruktur von KG nach dem Kern ist isomorph zu $K(G/N)$. Nach einem Satz von Maschke ist $K(G/P)$ halbeinfach (denn p teilt nicht die Ordnung von H). Somit haben wir gezeigt, dass obiger Kern mit dem Radikal von KG übereinstimmt. Nun können wir Satz 44 anwenden auf die halbeinfache Algebra $K(G/P)$. Da das Radikal von KG kein separables Element enthält, ist $T \cap rad(KG)$ der Nullraum, und daher ist T zu $(T + rad(KG))/rad(KG)$ isomorph. Die Dimension von T entspricht also der Summe der Grade der komplexen irreduziblen Charaktere von $K(G/N)$. Nach [25], Kapitel 15 sind diese Grade genau die der ψ_i. $\diamond$

Beispiel 9 *(Siciliano)* Im modularen Fall ist im Allgemeinen die Summe der Grade der irreduziblen komplexen Charaktere nicht die Dimension einer Cartan-Teilalgebra, und auch nicht einmal unter den Voraussetzungen von

184

Satz 45. Betrachten wir dazu die Gruppe G erzeugt von a, b, c, d unter den
Bedingungen

$$a^2 = b^3 = c^3 = d^3 = 1;$$

$$ca = ac^2; \qquad cb = bcd;$$

$$da = ad^2; \qquad ab = ba;$$

$$bd = db; \qquad cd = dc.$$

Diese Gruppe hat Ordnung 54. Sei K ein Körper mit 3 Elementen. Dann
gilt $KG \cong T \oplus rad(KG)$, wobei T ein maximaler Torus der Dimension 2
ist, und das Radikal $rad(KG)$ die Dimension 52 besitzt. In diesem Fall hat
$H = C_{KG}(T)$ die Dimension 30. Sei N die Untergruppe von G erzeugt von
b and c. Dann ist N eine normale 3-Sylow-Untergruppe von G mit

$$\sum_{\chi \in Irr(G)} \deg(\chi) = 18.$$

Man beachte auch, dass H kein maximaler Torus von KG ist. (Die Berech-
nungen für dieses Beispiel wurden von Salvatore Siciliano mit dem Computer
Algebra System GAP [71] durchgeführt).⋄

Folgerung 50 *Seien p eine Primzahl, K ein Körper der Charakteristik p,
G eine endliche Gruppe und P eine p-Gruppe, so dass p nicht die Ordnung
von G teilt. Die Dimension eines maximalen Torus von $(K(G \times P))^\circ$ stimmt
mit der Dimension der Cartan-Teilalgebra (und maximalen Tori) von $(KG)^\circ$
überein.*

Beweis. Diese Behauptung folgt direkt aus den Sätzen 44 und 45, da $(G \times P)/P$ zu G isomorph ist. ⋄

Folgerung 51 *Seien p eine ungerade Primzahl, K ein Körper der Charakteristik p und $n \in \mathbb{N}$. Dann ist jeder maximaler Torus von $(KD_{2p^n})^\circ$ von
der Dimension 2.*

Beweis. Diese Behauptung folgt direkt aus den Sätzen 44 und 45 sowie
Folgerung 29, da D_{2p^n} eine normale p-Sylow-Untergruppe der Ordnung p^n
und vom Index 2 besitzt. Die Faktorgruppe der p-Sylow-Untergruppe ist
abelsch von der Ordnung 2. ⋄

Kapitel 6

> KG halbeinfach = separabel
> $J_{KG} = e_{(KG)}^0$
> $\dim = \sum_{i=1}^{k(G)} \deg(\chi_i)$
> „Summe der Grad der irreduziblen komplexen Charaktere"

Gruppenklassen

Thema	Formel
extra-spezielle p-Gruppen Ordnung p^{2n+1}	$p^n(p^n + p - 1)$
D_{2n}, n gerade	$n+2$
$\quad$ n ungerade	$n+3$
Q_{4n}	$2n+2$
SD_{2^n}	$2^{n-1}+2$
S_4	10
A_4	6
abelsch	$|G|$
$|G| = pq$ (nicht abelsch)	$p+q-1$
ambivalent, lineare Gruppe, p-Gruppen	$1 + k(G)$, Vier root-Formel, Slattery
nilpotent	Produkte der Sylow-Untergruppen

Thema / Formel

Thema	Formel
minimal nicht abelsche p-Gruppe	$\frac{|G|}{p} + (p-1)\,|Z(G)|$
$ax+b$ iso $Gr(q)$	$2q-2$
allg. Dieder	$|A| + |A_2(A)|$
dir. Produkte, n-te Potenz	durch Faktoren, n-te Potenz
S_n	Teilerzahlen
$G = C \rtimes H$ Frobenius-gruppe	Summe der von C und H $- 1$
$G = A \rtimes H$, A abelsch	$|H| \cdot$ (Bahnenzahl von $Irr(A)$ unter H per Konjugation)
meta-zyklisch	$\left(\sum_{d \mid n} \frac{1}{g(d)s(d)}\right) \cdot t$

Abschätzungen

Thema	Schranke
mit Gruppenordnung	$\leq |G|$
	$\geq \sqrt{|G|}$
mit abelschen Untergruppe A	$\geq |A|$
Involutionszahl	$\geq 1 + t(G)$
nicht auflösbar	$\geq 2\,|G/G'|$
lineare Charakter	$\geq |G/G'|$
metabelsch ($A \trianglelefteq G$)	$\leq |G/G'|$
	$\# (k(G) - |G/G'|)\,|G/A|$
maximale Grad der irr. Charaktere aufgelöst	$\leq \sqrt{k(G)-1 - \frac{|G|}{\text{max Grad}}}$
nilpotent	$\leq \sqrt{(k(G)-1)\,|G/G'|}$
$p^n \mid |G|$	$\geq p^r$ mit
	$r = \left\lfloor \sqrt{8n+1} - 1 \right\rfloor$

6.5 Offene Fragen und Übungsaufgaben

Offene Fragen 10   *(i) Was ist die Summe der Grade der irreduziblen komplexen Charaktere für Gruppenklassen wie alternierende Gruppen, sporadische einfache Gruppen, etc.?*

(ii) Wie kann man jede Cartan-Teilalgebra bzw. maximalen Torus von KG° bestimmen?

(iii) Was gilt im modularen Fall bzgl. maximaler Tori und Cartan-Teilalgebren (Bestimmung der Dimension und Konstruktion einer Cartan-Teilalgebra)?

(iv) Taucht jede natürliche Zahl als Dimension einer Cartan-Teilalgebra bzw. eines maximalen Torus für Gruppenalgebren von nicht-abelschen Gruppen auf (im halbeinfachen und modularen Fall)?

(v) Sind Kranzprodukte ambivalenter Gruppen wieder ambivalent? Was ist die Anzahl der Involutionen in diesem Fall?

(vi) Was ist die Anzahl der Involutionen im Falle eines Kranzproduktes einer ambivalenten Gruppe mit der symmetrischen Gruppe? (Dieses Kranzprodukt ist nach einem Satz von A. Kerber wieder ambivalent.)

(vii) Dimensionsformel von Cartan-Teilalgebren für Gruppen, die zentrale Produkte sind!

(viii) Dieselbe Fragestellung für Gruppen mit vereinigter Faktorgruppe!

(ix) Zur Darstellungstheorie von Kranzprodukten gibt es den Artikel von Adalbert Kerber, Canad. J. Math. 20(1968), 665-672. Was lässt sich hierdurch über die Summe der Grade der komplexen irreduziblen Charaktere aussagen? Was gilt im Falle von zyklischen Gruppen bei regulären (iterierten) Kranzprodukten?

(x) Was gilt für die Frobenius-Gruppen mit einem Komplement gerader Ordnung?

Übungsaufgabe 242 *Kann eine verallgemeinerte Diedergruppe auch eine Frobenius-Gruppe sein?*

Übungsaufgabe 243 *Sei G eine Gruppe der Ordnung $3 \cdot 5 \cdot 7$. Ist G metazyklisch? Falls ja, versuche man den Abschnitt über die Darstellungstheorie metazyklischer Gruppen auf diese Gruppe anzuwenden!*

Übungsaufgabe 244 *Man wende den Algorithmus von M.C. Slattery 39 auf eine eine extra-spezielle Gruppe der Ordnung p^3 an! Kann man die Schlussweise auch erweitern auf eine extra-spezielle p-Gruppe beliebiger Ordnung?*

Übungsaufgabe 245 *Seien K ein Körper und G eine nicht-abelsche p-Gruppe, so dass KG halbeinfach ist. G besitze eine zyklische maximale Untergruppe. Was besagt Satz 44 für diese Gruppen? (Hinweis: Diese Gruppen sind klassifiziert, siehe z.B. [55]).*

Übungsaufgabe 246 *Seien K ein Körper und G eine nicht-abelsche p-Gruppe, so dass KG halbeinfach ist. G besitze ein Zentrum vom Index p^2 (also so gross wie möglich). Was besagt Satz 44 für diese Gruppen? (Hinweis: Man zeige zunächst, dass die Zentralisatoren der nicht-zentralen Elemente Index p haben. Mit Hilfe eines Satzes von Knoche bestimme man dann die Ordnung der Ableitung von G. Des Weiteren besitzt G eine abelsche maximale Untergruppe, die normal ist. Nun kann man einerseits die Klassenzahl mit Hilfe des Zentrums von G und G selbst ausdrücken. Andererseits verwende man einen Satz von Ito, um die Grade der irreduziblen Darstellungen abzuschätzen und nun insgesamt die Summe der Grade zu berechnen. Die Schlussweise ähnelt der bei der Bestimmung der Summe zu minimal nicht-abelschen p-Gruppen)*

Übungsaufgabe 247 *Man versuche die Schlussweise der vorherigen Übungsaufgabe 246 auf folgende p-Gruppen zu übertragen: Die Ableitung hat die Ordnung p, und es gibt eine maximal abelsche Untergruppe von G!*

Übungsaufgabe 248 *Mit Hilfe der Folgerung 48 ermittle man die Summe der Grade irreduziblen komplexen Charaktere folgender Gruppen und wende dann Satz 44 an:*

(i) $Z_p \wr Z_p$, wobei p eine Primzahl ist

(ii) $Z_2 \wr Z_p$, wobei p eine Primzahl ist

(iii) $Z_2 \wr Z_n$, wobei n eine natürliche Zahl ist (finite lamplighter group)

(iv) $Z_n \wr Z_n$, wobei n eine natürliche Zahl ist

(v) $Z_n \wr Z_m$, wobei n, m natürliche Zahlen sind

(vi) $A \wr Z_p$, wobei p eine Primzahl und A eine abelsche Gruppe ist

(Hinweis: Falls der allgemeine Fall von p, n, m zu schwierig ist, löse man diese Aufgabe zunächst für kleine Werte dieser Zahlen. Gleiches gilt für die abelsche Gruppe A. Eventuell ist es hilfreich, diese als direktes Produkt zyklischer Gruppen darzustellen.)

Übungsaufgabe 249 *Vinroot hat in den Artikeln [62] und [63] auch die orthogonalen Gruppen betrachtet und entsprechende Summenformeln für die Grade der irreduziblen komplexen Charaktere hergeleitet. Diese führen zu entsprechenden Formeln für die Dimension maximaler Tori. Der Leser soll*

188

im Rahmen dieser Übungsaufgabe diese Artikel durcharbeiten und entsprechende Ergebnisse (wie bereits für lineare Gruppen, symplektische Gruppen
etc. dargestellt) mit Hilfe von Satz 44 ableiten.

Übungsaufgabe 250 *Für Primzahlen $p, q \leq 31$ ermittle man mittels der
Folgerungen 30 und 31 die Summe der Grade der irreduziblen komplexen
Darstellung der Gruppen der Ordnung pq, p^3 und q^3. Was bedeutet diese
Zahl in einer halbeinfachen Gruppenalgebra? Welche Körper sind für die
Halbeinfachheit zugelassen?*

Übungsaufgabe 251 *Was besagt Satz 44 für das reguläre Kranzprodukt
von Z_2 mit S_4? Ist diese Gruppe ambivalent?*

Übungsaufgabe 252 *Man berechne sie Summe der Grade der irreduziblen
Charaktere von $\mathbb{R}G$, wobei G eine der folgende Gruppen ist (p eine Primzahl,
$n \in \mathbb{N}$):*

(i) $GL(2, 2)$, $SP(4, 2)$, $GSP(4, 2)$

(ii) $GL(2, p)$, $SP(4, p)$, $GSP(4, p)$

(iii) $GL(p, p)$, $SP(2p, p)$, $GSP(2p, p)$

(iv) $GL(n, 2)$, $SP(2n, 2)$, $GSP(2n, 2)$

(v) $GL(2, p^p)$, $SP(4, p^p)$, $GSP(4, p^p)$

(vi) $GL(3, 5)$, $SP(6, 5)$, $GSP(6, 5)$.

Übungsaufgabe 253 *Man wende Satz 44 auf das reguläre Kranzprodukt
von Z_p mit Z_p an, wobei p eine Primzahl ist. (Hinweis: Die Ableitung hat
Index p^2, und die Gruppe besitzt einen abelschen Normalteiler vom Index p,
die Gruppe hat p^{p+1} Elemente.)*

Übungsaufgabe 254 *Für die folgenden Gruppen wende man Folgerung
48 auf eine geeignete semidirekte Zerlegung der Gruppe an: Gruppen der
Ordnung pq^2, wobei p, q Primzahlen sind, S_3, S_4, A_4 und D_{2n}. Dazu schlage
man die Struktur der Gruppen der Ordnung pq^2 in der Literatur nach und
insbesondere dann ihre Darstellungstheorie.*

Übungsaufgabe 255 *Sind metazyklische Gruppen nilpotent, überauflösbar
oder metabelsch?*

Übungsaufgabe 256 *Welche Diedergruppen, Quaternionengruppen und Semidiedergruppen sind metazyklisch?*

Übungsaufgabe 257 *Wann ist eine abelsche Gruppe metazyklisch?*

Übungsaufgabe 258 *Man beweise die Aussagen aus Beispiel 8!*

Übungsaufgabe 259 *Man beweise das Beispiel 8 erneut mit Hilfe von Folgerung 47. Dazu beweise man zunächst, dass die angegebene Gruppe $ax + b$ wirklich eine Frobeniusgruppe ist!*

Übungsaufgabe 260 *Sind A_n und S_n für $n \leq 4$ Frobenius-Gruppen und was sagt dann Folgerung 47 aus? Was gilt für $n \geq 5$?*

Übungsaufgabe 261 *In [24], Beispiele 8.6, Seite 498-499 sind drei Beispiele von Frobenius-Gruppen gegegeben. Man wende die Folgerung 47 auf diese Gruppen an!*

Übungsaufgabe 262 *Man schlage nach, was eine M-Gruppe ist und definiere diese. Was besagt Satz 44 für M-Gruppen aus? (Hinweis: Was ist die Dimension eines induzierten Charakters?)*

Übungsaufgabe 263 *Die Gruppe der invertierbaren 2×2-Dreiecksmatrizen mit Determinante 1 über einem endlichen Körper mit mindesten drei Elementen ist eine Frobeniusgruppe. Dabei ist die Untergruppe der Diagonalmatrizen ein Frobeniuskomplement und die Gruppe der strikten Dreieckmatrizen (in der Hauptdiagonale nur Einsen) ist ein Frobeniuskern. Man beweise dies und wende Folgerung 47 an!*

Übungsaufgabe 264 *Man vergleiche die Dimension eines maximalen Torus von $\mathbb{C}S_n$ und $\mathbb{C}A_n$ für $n = 1, 2, 3, 4, 5$. Ist der Wert für beliebiges n für A_n stets kleiner oder gleich wie der für S_n? Warum? Gilt dies allgemeiner?*

Übungsaufgabe 265 *Man bestimme für eine Gruppe P der Ordnung p, p^2, p^3 für eine beliebige Primzahl die Dimension eines maximalen Torus von $\mathbb{C}P$.*

Übungsaufgabe 266 *Durch Benutzung des Artikels [77] bestimme man für eine Gruppe P der Ordnung p^4 für eine beliebige Primzahl die Dimension eines maximalen Torus von $\mathbb{C}P$. Ist sie stets kleiner als die für eine Gruppe der Ordnung p, p^2 oder p^3?*

Übungsaufgabe 267 *Seien p eine Primzahl und P, H p-Gruppen mit $\mid P \mid \geq \mid H \mid$. Gilt dann auch, dass die Dimension eines maximalen Torus von $\mathbb{C}P$ mindestens so gross ist wie die eines von $\mathbb{C}H$?*

Übungsaufgabe 268 *Was kann man durch Lektüre des Artikels [78] über die Dimension eines maximalen Torus der komplexen Gruppenalgebra bei zentralen Produkten aussagen? Lässt sie sich durch die Faktoren nach oben abschätzen? Wie können die irreduziblen Charaktergrade berechnet werden?*

190

Übungsaufgabe 269 *Für die symmetrische Gruppe vom Grade $n \leq 20$ bestimme man die Dimension eines maximalen Torus in der rationalen Gruppenalgebra. Was ändert sich bei dem Körper der reellen oder komplexen Zahlen? Was bei einem mit positiver Charakteristik, so dass die Gruppenalgebra halbeinfach ist? Welche kommen hier jeweils in Frage?*

Übungsaufgabe 270 *Sind Untergruppen, Normalteiler, Faktorgruppen und direkte Produkte ambivalenter Gruppen wieder ambivalent?*

Übungsaufgabe 271 *Man zeige, dass die Telefon-Zahlen $T(n)$ die folgende Rekursion erfüllen: $T(n) = T(n-1) + (n-1)T(n-2)$. Wie kann man daraus die hier angegebene Formel für $T(n)$ ermitteln?*

Übungsaufgabe 272 *Man zeige, dass die Involutionen plus 1 in einer endliche abelschen Gruppe die grösste elementar-2-abelsche Untergruppe erzeugen. Gilt dies auch in einer beliebigen endlichen Gruppe?*

Übungsaufgabe 273 *Mit Hilfe der Ergebnisse zur verallgemeinerten Diedergruppe leitet man die bereits bewiesenen für D_{2n} ab. Was ist die grösste elementar-2-abelsche Untergruppe einer zyklischen Gruppe?*

Übungsaufgabe 274 *Kann bei einer allgemeinen Diedergruppe $G = (A, \tau)$ der abelsche Normalteiler elementar-2-abelsch sein? Was folgt daraus über G?*

Übungsaufgabe 275 *Wann ist eine abelsche Gruppe ambivalent?*

Übungsaufgabe 276 *Ist eine endliche nilpotente Gruppe ambivalent, so ist sie eine 2-Gruppe.*

Übungsaufgabe 277 *Ist eine endliche auflösbare Gruppe ambivalent, so ist sie eine 2-Gruppe.*

Übungsaufgabe 278 *Man untersuche die folgende Gruppen auf Ambivalenz und ermittle die Dimension eines maximalen Torus im Falle der Ambivalenz in der komplexen Gruppenalgebra: D_{2n}, SD_{2^n}, Q_{4n}. Was gilt im Falle, dass die Gruppe nicht ambivalent ist bezgl. dieser Dimension?*

Übungsaufgabe 279 *Wie kann man die grösste elementar-2-abelsche Untergruppe eines direkten Produktes zweier abelschen Gruppen berechnen?*

Übungsaufgabe 280 *Bei einer verallgemeinerten Diedergruppe $G = (A, \tau)$ berechne man in den folgenden Fällen von A die Summe der Grade der irreduziblen rationalen Charaktere: $Z_2 \times Z_3$, $Z_5 \times Z_3 \times Z_2$, $Z_6 \times Z_8$. Wie sieht eine allgemeine Formel für A zerlegt in zyklische Gruppen aus?*

Übungsaufgabe 281 *Seien P eine p-Gruppe und A eine abelsche p-Gruppe. Was lässt sich über die Summe der Grade der irreduziblen komplexen Charaktere von $P \times A$ aussagen? Was gilt im Falle einer extra-speziellen p-Gruppe P?*

Übungsaufgabe 282 *Man schlage die Charaktertafeln der folgenden Gruppen in [25] nach und bestimme die Summe der Grade der komplexen irreduziblen Charaktere: $S_4, A_4, A_5, SL(2,3), SL(2,4), GL(2,3), A_6, SL(2,8), M_{11}$ und $PSL(2,11)$. Alternativ benutze man die passenden Sätze aus diesem Buch!*

Übungsaufgabe 283 *Man begebe sich in die Bibliothek, erfrage den Standort des Atlas der endlichen einfachen Gruppen und bestimme die Summe der Grade der komplexen irreduziblen Charaktere der sporadischen einfachen Gruppen. Was ergibt sich für das Monster?*

Übungsaufgabe 284 *Durch eine Literaturrecheche (z.B. [72]) bestimme man die Charaktertafel der Gruppen $SL(2,q)$ und $PSL(2,q)$ (q eine Primzahlpotenz). Was ist die Summe der komplexen irreduziblen Charaktergrade? Kommt hier der Wert $2.5q+0.5q^2+4$ vor? Welche Bedeutung hat diese Summe für Cartan-Teilalgebren?*

Übungsaufgabe 285 *Analoge Fragestellung wie in Übung 284, aber nun mit $GL(2,q)$. Alternativ verwende man den in diesem Buch dargestellten Satz über $GL(n,q)$. Taucht hier der Wert $q^2(q-1)$ auf?*

Übungsaufgabe 286 *Seien p eine Primzahl und P eine p-Gruppe mit einer maximalen abelschen Untergruppe A. Dann ist die Summe der Grade der irreduziblen komplexen Charaktere qenau $\mid A \mid - \mid G \mid + p \cdot k(G)$. (Hinweis: Satz von Ito und Kennzeichnung nilpotenter Gruppen bezgl. maximaler Untergruppen). Gibt es prominente Beispiele hierzu?*

Übungsaufgabe 287 *Seien (K,F) eine Körpererweiterung und G eine endliche Gruppe. Dann ist die F-Algebra $KG \otimes_K F$ zu FG isomorph.*

Übungsaufgabe 288 *Die Klein'sche Vierergruppe V_4 hat keine treue irreduzible komplexe Darstellung. Man gebe eine treue vom Grad 2 an! Was ist die Summe der Grade der komplexen irreduzibeln Charaktere?*

Übungsaufgabe 289 *Man Führe eine Literaturrecherche zu folgender Fragestellung durch: Welche Gruppen besitzen eine treue irreduzible komplexe Darstellung? (Hinweis: Rudolf Kochendörffer und auch übernächste Übungsaufgabe 290).*

192

Übungsaufgabe 290 *In Folgerung 28 liste man tabellarisch bei beliebiger Primzahl für $n \leq 30$ die berechnete Schranke auf! Insbesondere beweise man, dass wenn p eine Primzahl ist und p^{10} die Ordnung einer endlichen Gruppe teilt, so ist die Dimension eines maximalen Torus in der komplexen Gruppenalgebra mindestens p^4.*

Übungsaufgabe 291 *Man führe eine Literaturrecherche zu dem Mathematiker Shoda[1] im Kontext von metabelschen Gruppen mit treuen komplexen Darstellungen durch. Was beweist er hierzu?*

Übungsaufgabe 292 *Besitzt eine metabelsche Gruppe eine treue komplexe irreduzible Darstellung, so haben alle maximal abelschen Untergruppen die gleiche Mächtigkeit (vgl. vorherige Übungsaufgabe 291).*

Übungsaufgabe 293 *Sind direkte Produkte ambivalenter Gruppen wieder ambivalent? Was ist die Anzahl der Involutionen im direkten Produkt und wie können die Involutionen beschrieben werden? Was bedeutet das für die Dimension der maximalen Tori? Man gebe diese Zahl explizit für $S_n \times S_m$ mit $n, m \in \mathbb{N}$ an! Was gilt für $n = m$?*

Übungsaufgabe 294 *Eine ambivalente Klasse ist eine Konjugiertenklasse, die mit ihrer inversen Klasse übereinstimmt. Ist t eine Involution in einer Gruppe, so ist die zugehörige Konjugiertenklasse von t ambivalent. Ebenso ist die Klasse zum Einselement ambivalent. Ist g ein Element der Ordnung*

---

[1]Shoda Kenjiro (geboren 25. Februar 1902 in Tatebayashi, Präfektur Gumma, Japanisches Kaiserreich, gestorben 20. März 1977 in Ashikaga) war ein japanischer Mathematiker, der sich mit Algebra befasste. Shoda ging in Tokio zur Schule und in Nagoya auf die achte nationale Oberschule. Danach studierte er an der Universität Tokio insbesondere bei Teiji Takagi. 1925 machte er seinen Abschluss, arbeitete über Darstellungstheorie von Gruppen und setzte sein Studium in Berlin bei Issai Schur und in Göttingen bei Emmy Noether fort. 1929 kehrte er nach Japan zurück und schrieb ein in Japan einflussreiches Algebra-Lehrbuch (Abstrakte Algebra), das zuerst 1932 erschien und in 12. Auflage 1971. Es verbreitete die Ideen der Noether-Schule (die im Westen Verbreitung insbesondere durch das Lehrbuch von Bartel Leendert van der Waerden fanden) in Japan. 1933 wurde er Professor an der Universität Osaka. Nach dem Zweiten Weltkrieg war er als Vorsitzender der Japanischen Mathematischen Gesellschaft (ab 1946) am Neuaufbau der Mathematik beteiligt. 1947 erschien sein Buch Allgemeine Algebra. 1949 wurde er Dekan der Naturwissenschaftlichen Fakultät der Universität Osaka und von 1954 bis 1960 war er Präsident der Universität. Während dieser Zeit richtete er eine Ingenieursfakultät in Osaka ein und war ab 1961 deren erster Dekan. Auch nach seiner Emeritierung war er beratend für die Verbesserung der Universitätsausbildung aktiv und wurde Präsident der Musashi-Universität. Er starb unerwartet an einem Herzanfall auf einem Familienausflug zur Pflaumenblüte nach Ashikaga. 1949 erhielt er den Preis der Japanischen Akademie der Wissenschaften, 1953 wurde er Mitglied der Akademie. 1969 erhielt er den Orden der Kultur. Zu seinen Doktoranden gehört Matsushima Yozo. Er war zweimal verheiratet. Aus erster Ehe mit der Tochter des Astronomen Hirayama Shin (1868 bis 1945) hatte er einen Sohn und zwei Töchter, aus zweiter Ehe nach dem Tod seiner ersten Frau einen Sohn. Die Kaiserin Michiko ist eine seiner Nichten.

grösser oder gleich 3, so ist die Mächtigkeit der Klasse von g im Falle ihrer Ambivalenz gerade. Was sind also die ambivalenten Klassen von Gruppen ungerader Ordnung? Kann eine ambivalente Gruppe ungerade Ordnung haben?

Übungsaufgabe 295 *Man bestimme die Schranke in Folgerung 24 für Diedergruppen D_{2n}. Ist die Schranke scharf (d.h. wird sie auch einmal angenommen)?*

Übungsaufgabe 296 *Man zeige, dass die n-te Wurzelanzahlfunktion eine Klassenfunktion ist!*

Übungsaufgabe 297 *Man schlage nach, was die Frobenius-Schur-Indikatoren anzeigen! Wofür sind sie ein Indikator?*

Übungsaufgabe 298 *Seien $n \in \mathbb{N}$ und G eine endliche Gruppe. Sind n und $\mid G \mid$ teilerfremd, so ist die nte Wurzelanzahlfunktion konstant 1. Gilt auch die Umkehrung dieser Aussage?*

Übungsaufgabe 299 *Man bestimme die Anzahl der Involutionen für Dieder- , Semidieder- und Quaternionengruppen. Was bedeutet dies für die maximalen Tori in der zugehörigen komplexen Gruppenalgebra?*

Übungsaufgabe 300 *Wie kann man Folgerung 26 auf beliebige Gruppen erweitern?*

Übungsaufgabe 301 *Man bestimme die Anzahl der Involutionen für extraspezielle p-Gruppen. Was bedeutet dies für die maximalen Tori in der komplexen Gruppenalgebra? Ist der Fall $p = 2$ besonders?*

Übungsaufgabe 302 *Man wende Folgerung 25 auf extra-spezielle p-Gruppen sowie Dieder-, Semidieder- und Quaternionengruppen an. Man überlege sich vorher, in welche Fällen diese Gruppen nilpotent sind. Ist diese Schranke besser als die in Folgerung 24? Ist diese Schranke scharf in diesen Beispielen?*

Übungsaufgabe 303 *Seien K ein Körper und G eine endliche Gruppe, so dass KG halbeinfach ist. Seien L ein Oberkörper und U ein Unterkörper von K. Dann sind UG und LG halbeinfach, und die Dimensionen der Cartan-Teilalgebren der assoziierten Lie-Algebren von KG, LG und UG stimmen überein.*

Übungsaufgabe 304 *Seien A eine K-Algebra und $r, s \in \mathbb{N}$. Dann sind die Algebren $(A^{r \times r})^{s \times s}$ und $A^{rs \times rs}$ isomorph.*

194

Übungsaufgabe 305 *Seien K ein Körper, G eine endliche Gruppe und H eine Untergruppe von G. Ist KG halbeinfach, so auch KU. Gilt auch die Umkehrung dieser Aussage?*

Übungsaufgabe 306 *Seien K ein Körper, $n \in \mathbb{N}$ und A eine endlichdimensionale K-Algebra. Dann sind die K-Algebren $A^{n \times n}$ und $K^{n \times n} \otimes_K A$ isomorph.*

Übungsaufgabe 307 *Man beweise, dass das Tensorprodukt eine assoziative und kommutative Verknüpfung zwischen Algebren vermittelt und mit dem direkten äusseren Produkt distributiv fungiert.*

Übungsaufgabe 308 *Seien K ein Körper der Charakteristik p und G eine endliche p-Gruppe. Dann ist KG° nilpotent und damit einzige Cartan-Teilalgebra von KG°. (Hinweis: Satz von Wallace: Was ist $(g-1)^p$ für alle $g \in G$?)*

Übungsaufgabe 309 *Seien K ein Körper der Charakteristik q und G eine endliche p-Gruppe der Ordnung p^3. Welche Dimension haben die Cartan-Teilalgebren von KG° für die Fälle $p = q$ und $p \neq q$? (Hinweis: Extraspezielle Gruppen und die vorherige Übungsaufgabe 308)*

Übungsaufgabe 310 *Man bestimme die Konjugiertenklassen von SD_{2^n} und damit ihre Klassenzahl! Zusätzlich zeige man, dass ihre Kommutatorfaktorgruppe den Index 4 besitzt!*

Übungsaufgabe 311 *Seien G eine endliche Gruppe und K ein Körper, so dass KG halbeinfach ist. Dann ist KG separabel. (Tip: [65])*

Übungsaufgabe 312 *Seien G eine endliche (nicht-triviale) Gruppe und K ein Körper, so dass KG halbeinfach ist. Dann wird die untere Schranke $\sqrt{|G|}$ niemals als Dimension der Cartan-Teilalgebra von KG° angenommen.*

Übungsaufgabe 313 *Man bestimme die Konjugiertenklassen und die Klassenzahl einer Diedergruppe der Ordnung $2n$ für eine natürliche Zahl n.*

Übungsaufgabe 314 *Man bestimme in einem ausführlichen Beweis die Dimension der Cartan-Teilalgebra von KG° in dem Fall, das KG halbeinfach und G eine verallgemeinerte Quaternionengruppe der Ordnung $4n$ mit $n \in \mathbb{N}_{\geq 2}$ ist.*

Übungsaufgabe 315 *Seien G eine endliche Gruppe, $n \in \mathbb{N}$, p eine Primzahl, P eine Gruppe der Ordnung p^3 und K ein Körper. In den folgenden Fällen überlege man, wann KG halbeinfach ist und bestimme dann die Dimension der Cartan-Teilalgebren von KG°:*

(i) $G = D_{2p}$

(ii) $G = D_{2p^n}$

(iii) $G = P^p$

(iv) $G = P \times D_{14}$

(v) $G = D_6$

(vi) $G = Q_8$

(vii) $G = D_{20}$

(viii) $G = Q_{10} \times SD_{2^n}$

(ix) $G = D_{2p} \times Q_{2n}$.

Übungsaufgabe 316 *Seien K ein Körper der Charakteristik p, $n \in \mathbb{N}$, G eine endliche Gruppe und P eine p-Gruppe. Man bestimme die Dimension eines maximalen Torus von $(KG)^\circ$ in den folgenden Fällen:*

(i) $G = D_{2n} \times P$, p teilt nicht $2n$

(ii) $G = Q_{2n} \times P$, p teilt nicht $2n$

(iii) $G = Q_{2p^n}$, $p \neq 2$

(iv) $G = SD_{2^n} \times P$, $p \neq 2$

(v) $G = Q_{2^n} \times P$, $p \neq 2$

(vi) $G = D_{2^n} \times P$, $p \neq 2$

(vii) $G = D_{2n} \times Q_{2n} \times P$, p teilt nicht $2n$

(viii) $G = D_{2^n} \times Q_{2^n} \times P$, $p \neq 2$

(ix) $G = D_{2^n} \times Q_{2^n} \times SD_{2^n} \times P$, $p \neq 2$.

Übungsaufgabe 317 *Kann das Resultat aus Folgerung 30 mit dem über Frobenius-Gruppen hergeleitet werden?*

Übungsaufgabe 318 *Für die Gruppen $S_3, A_3, S_4, A_4, S_5, A_5$ überlege man sich, ob es normale Sylow-Untergruppen gibt und welche Aussagen daraus mit Satz 45 ableitbar sind! Zusätzlich ermittle man die Grade der irreduziblen komplexen Charaktere und wende anschliessend Satz 44 an!*

Übungsaufgabe 319 *Das Quadrat der Summe endlich vieler natürlicher Zahlen ist mindestens so gross wie die Summe der Quadrate dieser Zahlen! Wann ist es identisch?*

Übungsaufgabe 320 *Was besagt die Schlussweise in Folgerung 51 für Quaternionengruppen aus?*

Kapitel 7

Ausblick auf Band II

In Band II werden wir uns auf auflösbare assoziative Algebren spezialisieren. Für diese haben wir ja bereits die Cartan-Teilalgebren und das Nilradikal der assoziierten Lie-Algebra in diesem Band beschrieben. Wir stellen uns die Frage, wie sämtliche maximal nilpotente Lie-Teilalgebren beschreibbar bzw. konstruierbar sind. Das Nilradikal und die Cartan-Teilalgebren erweisen sich hierbei als die beiden Extremfälle der maximal nilpotenten Teilalgebren der assoziierten Lie-Algebra. In welchem Sinne diese beiden speziellen maximal nilpotenten Teilalgebra extrem sind, erläutern wir ausführlich in Band II.

Hinzunehmen werden wir die Analyse der maximal nilpotenten Untergruppen der Einheitengruppe. Die beiden erwähnten Extremfälle finden ihr Pendant in der Fitting-Untergruppe und den Carter-Untergruppen wieder. Auch alle anderen maximal nilpotenten Untergruppen finden ihr Pendant auf der Lie-Teilalgebren-Seite. Auch hier erweisen sich die Fitting-Untergruppe und die Carter-Untergruppen als Extremfälle maximal nilpotenter Untergruppen. Das Resultat zu den Carter-Untergruppen hatten wir bereits in dem Abschnitt über 'Nilpotente Einheitengruppen' benutzt.

Die Korrespondenz zwischen maximal nilpotenten Untergruppen und maximal nilpotenten Lie-Teilalgebren für beliebige Untergruppen wie auch für die Extremfälle wird der Hauptteil des zweiten Bandes darstellen. Dabei gehen wir auch auf einige Eigenschaften dieser Korrespondenz ein. Hierzu erweisen sich Zentralisatoren und Doppel-Zentralisatoren als gutes Hilfsmittel. Bei der Frage, wie die Nilpotenzklassen der maximal nilpotenten Untergruppen und der korrespondierenden maximal nilpotenten Lie-Teilalgebren zusammenhängen, wird uns der Satz von Du behilflich sein, den wir eingangs zum zweiten Band in einem eigenen Kapitel behandeln. Dabei greifen wir auf die Darstellung von H. Laue in [37] zurück, der dieses sehr neue Resultat der Algebrentheorie dort strukturiert und verständlich aufgearbeitet hat.

Unsere Ergebnisse werden wir wie gewohnt an unseren Hauptbeispielen -
den Dreiecksmatrizen, den Solomon-Algebren, den Solomon-Tits-Algebren
und den auflösbaren Gruppenalgebren - detailliert darstellen. Diese erweisen sich dann für sich genommen schon als interessante Ergebnisse.

> 'Was beweisbar ist, soll in der Wissenschaft nicht ohne Beweis
> geglaubt werden.' (Richard Dedekind, 1888)

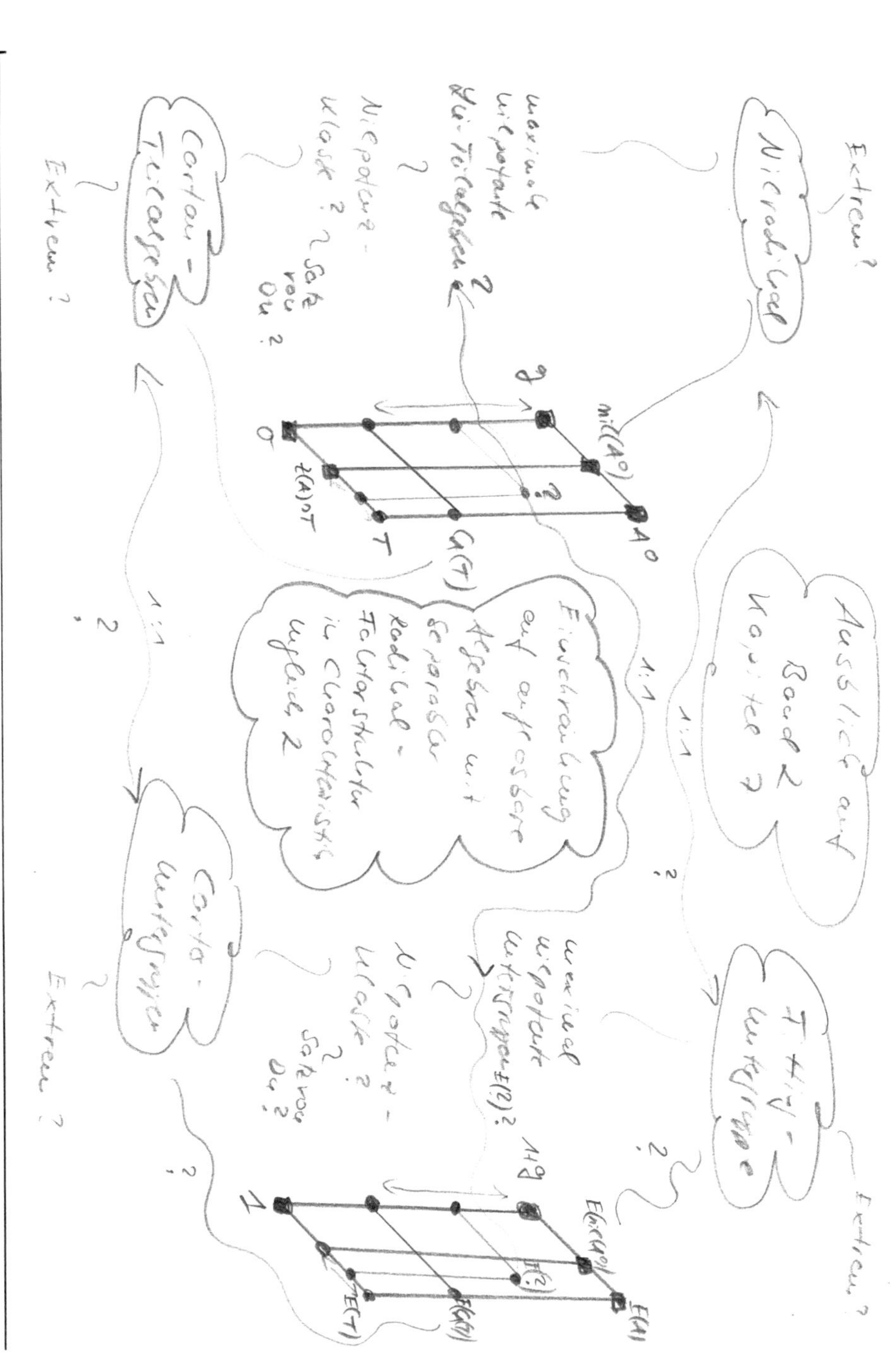

Anhang A

Abgeleitete Algebren

Wir untersuchen in diesem Anhang eine gewisse Klassen von auflösbaren assoziativen Algebren, die sich als Lie-nilpotent erweisen. Dabei gehen wir insbesondere auf Isomorphie-Fragestellungen innerhalb dieser Klasse ein. Armin Jöllenbeck hat diese Algebren in seiner Diplomarbeit [30] hinsichtlich der Thematik freier algebraischer Strukturen analysiert.

A.1 Definition und erste Eigenschaften

Definition 3 *Seien A eine K-Algebra und $c, d \in K$. Wir definieren eine Multiplikation $\circ_{c,d}$ durch $a \circ_{c,d} b := cab + dba$ für alle $a, b \in A$.$\diamond$*

Die folgende Proposition möge der Leser als Übungsaufgabe beweisen (siehe Übung 342):

Proposition 22 *Seien A, B eine K-Algebren und $c, d, e, f \in K$. Dann gelten folgende Aussagen:*

   (i) $(A; +; \circ_{c,d})$ ist eine K-Algebra, die wir mit $A_{c,d}$ bezeichnen und die von A abgeleitete Algebra nennen.

  (ii) $A = A_{1,0}$ (die Algebra selbst)

 (iii) $A^- = A_{0,1}$ (die Invers-Algebra von A)

 (iv) $A^\circ = A_{1,-1}$ (die zu A assoziierte Lie-Algebra)

  (v) Die zu A assoziierte Jordan-Algebra ist $A_{1,1}$.

 (vi) $A_{0,0}$ ist eine Zero-Algebra (Multiplikation ist stets Null).

 (vii) Sind A, B isomorph, so auch $A_{c,d}$ und $B_{c,d}$.

(viii) Jeder Homomorphismus von A ist auch einer von $A_{c,d}$.$\diamond$

Proposition 23 *Seien A eine assoziative K-Algebra und $c, d \in K$. Gilt $A^2 \subseteq Z(A)$, so auch $(A_{c,d})^2 \subseteq Z(A_{c,d})$, und $A_{c,d}$ ist assoziativ. Insbesondere sind A und $A_{c,d}$ auflösbare Algebren.*

Beweis. Dass $(A_{c,d})^2 \subseteq Z(A_{c,d})$ gilt und $A_{c,d}$ assoziativ ist, ist eine leichte Rechenübung (siehe Übung 346). Gilt für eine Algebra A die Bedingung $A^2 \subseteq Z(A)$, so ist $Z(A)$ ein Ideal von A, $A/Z(A)$ eine Zero-Algebra sowie $Z(A)$ kommutativ. Damit ist A auflösbar. $\diamond$

Beispiel 10 *Die Menge der strikt unteren Dreiecksmatrizen über einem Körper K in $K^{3\times 3}$ erfüllt die Voraussetzungen von Proposition 23.*$\diamond$

Proposition 24 *Seien A, B eine K-Algebren und $c, d, e, f \in K$. Dann gelten folgende Aussagen:*

    (i) $(A_{c,d})_{e,f} = A_{c+e,d+f}$ (iteriertes Ableiten bleibt abgeleitet)

    (ii) Die Verknüpfung δ auf K^2 gegeben durch $(c,d)\delta(e,f) := (c+e, d+f)$ vermittelt ein Monoid auf K^2 mit neutralem Element $(1,0)$.

    (iii) (c,d) ist bzgl. δ genau dann invertierbar, wenn $c^2 - d^2 \neq 0$ gilt.

    (iv) Sei (c,d) bezgl. δ invertierbar. Dann sind $A_{c,d}$ und $B_{c,d}$ genau dann isomorph, wenn A und B es sind.

Beweis. Der ausführliche Beweis verbleibt als Übungsaufgabe. Die Teile (i)-(iii) sind nachzurechnen. Der eine Teil von (iv) folgt aus Teil (vii) von Proposition 22. Sei nun (c,d) invertierbar mit Inversem (e,f). Sind $A_{c,d}$ und $B_{c,d}$ isomorph, so auch nach demselben Teil aus dieser Proposition ihre nach (e,f) abgeleiteten Algebren. Diese sind aber genau A und B, weil (e,f) das Inverse ist und $A = A_{1,0}$ sowie $B = B_{1,0}$ nach Teil (ii) derselben Proposition gelten.$\diamond$

Proposition 25 *Seien A eine K-Algebra und $c, d, e, f \in K$. Dann gelten folgende Aussagen:*

    (i) Ist $e \neq 0$, so sind $A_{e,f}$ und $A_{1,\frac{f}{e}}$ isomorph.

    (ii) Ist $f \neq 0$, so sind $A_{e,f}$ und $A_{\frac{e}{f},1}$ isomorph.

    (iii) Ist $c \neq 0$, so sind $A_{ce,cf}$ und $A_{e,f}$ isomorph.

    (iv) Ist $k \neq 0$, so sind $A_{k,1}$ und $A_{1,\frac{1}{k}}$ isomorph.

Beweis. Der ausführliche Beweis verbleibt als Übungsaufgabe. Die Teile (i)-(iii) ergeben sich durch das Malnehmen mit e, f bzw. c. Einerseits ist $A_{k^2,k}$ nach dem Teilen mit k isomorph zu $A_{k,1}$ nach Teil (ii). Aus Teil (i) folgt, dass sie es auch zu $A_{1,\frac{1}{k}}$ ist. Damit gilt auch (ii).$\diamond$

A.2 Struktureigenschaften

Proposition 26 *Seien A eine assoziative K-Algebra, $c, d \in K$, $a \in A$ und $n \in \mathbb{N}_{\geq 2}$. Dann ist die n-te Potenz von a bezgl. $\circ_{c,d}$ genau $(c+d)^{n-1}a^n$.*

Beweis. Es gilt $a \circ_{c,d} a = ca^2 + da^2 = (c+d)a^2$. Nun folgt die Behauptung durch eine leichte Induktion nach n. $\diamond$

Satz 46 *Seien A eine endlich-dimensionale assoziative K-Algebra über einem Körper K, $c, d \in K$, und es gelte $A^2 \subseteq Z(A)$. Dann gelten folgende Aussagen:*

(i) $rad(A) = Nil(A) \subseteq rad(A_{c,d}) = Nil(A_{c,d})$

(ii) Im Falle $c \neq -d$ gilt $rad(A) = rad(A_{c,d})$

(iii) Im Falle $c = -d = 0$ ist $A_{c,d}$ eine Zero-Algebra. Eine abgeleitete Algebra einer Zero-Algebra bleibt eine Zero-Algebra.

(iv) Im Falle $c = -d \neq 0$ und A kommutativ ist $A_{c,d}$ eine Zero-Algebra.

(v) Im Falle $c = -d \neq 0$ und A nicht kommutativ ist $A_{c,d}$ nilpotent und alle dreistelligen Lie-Produkte sind Null.

Beweis. Wegen Proposition 23 sind die Algebren auflösbar. Aus Proposition 15 folgt, dass $rad(A)$ genau die Menge der nilpotenten Elemente ist. Nun folgt die Behauptung durch einfaches Nachrechnen sowie mit Proposition 26. Der ausführliche Beweis verbleibt als Übungsaufgabe 348. $\diamond$

A.3 Lie-Nilpotenz

Proposition 27 *Seien A eine assoziative K-Algebra über einem Körper K, $c, d \in K$, und es gelte $A^2 \subseteq Z(A)$. Dann sind A° und $(A_{c,d})^\circ$ sowie die Sterngruppen von A und $A_{c,d}$ nilpotent. Ihre Nilpotenzklassen sind höchstens 2.*

Beweis. Da A^2 zentral in A ist, ist $A \circ A$ auch zentral in A°. Daraus folgt, dass $(A \circ A) \circ A = 0$ ist, und A hat höchstens die Nilpotenzklasse 2. Dasselbe Argument kann auch bei der Sterngruppe angewendet werden: Kommutatoren von quasi-regulären Elemente liegen in A^4, und damit ist der Kommutator zentral in $A^\star$. Daraus folgt leicht, dass $cl(A^\star) \leq 2$ gilt. Da mit A auch $A_{c,d}$ die Eigenschaft besitzt, dass Quadrate zentral sind, folgt die Behauptung. $\diamond$

A.4 Isomorphie-Problem

Ausgangslage

Seien A eine assoziative K-Algebra über einem Körper K, $c, d, e, f \in K$, und es gelte $A^2 \subseteq Z(A)$. Nach Satz 46 haben wir die folgenden Fälle zu betrachten, in denen wir untersuchen wollen, ob $A_{c,d}$ zu einer anderen von A abgeleiteten Algebra $A_{e,f}$ isomorph sein kann.

$c \neq -d$ (1.1)
$c = -d = 0$ $A_{c,d}$ Zero-Algebra (1.2.1)
$c = -d \neq 0$ A kommutativ, $A_{c,d}$ Zero-Algebra (1.2.2)
$c = -d \neq 0$ Lie-nilpotent der Klasse 2, A nicht kommutativ (1.3)

$e \neq -f$ (2.1)
$e = -f = 0$ $A_{e,f}$ Zero-Algebra (2.2.1)
$e = -f \neq 0$ A kommutativ, $A_{e,f}$ Zero-Algebra (2.2.2)
$e = -f \neq 0$ Lie-nilpotent der Klasse 2, A nicht kommutativ (2.3)

Wir untersuchen nun die Isomorphie für alle möglichen Kombinationen.

1.2 versus 2.2

In der Situation $c = -d \neq 0$ und $e = -f \neq 0$ sind die zugehörigen abgeleiteten Algebren stets isomorph, denn:
$\varphi : x \mapsto \frac{c}{e}x$ ist K-linearer Isomorphismus von $A_{c,d}$ auf $A_{e,f}$. Offenbar ist er K-linear. Es gilt für alle $x, y \in A$: $(x \circ_{c,d} y)\varphi = (cxy + dyx)\varphi = \frac{c^2}{e}xy + \frac{cd}{e}yx$ und $(x\varphi) \circ_{e,f} (y\varphi) = \frac{c^2}{e}xy + \frac{fc^2}{e^2}yx$. Es ist $\frac{cd}{e} = \frac{fc^2}{e^2}$, weil dies äquivalent zu $d = \frac{fc}{e}$ und zu $\frac{d}{e} = \frac{f}{e}$ ist. Diese beiden Ausdrücke sind nach Voraussetzung -1. D.h. aber, dass es hier nur die Isomorphieklasse $A_{1,-1}$ gibt: Hier taucht also die assoziierte Lie-Algebra auf. In $A_{1,-1}$ sind die Quadrate stets Null.

1.2 versus 2.1

In der Situation $c = -d \neq 0$ und $e = -f = 0$ sind die Algebren genau dann isomorph, wenn A kommutativ ist, denn:
$A_{e,f}$ ist eine Zero Algebra. Es gilt $x \circ_{c,d} y = c(xy - yx)$, $c \neq 0$ für alle $x, y \in A$. Die beiden Algebren sind isomorph genau dann, wenn auch $A_{c,d}$ eine Zero-Algebra ist. Dies ist wegen $c \neq 0$ genau dann der Fall, wenn A kommutativ.

1.2 versus 2.3

Wir betrachten die Situation $A_{1,-1}$ (siehe A.4) und $A_{e,f}$ mit $e + f \neq 0$.
1.Fall: $A_{1,-1}$ ist eine Zero-Algebra.

Dann sind die beiden Algebren genau dann ismoprph, wenn $A_{e,f}$ auch eine Zero-Algebra ist. Wir zeigen, dass dies genau dann gilt, wenn A eine Zero-Algebra ist oder $e = f$ und $x^2 = 0$ gelten für alle $x \in A$.

Sei zunächst A eine Zero-Algebra. Dann ist $A_{e,f}$ eine Zero-Algebra, und aus Dimensionsgründen sind beide Algebren isomorph.
Es gelte nun $x^2 = 0$ für alle $x \in A$ und $e = f$. Angewendet auf $(x + y)^2 = 0$ folgt daraus $xy + yx = 0$ für alle $x, y \in A$. Die Multiplikation in $A_{e,f}$ ist also gegeben durch $(e - f)xy$ für alle $x, y \in A$. Wegen $e = f$ liegt eine Zero-Algebra vor.

Sei nun $A_{e,f}$ eine Zero-Algebra. Dann gilt $0 = x \circ_{e,f} x = (e + f)x^2$ für alle $x, y \in A$. Da $e + f \neq 0$ nach Voraussetzung ist, haben wir, dass die Quadrate Null sind in A. Dann gilt aber wieder mit $0 = (x + y)^2$ die Bedingung $xy + yx = 0$ für alle $x, y \in A$. Also ist die Multiplikation in $A_{e,f}$ gegeben durch $(e - f)xy$ für alle $x, y \in A$. Also ist $A_{e,f}$ genau dann eine Zero-Algebra, wenn $e = f$ gilt oder A eine Zero-Algebra ist.

2.Fall: $A_{1,-1}$ ist keine Zero-algebra.
Wir zeigen, dass die beiden Algebren genau dann isomorph sind, wenn $x^2 = 0$ gilt für alle $x \in A$ und $e - f \neq 0 \neq 2$ erfüllt ist.

Quadrate sind Null in $A_{1,-1}$, also auch in $A_{e,f}$. Daraus folgt $0 = (e + f)x^2$ für alle $x \in A$. Da nach Voraussetzung $e + f \neq 0$ ist, erhalten wir $x^2 = 0$, also $xy + yx = 0$ für alle $x, y \in A$. Die Multiplikation in $A_{e,f}$ ist also gegeben durch $(e - f)xy$ für alle $x, y \in A$. $A_{e,f}$ ist in diesem Fall keine Zero-Algebra, das heisst aber $(e - f) \neq 0$. $A_{1,-1}$ darf in diesem Fall auch keine Zero-Algebra sein. Unter den Voraussetzungen gilt aber wegen $xy + yx = 0$ schon für ihre Multiplikation $2xy$ für alle $x, y \in A$. Somit gilt $2 \neq 0$.

Unter den Voraussetzungen ist die Multiplikation in $A_{1,1}$ bzw. $A_{e,f}$ gegeben durch $2xy$ bzw. $(e - f)xy$ für alle $x, y \in A$. Man kann leicht nachrechnen, dass ein Isomorphismus durch das Malnehmen mit $\frac{2}{e-f}$ von $A_{1,1}$ auf $A_{e,f}$ gegeben ist.

1.1 versus 2.1

In dieser Situation sind beide Algebren isomorph, da sie beide Zero-Algebren gleicher Dimension sind.

1.1 versus 2.3

Das Isomorphieproblem reduziert sich hier auf die Frage, wann $A_{e,f}$ für $e + f \neq 0$ eine Zero-Algebra ist. Das haben wir bereits untersucht.

206

1.1 versus 2.2

Das Isomorphieproblem reduziert sich hier auf die Frage, wann $A_{e,f}$ für $e = -f \neq 0$ eine Zero-Algebra ist. Die Multiplikation ist in $A_{e,f}$ gegeben durch $e(xy - yx)$ für alle $x, y \in A$. Wegen $e \neq 0$ ist $A_{e,f}$ also genau dann eine Zero-Algebra, wenn A kommutativ ist.

1.3 versus 2.1

bereits untersucht

1.3 versus 2.2

bereits untersucht

1.3 versus 2.3

Der kommutative Fall:

Wir klären zunächst, wann $A_{e,f}$ kommutativ ist. Dies ist genau dann der Fall, wenn $(e - f)(xy - yx) = 0$ für alle $x, y \in A$ gilt. Dies ist äquivalent zu $e = f$ oder der Kommutativität von A.
$A_{c,c}$ ist isomorph zu $A_{1,1}$ vermöge der Multiplikation mit c, wenn $c \neq 0$ gilt. Aber ansonsten hätten wir ja auch den Fall einer Zero-Algebra, den wir bereits in den anderen Abschnitten geklärt haben.

Ist $A_{c,c}$ isomorph zu $A_{e,f}$, dann ist $A_{e,f}$ kommutativ, also gilt $e = f$ oder A ist kommuattiv. Ist $e = f \neq 0$ so sind beide Algebren zu $A_{1,1}$ isomorph
Sei also A kommutativ. Dann ist die Multiplikation von $A_{1,1}$ genau $2xy$ und die von $A_{e,f}$ genau $(e + f)xy$ für alle $x, y \in A$. Da keine Zero-Algebren vorliegen, können wir also $2 \neq 0 \neq (e + f)$ annehmen. Es ist dann die Multiplikation mit $\frac{e+f}{2}$ ein Isomorphismus zwischen den beiden Algebren.

Wir müssen also den folgenden Fall untersuchen:
Wann ist $A_{c,d}$ isomorph zu $A_{e,f}$ für $c + d \neq 0 \neq c - d$ und $e - f \neq 0 \neq e + f$?

Wir wollen das Ganze reduzieren auf drei Typen von Algebren, nämlich auf $A_{1,0}$, $A_{0,1}$ und $A_{1,k}$ für ein $k \neq 0$. Nach Proposition 25 ist $A_{e,f}$ für $e \neq 0$ zu $A_{1,f/e}$, $A_{e,f}$ für $f \neq 0$ zu $A_{e/f,1}$ und $A_{k,1}$ für $k \neq 0$ zu $A_{1,\frac{1}{k}}$ isomorph. $e + f \neq 0$ bleibt erhalten bei der Isomomorphie zwischen $A_{1,f/e}$ und $A_{e/f,1}$. Somit haben wir die Typen $A_{1,0}$, $A_{0,1}$ und $A_{1,k}$ mit $k \neq 0, 1, -1$ (1 wegen des bereits untersuchtem kommutativem Fall!).

In einem ersten Schritt reduzieren wie die Fragestellungen weiter.
Zunächst betrachten wir $A_{0,1}$ und $A_{1,k}$ mit $k \neq 0, 1, -1$.

Da $(0,1)$ invertierbar ist bezgl. δ (selbstinvers), ist nach Proposition 24 die Fragestellung äquivalent zu der Isomorphie zwischen $A_{1,0}$ und $A_{k,1}$. Nach Proposition 25 sind $A_{k,1}$ und $A_{1,k^{-1}}$ isomorph. Somit haben wir die Aufgabe auf $A_{1,0}$ und $A_{1,k}$ mit $k \neq 0,1,-1$ reduziert.

Wir betrachten weiter nun $A_{1,k}$ und $A_{1,l}$ mit $k \neq 0,1,-1$ und $l \neq 0,1,-1$
Wir leiten beide Algebra nach $(1,-k^{-1})$ ab. Wegen $1 - k^{-2} \neq 0$ bleibt die Isomorphiefrage nach Proposition 25 erhalten. $A_{1,k}$ wird zu $A_{0,k+k^{-1}}$, wobei die Summe nicht Null ist. $A_{1,l}$ wird beim Ableiten zu $A_{1-lk^{-1},l-k^{-1}}$, wobei beide Komponenten nicht Null sind.
Nach den Isomorphien in Proposition 25 ist erstere zu $A_{0,1}$ isomorph, die zweite zu $A_{1,x}$ mit $x \neq 0$. Damit haben wir das Ganze erneut reduziert.

Es verbleiben folgende Fragestellungen: $A_{1,0}$ und $A_{1,k}$ sowie $A_{1,0}$ und $A_{0,1}$.

In dem Fall $A_{1,0}$ und $A_{0,1}$ können wir hier kein allgemeines Ergebnis angeben. Es handelt sich um die Frage, ob die Algebra zu ihrer Invers-Algebra isomorph ist. Hierzu gibt es in der Literatur einige prominente Beispiel, wo dies in der Tat der Fall ist (z.B. Quaternionenalgebren, Gruppenalgebren, Matrixalgebren), es gibt aber auch genauso prominente Beispiele, wo dies nicht der Fall ist (z.B. Solomon-Algebren, Solomon-Tits-Algebren).

In dem Fall $A_{1,0}$ und $A_{1,k}$ können wir mit Hilfe der Theorie von Armin Jöllenbeck zu freien Objekten (siehe [30]) einsehen, dass diese Algebren im assoziativen Fall nicht isomorph sind. Denn anderenfalls wären die Tupel nach dem Satz über freie assoziative Objekte in Kapitel 8 Vielfache von einander bzw. von dem umgekehrten Tupel, was nicht möglich ist nach Voraussetzung.

Anhang
Acid
C≠d
C=d=0
C=d≠0
1.1
1.2
Abou-
mutativ
A nicht
kommutativ
1.3
Isomorphie ? ? ?
2.1
2.2
2.3
Abommutativ
A nicht
kommutativ
e≠-f=0
e=-f=0
e=-f≠0
Acif

A.5 Offene Fragen und Übungsaufgaben

Offene Fragen 11 *(i) Wann ist eine Algebra zu ihrer Invers-Algebra isomorph?*

(ii) Wann unter der Zusatzvoraussetzung, daß alle Zweierprodukte zentral sind?

(iii) Gibt es zu dem Fall – $A_{1,0}$ vs. $A_{1,k}$ – eine Antwort ohne Benutzung der Assoziativität?

Übungsaufgabe 321 *In den Isomorphieuntersuchungen tauchen an diversen Stellen Isomorphismen durch Malnehmen mit einem Körperelement auf. Man beweise, dass diese wirklich Isomomorphismen sind und berechne ihre inverse Abbildung.*

Übungsaufgabe 322 *Ist eine Algebra stets zu ihrer Invers-Algebra isomorph? Man gebe prominente Beispiele an, wo dies der Fall ist bzw. nicht der Fall ist! (Beweis dazu?)*

Übungsaufgabe 323 *Seien A eine K-Algebra und $c, d \in K$. Ist $A_{c,d}$ zu $A_{d,c}$ isomorph?*

Übungsaufgabe 324 *Seien A eine K-Algebra und $c, d \in K$. Wahr oder falsch: $A_{d,c}$ ist die Invers-Algebra von $A_{c,d}$.*

Übungsaufgabe 325 *Seien A eine K-Algebra und $c, d \in K$ mit $c, d \neq 0$. Wahr oder falsch: $A_{1/c,1/d}$ ist die Invers-Algebra von $A_{c,d}$.*

Übungsaufgabe 326 *Seien A eine K-Algebra und $c, d \in K$ mit $c, d \neq 0$. Wahr oder falsch: $A_{1/c,1/d}$ ist zu $A_{c,d}$ isomorph.*

Übungsaufgabe 327 *Man beweise Proposition 24!*

Übungsaufgabe 328 *Sei K ein Körper. Man gebe einen Monomorphismus von $(K^2; \delta)$ nach $K^{2 \times 2}$ an!*

Übungsaufgabe 329 *Sei K ein Körper. Man berechne zu einer Einheit in $(K^2; \delta)$ das Inverse (Tip: vorherige Übungsaufgabe)!*

Übungsaufgabe 330 *Sei K ein Körper der Charakteristik Null. Man untersuche, ob folgende Aussagen wahr oder falsch sind:*

(i) $A_{2,3}$ ist isomorph zu $A_{1,3/2}$.

(ii) $A_{3,2}$ ist isomorph zu $A_{3/2,1}$.

210

(iii) $A_{12,8}$ *ist isomorph zu* $A_{3,2}$.

(iv) $A_{7,1}$ *ist isomorph zu* $A_{1,1/7}$.

(v) $A_{1,-1}$ *ist isomorph zu* $A_{5,-5}$.

(vi) $A_{7,-7}$ *ist isomorph zu* $A_{5,-5}$.

(vii) $A_{1,-1}$ *ist isomorph zu* $A_{0,0}$. *Was gilt für* $char(K) = 2$?

(viii) $A_{1,1}$ *ist isomorph zu* $A_{0,0}$.

(ix) $A_{1,1}$ *ist isomorph zu* $A_{3,3}$.

Sind die angegeben Tupel bzgl. δ invertierbar? Falls ja, gebe man ihr Inverses an!

Übungsaufgabe 331 *Wie in Abschnitt A.4 reduziere man die folgenden Isomorphie-Fragestellungen und begründe, warum man diese reduziert hat. Dabei sei K ein Körper der Charakteristik Null: $A_{0,1}$ vs. $A_{1,7}$ und $A_{1,6}$ vs. $A_{1,11}$.*

Übungsaufgabe 332 *Seien A eine K-Algebra, $c,d \in K$ und $n \in \mathbb{N}$. Was ist das n-malige iterierte Ableiten von A mit (c,d)? (Tip: Darstellung als 2×2 -Matrizen).*

Übungsaufgabe 333 *Seien K ein Körper und A eine Algebra. Ist dann stets A zu einer Algebra $A_{c,d}$ isomorph für eine Einheit (c,d) aus $(K^2; \delta)$?*

Übungsaufgabe 334 *Sei K ein Körper. Sind bezgl. $(K^2; \delta)$ alle Elemente invertierbar? Gibt es einen Körper, wo das der Fall ist?*

Übungsaufgabe 335 *Sei K ein Körper. Man gebe alle Einheiten in $(K^2; \delta)$ an, die genau die Ordnung 2 besitzen!*

Übungsaufgabe 336 *Man beweise Proposition 25!*

Übungsaufgabe 337 *Seien A eine K-Algebra und $c,d \in K$. Wann ist $A_{c,d}$ kommutativ?*

Übungsaufgabe 338 *Seien A eine K-Algebra und $c,d \in K$. Wann ist $A_{c,d}$ assoziativ?*

Übungsaufgabe 339 *Seien A eine K-Algebra und $c,d \in K$. Wann ist $A_{c,d}$ unitär?*

Übungsaufgabe 340 *Seien A eine K-Algebra und $c,d \in K$. Wann ist $A_{c,d}$ eine Zero-Algebra?*

Übungsaufgabe 341 *Seien A eine K-Algebra und $c, d \in K$. Mit A ist auch $A_{c,d}$ eine Zero-Algebra!*

Übungsaufgabe 342 *Man beweise die Aussagen aus Proposition 22, die dem Leser überlassen worden sind!*

Übungsaufgabe 343 *Seien A eine K-Algebra und $c, d \in K$. Ist jeder Homomorphismus von $A_{c,d}$ auch einer von A?*

Übungsaufgabe 344 *Seien A, B zwei K-Algebren und $c, d \in K$. Wahr oder falsch: Sind $A_{c,d}$ und $B_{c,d}$ isomorph, so auch A und B? Was gilt, wenn (c, d) invertierbar ist?*

Übungsaufgabe 345 *Man beweise Beispiel 10 und suche nach weiteren Beispielen, die die Voraussetzung von Proposition 23 erfüllen!*

Übungsaufgabe 346 *Man beweise Proposition 23 ausführlich!*

Übungsaufgabe 347 *Man beweise Proposition 26!*

Übungsaufgabe 348 *Man beweise Satz 46!*

Abbildungsverzeichnis

Literaturverzeichnis

[1] S. A. Amitsur: Finite subgroups of division rings, Trans. Amer. Math. Soc. 80(1955), pp. 361-386

[2] D.W. Barnes, On Cartan subalgebras of Lie algebras, Math. Z. 101, 1967, pp. 350-355

[3] B. G. Basmaji, Complex represenatations of metycyclic groups, American math. monthly, vol. 86, 1, 1979, pp. 47-48

[4] T. Bauer, Über die Struktur der Solomon-Algebren, Bayreuther Mathematische Schriften, Heft 63, 2001, 1-102

[5] T.Bauer, S. Siciliano, Carter subgroups in the group of units of an associative algebra, Bulletin of the Australian Mathematical Society, Volume 71, Issue 03, June 2005, pp. 471-478

[6] Dieter Blessenohl, Manfred Schocker, Noncommutative Character Theory of the Symmetric Group, Imperial College Press, United Kingdom, 2005

[7] G. Benkart, Cartan subalgebras in Lie algebras of Cartan type, Canadian Mathematical Society Conference Proceedings 5, 1986, pp 157-187

[8] Yakov Berkovitch, Avinoam Mann, On sums of degrees of irreducible characters, Journal of Algebra, 199, 1998, pp. 646-665

[9] Yaroslav Bezverkhny, Sum of cubes of degrees of irreducible complex characters, Ottawa-Carleton institute of mathematics and statistics, April 2003, Master of science

[10] N. Bourbaki, Groupes et algèbres de Lie, Chapitre VII, Hermann, Paris, 1973

[11] A.A. Bovdi, I.I. Khripta, Generalized Lie nilpotent group rings, Math. USSR Sbornik 57(1), 165-169, 1987

[12] Carter, R., On a class of finite soluble groups, Proc. London Math. Soc. 9, 1959, pp. 623-640

216

[13] R. Dedekind, Über Gruppen, deren sämmtliche Theiler Normaltheiler sind, Mathematische Annalen 1897, Band 48.4, Seiten 548-561

[14] Di Martino, L. - Tamburini, M.C. - Zalesskiĭ, A.E., Carter subgroups in classical groups, J. London Math. Soc. 55, 1997, pp. 264-276

[15] Gutan, Marin - Kisielewicz, Andrezej, Reversible group rings, Journal of algebra 279, 2004, pp. 280-291

[16] Gorenstein, D., Finite Groups, Harper and Row, New York, 1968

[17] R. Heffernan and D. MacHale, On the sum of the character degrees of a finite group, Department of Mathematics, University College Cork, Ireland, Mathematical Proceedings of the Royal Irish Academy, 2008

[18] Hallahan, C.H. - Overbeck, J.: Cartan subalgebras of meta-nilpotent Lie algebras, Math. Z. 116, 1970, pp. 215-217

[19] I.N. Herstein, Finite Multiplicative Subgroups In Division Rings, Pacific J. Math. 3, 1953, pp. 121- 126

[20] I.N. Herstein, Topics in Ring Theory, University of Chicago Press, Chicago, 1969

[21] I.N. Herstein, Lie and Jordan structures in simple associative rings, Bull. AMS, Vol. 67, No. 6, 1961, pp. 517-531

[22] I.N. Herstein, On the Lie structure of an associative ring, Journal of algebra, Vol. 14, Issue 4, April 1970, pp. 561-571

[23] L.K. Hua, Some properties of s-fields, Proc. Nat. Acad. Sci. U.S.A. 35, 1949, pp. 533-537

[24] B. Huppert, Endliche Gruppen I, Springer-Verlag, Berlin, 1967

[25] I.M. Isaacs, Algebra, a graduate course, Brooks/Cole Publishing Company, Pacific Grove, California, 1993

[26] G. Ivanyos, Finding the radical of matrix algebras using Fitting decomposition, J. Pure Appl. Algebra 139, 1999, pp. 159-182

[27] N. Jacobson, Lie-Algebras, Wiley Interscience, New York London, 1962

[28] N. Jacobson, Schur's theorems on commutative matrices, Bull. Amer. Math. Soc. Volume 50, Number 6, 1944, pp. 431-436

[29] S.A. Jennings, Central chains of ideals in an associative ring, Duke Math.J 9, 1942, pp. 341-355

[30] Armin Jöllenbeck, Abgeleitete Algebren, Mathematisches Seminar der Christian-Albrechts-Universität zu Kiel, Diplomarbeit, 1994

[31] G. Karpilovsky, The Jacobson Radical Of Group Algebras, Elsevier, Amsterdam, 1987

[32] Gregory Karpilovsky, Unit groups of classical rings, Clarendon Press, Oxford, 1988

[33] Afdalbert Kerber, Zu einer Arbeit von J. L. Berggren über ambivalente Gruppen, Pacific Journal of Mathematics, Vol. 33, No. 3, 1970

[34] I.I. Khripta, The nilpotence of the multiplicative group ring, Mat. Zametki 11, 1972, pp. 191-200

[35] Max-Albert Knus u.a., The book of involutions, AMS Colloquium Publications, Volume 44, 1998

[36] T. Y. Lam, Finite Groups Embeddable in Division Rings, www.arxiv.org

[37] H. Laue, Assoziative Algebren, Vorlesung am Mathematischen Seminar der CAU zu Kiel, WS 2010/2011

[38] Gordon James, Martin W. Liebeck, Representations and Characters of Groups, Cambridge University Press, 2001

[39] Macdonald, I. G., Symmetric functions and Hall polynomials. Second edition. Clarendon Press, Oxford, 1995

[40] I. B. S. Passi, D. S. Passman, S. K. Sehgal, Lie solvable group rings, Can. J. Math., Vol. XXV, No. 4, 1973, pp. 748-757

[41] D. S. Passman, Observations on group rings, Communications in Algebra, 5(11), 1977, pp. 1119-1162

[42] S. Perlis - G.L. Walker, Abelian group algebras of finite order, Trans. Amer. Math. Soc. 68, 1950, pp. 420-426

[43] R.S. Pierce, Associative Algebras, Springer-Verlag, New York, 1982

[44] Robert C. Rhoades, Rank of symmetric matrices over finite fields, *math.stanford.edu/ rhoades/FILES*

[45] Robinson, D.J.S., A course in the theory of groups, Springer-Verlag, New York, 1982

[46] Robinson, Geoffrey R., A bound on norms of generalized characters with applications, Journal of Algebra, 212, 1999, pp. 660-668

218

[47] Robinson, Geoffrey R., More bounds on norms of generalized characters with applications to p-local bounds and blocks, Bulletin of London Mathematical Society, 37, 4, 2005, pp. 555-565

[48] Robinson, Geoffrey R., On generalized characters of nilpotent groups, Journal of Algebra, 308, 2007, pp. 822-827

[49] Robinson, Geoffrey R., On the minimal norm of a non-regular generalized character of an arbitrary finite group, Bulletin LMS, 2010

[50] Jean-Pierre Serre, Linear Representations of Finite Groups (Graduate Texts in Mathematics), Springer, 1996

[51] S. Siciliano, Cartan subalgebras in Lie algebras of associative algebras, Communications in Algebra, Volume 34, Issue 12 December 2006 , pp. 4513 - 4522

[52] S. Siciliano, On the Cartan subalgebras of Lie algebras over small fields, J. Lie Theory 13, 2003, pp. 511-518

[53] M.C. Slattery, Computing character dgeress of p-groups, Journal of symbolic computation, vol. 2, 1986, pp. 51-58

[54] Benjamin Steinberg, http://math.stackexchange.com/questions/819466/the-division-algebras-arising-in-the-wedderburn-decomposition-of-a-finite-group

[55] Bernd Stellmacher, Hans Kurweil, Theorie der endlichen Gruppen, Springer-Verlag, 1998

[56] Stitzinger, E., Theorems on Cartan subalgebras like some on Carter subgroups, Trans. Amer. Math. Soc. 159, 1971, pp. 307-315

[57] H. Strade, R. Farnsteiner, Modular Lie algebras and their representations. Marcel Dekker, New York, 1988

[58] Charles J. Stuth, A Generalization of the Cartan-Brauer-Hua Theorem, Proceedings of the American Mathematical Society, Vol. 15, No. 2, April 1964, pp. 211-217

[59] Ya. Sysak, Associative rings and their adjoint groups, Arbeitsgruppe Gruppentheorie, Universität Mainz

[60] Tamburini, M.C. - Vdovin, E.P., Carter subgroups in finite groups, J. Algebra 255, 2002, pp. 148-163

[61] Vinroot, C. Ryan, Twisted Frobenius-Schur indicators of finite symplectic groups, Journal of Algebra, 293, 2005, pp. 279-311

[62] Vinroot, C. Ryan, A note on orthogonal similitude groups, Linear and Multilinear Algebra, 54(6), 2006, pp. 391-396

[63] Vinroot, C. Ryan, Character degree sums and real represenations of finite classical groups of odd characteristic, Journal of Algebra and Its Applications, 09, 633 (2010), pp. 633-658

[64] Dalla Volta, F. - Lucchini, A. - Tamburini, M.C., On the Conjugacy Problem for Carter Subgroups, Comm. Algebra 26, 1998, pp. 395-401

[65] S. Wirsing, Über separable Elemente in assoziativen Algebren, AVM-Verlag, 2012, München

[66] S. Wirsing, Über Einheitengruppen modularer Gruppenalgebren, AVM-Verlag, 2012, München

[67] S. Wirsing, Über die Struktur der Solomon-Tits-Algebren, AVM-Verlag, 2013, München

[68] Wikipedia (englisch, deutsch), Referenzen zu Telefon-Zahlen und diversen Mathematikern

[69] R.L. Wilson, Cartan subalgebras of simple Lie algebras, Trans. Amer. Math. Soc 234, 1977, pp. 435-446

[70] D.J. Winter, On the toral structure of p-algebras, Acta Math. 123, 1969, pp. 70-81

[71] The GAP Group, GAP — Groups, Algorithms, and Programming, Version 4.2; Aachen, St Andrews, 1999, http://www-gap.dcs.st-and.ac.uk/ gap

[72] https://www2.bc.edu/ reederma/SL(2,q).pdf

[73] http://math.stackexchange.com/questions/908439/examples-of-division-algebras

[74] http://de.wikipedia.org/wiki/Lokaler Ring

[75] http://de.wikipedia.org/wiki/Symplektische Gruppe

[76] http://math.stackexchange.com/questions/38571

[77] https://people.kth.se/ boij/kandexjobbVT11/Material/pgroups.pdf

[78] http://math.stackexchange.com/questions/148817/representations-of-central-products

[79] http://math.stackexchange.com/questions/267708/ does-the-symmetric-difference-operator-define-a-group-on-the-powerset-of-a-set

Index

222